電気施設管理と電気法規解説

14版改訂

編著

平野 正樹 一般社団法人 日本内燃力発電設備協会

電気学会

序　言

　　電気学会は，1888年（明治21年）に創立された学者，技術者および電気関係法人の会員組織であり，そのおもな目的は「電気に関する研究と進歩とその成果の普及を図り，もって学術の発展と文化の向上に寄与する」ことにある。創立より136周年を迎え活動の範囲を一段と広げようとしている。

　　電気学会は上記の目的を出版を通して達成するために，大学講座シリーズをはじめとする図書出版を企画し，その多くが大学・高専等の教科書として使用されている。また，これらの図書は教材として多様な職場の社会人に読まれており，電気主任技術者，エネルギー管理士または情報処理技術者等の資格を取得するのに役立てられ，技術者の養成に与っている。

　　一方，科学技術の進歩に伴い，新しい技術分野が次々に生まれ，また従来分野を横断した学術的知識が技術者に要求されるようになっている。これを反映して，大学工学部の講義科目とその内容，時間配分は，多様化の傾向にある。

　　電気学会では，技術の進歩と教育方法の改編に対処することを編修方針の一つとしており，例えば，全国の大学の電気工学および関連学科の講義科目，内容，時間数を分析し，さらに当会発行図書について実際に講義に使用されている先生方のご意見を拝聴するなどして，今日の講義科目に適した教科書の制作，または改訂を行っている。

　　さらに，産業界の要望に応えて，現場技術者，研究者にすぐ役立つような内容の専門技術書を時宜を得て発行することにも努力している。

　　電気工学，さらには電子工学の成果は，今日あらゆる産業，技術に取り入れられ，その発展に寄与しているといっても過言ではなかろう。したがって，電気・電子工学の知識の学習と更新は，それを専攻する学生および技術者のみならず，他の各種技術分野に携わる人達にとっても不可欠である。一方，電気・電子技術者にとっては関連技術分野の知識の学習がますます必要とされてきている。

　　すでに，電気学会の教科書，図書で学んだ人達の数は数百万におよんでおり，当時の学生で今日，各界の指導者として活躍されておられる方も多く，一つの伝統を生むに至っている。

以上のような目的と背景のもと，組織的に制作された叡知の所産である本書の内容が，読者にいかんなく吸収されて能力養成の一助となり，ひいては，我が国技術の発展に一段と資することを願って止まない次第である。

　終りに，数々の貴重なご意見・資料をご提供を賜った大学および高専等の先生はじめ，関係者各位に厚く御礼申しあげると共に，編修制作の推進に当たられた役員，編修委員，執筆委員諸氏に深謝の意を表するものである。また，実務に携わって努力されてきた職員諸氏の労を多とし，合わせて感謝の意を表するものである。

一般社団法人　電　気　学　会
出版事業委員会

14版改訂について

　本書は、主として電気主任技術者を目指す学生の方々を念頭に、電気施設全体の管理に際し必要になる技術的な基礎知識、電気事業やエネルギー問題などの関連知識、施設管理の規範となる法令に関する知識を提供することを目的として、大学・高専の教科書兼参考書として活用されてきた。

　1966年に初版が発行されたが、当時は1964年に新電気事業法が発効され新たな事業体制や保安に関する基盤となる制度が整備された時代であり、本書はその仕組みについて理解を深めるために活用された。その後経済成長や電気機器の普及に伴い電力需要が急増し、新規の電源開発や送配電網の整備といった施設の増強が行われた。この間に、発電設備については大型火力発電や原子力発電などに関する技術、送配電設備については超高圧送電に関する技術やネットワークを管理・制御する技術が開発され普及した。一方、高度経済成長に伴い我が国では公害問題が深刻化し、環境対策のための技術は他国を凌ぐ進歩を遂げた。また1970年代に発生した二度のオイルショックは、資源を持たない我が国の課題を顕在化させ、エネルギーの使用の合理化や石油代替エネルギーの開発・利用といったエネルギーの安定供給を図るための技術や制度を発展させた。2000年代に入ってからは、地球環境問題への関心の高まりを背景に、非化石エネルギーの利用拡大策が順次講じられてきた。2011年には東日本大震災に伴い東京電力㈱福島第一原子力発電所の事故が発生、その後電気事業体制のあり方が抜本的に見直され、送配電部門の法的分離や小売部門の全面自由化が実施された。

　本書においては、このような社会情勢や技術の進展に対応し逐次改訂を重ね、2017年には13版の発行を行ったが、その後地球環境問題に対する更なる要請を背景に、太陽光などの再生可能エネルギー電源の普及が進んだ結果、需給調整や保安に関する新しい課題への対応が必要になった。また電力システム改革の進展に伴い、新たな市場の整備が行われた。技術面では、電気施設管理や保安分野においてデジタル情報技術の活用が目覚ましく進展する一方、情報システムへの外部からのサイバー攻撃や個人情報保護に関するセキュリティの強化が重要な課題になっている。このように電気事業および電気施設を取り巻く環境がこの数年の間に大きく変化していることから、最新の知見や関係法令の見直しの動向を反映するため、本書を改めて改訂することとなった。

　読者の皆様には本書を熟読いただき、電気施設管理に必要な知識を習得し、電気の技術者として活躍されることを期待している。なお次ページの執筆者は、各章の取りまとめ責任者の意味であり、またそれぞれの所属表記は2024年7月現在のものである。

　2024年9月

編著　平野　正樹

● 執筆者

平野 正樹	日本内燃力発電設備協会	（14版改訂について）
濱谷 正忠	発電設備技術検査協会	（序論，第1章）
川北 浩司	中部電力パワーグリッド	（第2章，第3章）
炭谷 一朗	エネルギー総合工学研究所	（第2章，第3章）
福場 伸哉	エネルギー総合工学研究所	（第2章，第3章）
高倉 秀和	中国電力	（第4章）
福島 章	電気工事技術講習センター	（第5章）
都筑 秀明	埼玉大学	（第6章）

（所属は2023年6月現在）

凡 例

1. 学術用語は，文部省制定の学術用語，電気学会専門用語集および日本産業規格に採用されている用語によった．
2. 単位は，国際単位系(SI)によるのを原則とした．
3. 重要と思われる用語は，その用語が主として説明されている箇所，あるいは初出の際に，特に太字をもって示した．
4. 本文の記述中の補足的説明を要するものは，脚注でこれを行った．
5. 図，表および式の番号は，各章において通し番号として，引用の便を図った．
6. 図，表を文中で最初に引用する際には，その図番と表番を**太字**をもって示した．
7. 図記号は，原則として日本産業規格「JIS C 0617 電気用図記号」に従った．
8. 単位記号，量記号は，日本産業規格「JIS Z 8202 シリーズの量及び単位」に従い，量記号は V, I, P のように斜体文字，単位記号は V, A, W のように立体文字を用いた．
9. 量記号の後に単位記号を付す場合は，両者の区別を明確にするため，単位記号を括弧内に示した．

    (例) V〔V〕, I〔A〕, P〔W〕

10. 点，線，素子，物を英文字を使って指示する場合は，立体文字を用いた．

    (例) 点 P, 巻線 C, 発電機 G

    ただし，慣例として抵抗 R, 静電容量 C のように，これらの素子を持つ電気的量で素子を示す場合は，この限りでない．

目　次

序　　論 —— 1

第1章　総　　論

- 1.1　電気の特性 —— 2
  - 1.1.1　電気事業の事業的特性 …… 3
  - 1.1.2　電気の技術的特性 …… 4
  - 1.1.3　電気事業および電気施設に対する規制 …… 7
  - 1.1.4　電気の品質および保安の状況 …… 11
- 1.2　電気を取り巻くエネルギー問題 —— 12
  - 1.2.1　エネルギーに占める電気の役割 …… 12
  - 1.2.2　エネルギー需要構造の変遷と電気事業による対応 …… 13
- 1.3　電気事業の歴史 —— 22
  - 1.3.1　戦前の電気事業 …… 22
  - 1.3.2　戦後の電気事業 …… 24
  - 1.3.3　電気事業の規制緩和・自由化の動き …… 27
- 1.4　世界主要国の電気事業 —— 34
  - 1.4.1　世界の電気設備 …… 34
  - 1.4.2　電気事業の形態 …… 34

第2章　電力需給計画および調整

- 2.1　総　　説 —— 39
- 2.2　需　　要 —— 40
  - 2.2.1　需要電力の分類 …… 40
  - 2.2.2　需要電力の態様 …… 41
  - 2.2.3　需要想定 …… 45
- 2.3　供 給 力 —— 46
  - 2.3.1　供給力の分類と特質 …… 46
  - 2.3.2　水力の供給力 …… 48
  - 2.3.3　火力および原子力の供給力 …… 52
- 2.4　電力需給計画 —— 53
  - 2.4.1　需給バランス …… 53

2.4.2　融通電力･･･57
　2.4.3　供給予備力･･･57
2.5　電力需給調整━━━━━━━━━━━━━━━━━━━━━━━59
　2.5.1　平常時の需給調整･･･････････････････････････････････････59
　2.5.2　デマンドレスポンスによる需要制御･･･････････････････････60
　2.5.3　需給ひっ迫時における需給調整･･･････････････････････････61

第3章　電気施設の建設と運用

3.1　総　　説━━━━━━━━━━━━━━━━━━━━━━━━━64
3.2　電源開発計画━━━━━━━━━━━━━━━━━━━━━━━65
　3.2.1　電源開発の基本方針･････････････････････････････････････65
　3.2.2　電源開発の動向･･･66
　3.2.3　水力発電･･･67
　3.2.4　火力発電･･･70
　3.2.5　原子力発電･･･72
　3.2.6　各種電源の組合せ･･･････････････････････････････････････76
　3.2.7　電源立地の推進対策･････････････････････････････････････78
3.3　電力施設と環境保全━━━━━━━━━━━━━━━━━━━━79
　3.3.1　環境保全政策の概要･････････････････････････････････････79
　3.3.2　大気汚染防止対策･･･････････････････････････････････････80
　3.3.3　水質保全対策･･･82
3.4　再生可能エネルギー━━━━━━━━━━━━━━━━━━━━82
　3.4.1　再生可能エネルギーとは･････････････････････････････････82
　3.4.2　再生可能エネルギー導入の経緯・主な政策･････････････････83
　3.4.3　太陽光エネルギー･･･････････････････････････････････････84
　3.4.4　風力エネルギー･･･85
　3.4.5　地熱エネルギー･･･86
3.5　電力系統の構成━━━━━━━━━━━━━━━━━━━━━━86
　3.5.1　電力系統･･･86
　3.5.2　電力系統の基本形･･･････････････････････････････････････88
　3.5.3　系統連系･･･89
　3.5.4　送電電圧･･･92
　3.5.5　送電容量と短絡容量･････････････････････････････････････92
　3.5.6　電力損失･･･93
　3.5.7　電力系統の中性点接地方式･･･････････････････････････････93

3.5.8 電力系統の安定度 ……………………………………… 94
3.5.9 電力系統の保護方式 …………………………………… 95
3.5.10 配電方式と配電電圧 …………………………………… 96
3.5.11 発電設備の系統連系 …………………………………… 97
3.5.12 電力システム改革と送配電などの業務 ……………… 97
3.5.13 電力系統の課題 ………………………………………… 98
3.6 電力系統運用 ─────────────────────── 99
　3.6.1 給電業務 ………………………………………………… 99
　3.6.2 給電業務と気象 ………………………………………… 101
　3.6.3 需給・周波数調整の必要性 …………………………… 102
　3.6.4 電圧調整 ………………………………………………… 105
　3.6.5 電圧の品質 ……………………………………………… 109
　3.6.6 電力系統の経済運用 …………………………………… 111
3.7 電気施設の保守管理 ────────────────── 111
　3.7.1 概　説 …………………………………………………… 111
　3.7.2 水力発電所の保守 ……………………………………… 111
　3.7.3 火力発電所の保守 ……………………………………… 112
　3.7.4 原子力発電所の保守 …………………………………… 113

第4章　電気料金と電力市場

4.1 総　説 ───────────────────────── 116
4.2 電気料金制度の変遷 ────────────────── 116
4.3 電気料金制度 ────────────────────── 117
　4.3.1 小売全面自由化後の電気料金メニュー ……………… 117
　4.3.2 特定小売供給約款 ……………………………………… 118
　4.3.3 電気最終保障供給約款・離島供給約款 ……………… 120
4.4 電気料金の算定(特定小売供給約款の料金) ─────── 121
　4.4.1 前提計画の決定 ………………………………………… 121
　4.4.2 総括原価 ………………………………………………… 122
　4.4.3 個別原価計算 …………………………………………… 123
　4.4.4 料金率の決定 …………………………………………… 124
　4.4.5 電気料金の事後評価 …………………………………… 124
4.5 電気料金の構成 ───────────────────── 125
4.6 電気料金収入と電力コスト ────────────── 125
　4.6.1 電気料金収入 …………………………………………… 125

4.6.2　電力コスト ･･･ 127
4.7　電力市場 ━━━━━━━━━━━━━━━━━━━━━━━━━━━ 127
　　4.7.1　ベースロード市場 ･･･････････････････････････････････････ 129
　　4.7.2　需給調整市場 ･･ 129
　　4.7.3　容量市場 ･･･ 131
　　4.7.4　非化石価値取引市場 ････････････････････････････････････ 132
4.8　託送料金 ━━━━━━━━━━━━━━━━━━━━━━━━━━━ 132
　　4.8.1　託送料金の算定 ･･ 133
　　4.8.2　託送料金に関する規制とレベニューギャップ制度 ･･･････････････ 134

第5章　電気関係法規

5.1　総　　説 ━━━━━━━━━━━━━━━━━━━━━━━━━━ 135
5.2　電気事業の運営に関する法規 ━━━━━━━━━━━━━━━━━ 136
　　5.2.1　電気事業制度改革の背景と経緯 ･･･････････････････････････ 136
　　5.2.2　電気事業法に基づく電気事業の類型 ･････････････････････････ 140
　　5.2.3　電気事業規制 ･･･ 143
　　5.2.4　電気事業の広域的運営にかかわる規制 ･･･････････････････････ 148
5.3　電気施設などの保安，環境影響評価に関する法規 ━━━━━━━━ 151
　　5.3.1　電気施設などの保安規制体系 ･････････････････････････････ 151
　　5.3.2　電気事業法による保安規制および環境影響評価 ････････････････ 151
　　5.3.3　電気工事士法 ･･ 170
　　5.3.4　電気工事業の業務の適正化に関する法律 ･････････････････････ 174
　　5.3.5　電気用品安全法 ･･ 176
5.4　電気の計量，規格，標準に関する法律 ━━━━━━━━━━━━━ 179
　　5.4.1　計　量　法 ･･･ 179
　　5.4.2　産業標準化法 ･･ 180
5.5　エネルギー政策に関する法規 ━━━━━━━━━━━━━━━━━ 181
　　5.5.1　エネルギー政策基本法 ････････････････････････････････････ 181
　　5.5.2　原子力基本法 ･･ 183
　　5.5.3　核燃料物質，核燃料物質及び原子炉の規制に関する
　　　　　法律（原子炉等規制法） ････････････････････････････････ 184
　　5.5.4　発電用施設周辺地域整備法 ･･･････････････････････････････ 185
　　5.5.5　非化石エネルギーの開発及び導入の促進に関する法律 ･･･････････ 185
　　5.5.6　エネルギーの使用の合理化及び非化石エネルギーへの転換等に関
　　　　　する法律（省エネ法） ････････････････････････････････････ 186

5.5.7 再生可能エネルギー電気の利用の促進に関する特別措置法 …… 187
5.5.8 脱炭素成長型経済構造への円滑な移行の推進に関する法律（GX推進法） …… 188

第6章　電気設備技術基準とその解釈

6.1 総　説 ―――――――――――――――――――― 190
  6.1.1 技術基準の根拠と種類 …………………………………… 191
  6.1.2 電気設備技術基準およびその解釈の構成など …………… 193
  6.1.3 電気設備技術基準における障害防止 ……………………… 196
6.2 総　則 ―――――――――――――――――――― 198
  6.2.1 用語の定義 ………………………………………………… 198
  6.2.2 電圧の種別 ………………………………………………… 201
  6.2.3 適用除外 …………………………………………………… 202
  6.2.4 基本原則 …………………………………………………… 203
  6.2.5 電路の絶縁 ………………………………………………… 203
  6.2.6 接地による保護 …………………………………………… 207
  6.2.7 過電流からの電線および電気機械器具の保護対策 ……… 214
  6.2.8 地絡に対する保護対策 …………………………………… 215
  6.2.9 電　線 ……………………………………………………… 217
  6.2.10 電線の接続法 ……………………………………………… 220
  6.2.11 高圧または特別高圧の電気機械器具の危険の防止 …… 221
  6.2.12 サイバーセキュリティの確保 …………………………… 223
  6.2.13 電気的，磁気的障害の防止 ……………………………… 224
  6.2.14 電気設備による供給支障の防止 ………………………… 224
  6.2.15 公害などの防止 …………………………………………… 225
6.3 電気の供給のための電気設備の施設 ―――――――― 226
  6.3.1 常時監視をしない発電所などの施設 …………………… 227
  6.3.2 電線路に関する全般的な基準 …………………………… 230
  6.3.3 電線路に関する具体的な施設方法など ………………… 236
  6.3.4 電気機械器具などからの電磁誘導作用による人の健康影響の防止 ………………………………………………… 257
  6.3.5 高圧および特別高圧の電路の避雷器などの施設 ……… 258
  6.3.6 電力保安通信設備 ………………………………………… 259
  6.3.7 電気鉄道に電気を供給するための電気設備の施設 …… 259
6.4 電気使用場所の施設 ―――――――――――――――261

6.4.1　配線の感電または火災の防止など……………………………… 261
　　　6.4.2　特殊場所における施設制限 ………………………………………… 277
　　　6.4.3　特殊機器の施設 …………………………………………………… 278
6.5　国際規格の取入れ――――――――――――――――――――――280
6.6　分散型電源の系統連系設備―――――――――――――――――281

電気主任技術者試験問題の例――――――――――――――――――285

索引―――――――――――――――――――――――――――――297

序論

　はじめに，**電気施設管理**とその意義について，それらの概念をまず把握しておきたい。
　電気施設管理とは，電気施設を運転・保守し，又は拡充して，その施設が目的とする機能を合理的かつ効率的に発揮させることをいう。このことは，**デジタル技術**などの導入（**スマート化**）や**保安規制**の改変（合理化・適正化）などにより，施設そのものおよびその環境が大きく変容したとしても，何ら変わるものではない。
　また，**電気施設管理**の内容は，電気施設に関するあらゆる内容を含むと考えられるが，本書では，個々の電気施設の管理については触れることはせず，電気施設全体の管理について述べることにする。他方，電気使用施設の目的は，その用途に応じて個々に異なり，電力応用の範囲に入るものであるので，これらについては省略し，本書では，主として，電気の供給のための発送変配電から給電までの広範囲にわたる電気供給施設全体の総合的な管理について述べることにする。
　以下，**電気施設管理**に関する基本的な考え方について，簡単に触れておく。
　第一に，電気施設を管理するに際しては，まず，電気施設がどういう目的で作られているかを十分理解する必要がある。このためには，電気が国民生活および産業活動，または生活環境といかなる関係にあるか，また，わが国のエネルギー資源の海外依存状況などを把握したうえで，電気がエネルギー資源としていかなる役割を担っているかを知ることにより，電気の価値を認識するとともに，事業用（自家用を含む），一般用の各電気工作物の特性を十分に理解する必要がある。
　第二に，電気供給施設は個々の電気施設の集合体であるが，これらが電力系統として構成されるときには，電力系統全体として種々の特異かつ重要な特性を持つことに注目する必要がある。したがって，**電気施設管理**に関しては，近年の技術開発の著しい進展や電気施設に係る**保安規制**の改変なども踏まえつつ，電気施設を合理的かつ効率的な電力系統として構成する方法，それらの電力系統を合理的かつ効率的に運転・保守し又は拡充していく方法などについても十分理解しておくことも必要である。

第1章

総　　論

1.1　電気の特性

　1886年（明治19年）7月5日に，東京電燈会社が一般電灯供給事業を開始して以来，わが国の電気事業は約140年の歴史を有しており，この間，電気は，国民生活および産業活動に不可欠なものとして確固たる地位を築いてきた。

　電気事業に関し，1995年（平成7年）以降，欧米諸国の例にならい，電力市場への競争原理の導入のもとで，各種の規制緩和・自由化が段階的に実施されてきた。とりわけ2011年（平成23年）3月の福島第一原子力発電所の事故を契機として，2013年（平成25年）から，大幅な抜本的制度改革，いわゆる「**電力システム改革**」が実施された(1.3.3項の1.を参照)。

　これらの制度改革の結果として，「**電気の発電・小売部門の全面自由化**」がなされ（発電部門は1995年（平成7年）12月実施，他方，小売部門は2016年（平成28年）4月実施），2015年（平成27年）4月には新旧電気事業者間の公平な競争環境整備を図るための「**広域系統運用機関**」が設立されるだけでなく，2020年（令和2年）4月には電気事業者組織内での「**送配電部門の法的分離**」(当該部門の中立性確保)が実施された。さらに，これらの電力システム改革に加えて，2022年（令和4年）4月には，大規模自然災害時の大規模停電の復旧を容易にすること（電力システムの供給安定性・**レジリエンス**の強化）などを目的として「**配電事業の許可制度**」(1.1.1項の2.，1.1.3項，および1.3.3項の1.を参照)が，他方，**再生可能エネルギー**などの分散型電源の有効利用の促進などを目的として，

---

(1) 「広域系統運用機関の設立」，「電気の小売部門の全面自由化」，「電気の送配電部門の**法的分離**」の3段階からなる制度改革で，それぞれ，2013年（平成25年）11月，2014年（平成26年）6月，2015年（平成27年）6月の3回に分けて行われた**電気事業法**の段階的改正により実施された，または実施される予定の制度改革である（第二段階で決められた「小売規制料金の撤廃」は2022年（令和4年）4月実施予定であったが，需要家保護の観点などからの制度維持の必要性が認められる現状に鑑み，廃止時期は未定）。

(2) 電力システムなどが被害を受けた際に，迅速に回復を図り，正常な状態に復旧する能力のことである。

「特定卸供給事業の届出制度」が，新たに創設された。以上のように，電気事業を取り巻く環境は大きく変化したが，電気の重要性は少しも変わっていない。

また，供給安定性(安定供給の確保の観点)に加えて，**安全性**(危険性の除去・緩和の観点)，**環境適合性**(環境保全・保護の観点)，**経済効率性**(料金の低減化)などの電気に要求される諸特性についても，国民の関心は依然として高いものがある。

1.1.1 電気事業の事業的特性

1. 公益性

電気事業は，水道やガスと同様に，一般国民の日常生活などに欠くことのできないサービス財を提供する事業であり，広く均等に便益が与えられるものでなければならない。このことから，電気事業は，その市場に競争原理が導入され，自由化されたとはいえ，公益事業の代表的なものの一つであることには変わりない。それゆえ，この**公益性**を担保するために，類型化されている各電気事業(7類型)の性格に応じた**事業規制**が残されている(1.1.3項および1.3.3項の1.を参照)。

2. 地域独占性の変遷

過去の経験などから，電気事業における過度の自由競争は，設備産業である電気事業にとって不可欠な設備投資資金の不足や送配電線の輻湊化といった，需要家にとってあるいは国民経済的観点から，長期的に非合理的な状況などをもたらすおそれがあった。このことから，1951年(昭和26年)の電力再編においては，わが国を9ブロックに分け，それぞれのブロックごとに一般電気事業者による電力供給を地域独占的に認める，いわゆる9電力体制(その後，沖縄電力を加えた10電力体制)が確立された。

その後，前述のように，効率的競争による**安定供給の確保**，電気料金の最大限の抑制，および需要家の選択肢や新規参入事業者の事業機会の拡大のため，1995年(平成7年)の発電部門への参入規制の原則撤廃(自由化)，1999年(平成11年)からの小売部門の段階的自由化，および2013年(平成25年)からの「**電力システム改革**」による**小売部門の全面自由化**(同改革の第二段階，2016年(平成28年)4月実施)などが行われ，従来の一般電気事業者(10電力)による地域独占体制は終焉を迎えた。しかしながら，従来の一般電気事業者(10電力)が有していた送配電部門(2020年(令和2年)4月の**法的分離**後は，**一般送配電事業者**である送配電子会社，ただし，規模の小さい沖縄電力は**法的分離**を免除されている)については，**安定供給の確保**，需要家保護などの観点から，①「託送供給・電力量調整供給」，②「電圧・周波数の維持」，③「最終保障供給・離島等供給」などの義務付けが，

さらに，2022年（令和4年）4月から新たに類型化された**配電事業者**についても，①および②の義務付けのみが課されたうえで，依然として地域独占が認められているといえる（1.1.3項および1.3.3項の1.を参照．なお，従来の電源開発（株）の送変電部門（**法的分離**後は，**送電事業者**である電源開発送変電ネットワーク（株））および新規の北海道北部風力送電（株）についても同様にルート的独占が認められている）．

1.1.2　電気の技術的特性
1.　潜在的な危険性，および生活環境などへの影響

電気は，その物理的特性から感電，漏電などによる潜在的な**危険性**を有しており，電気の使用者である，一般公衆，あるいは電気施設の運転・保守作業の従事者などに，感電死傷事故や火災事故をもたらすおそれがある．さらに，電気施設は電気的・磁気的影響を広範囲に及ぼす場合があり，電話やテレビ・ラジオなどの通信情報機能に支障を与えることがある．また，電気施設において，供給支障（停電）を防ぐための適切な対策が取られない場合には，生活や社会活動などに大きな支障をきたす可能性もある．

以上のように，電気施設は各種の**危険性**（安全を脅かすような直接的な**危険性**だけでなく，支障，影響などをもたらす広義なものも含む）を内在するため，電気施設の設置や運転・保守に際しては，極力，人あるいは他の物件などに危害，障害，支障などを及ぼさないよう対策を講じる必要がある．なお，近年における電気施設の**デジタル化**[1]の進展に鑑みれば，供給支障などを防止する観点からも，通常の事故防止対策だけでなく，**デジタル化**された設備への**サイバー攻撃**[2]に対する対策（**サイバーセキュリティの確保のための対策**）なども必要であることはいうまでもない（1.1.3項のc.を参照）．

また，
① 火力発電所などについては，排出されるNO_X，SO_X，煤塵などによる大気汚染などに対する公害防止対策，および貯油タンクなどからの漏油などに対する水質汚濁防止対策など，
② 電気施設全般については，それらの工事・維持・運用の各段階における騒音・振動防止対策など，

---

(1) 英語では，DigitizationまたはDigitalizationと呼ばれており，前者は**デジタル技術**を活用して，個別プロセスの業務効率化やコスト削減などを実現すること，一方，後者は**デジタル技術**を活用して，ビジネスや組織運営などの全体プロセスを長期的な視野で変革して，新しい価値いわゆるビジネスモデルを生み出すことである．
(2) ネットワークを通してPCやサーバーなどの情報機器に不正侵入し，データ改ざん，情報搾取，システム機能停止などを目的として行われるインフラ設備に対する攻撃である．

③ PCB(ポリ塩化ビフェニル)を用いた電気機械器具については，電気施設への施設制限などの**安全対策**など，

生活環境を守る観点からも，他の製造工場と同様な**安全対策**が必要である。

特に，

④ 原子力発電所などの原子力関係施設については，原子力が有する潜在的危険性（放射線・放射能リスク）を顕在化させないよう厳重かつ特別な**安全対策**を講じる必要がある。

さらに，電源開発など大規模な開発行為についての**環境保全対策**なども必要であるだけでなく，新たに類型化された**小規模事業用電気工作物**(小規模太陽電池発電設備など)の設置についても，小規模といえども自然災害に起因する設備事故の多発に鑑み，公衆災害リスクなどの低減の観点から，所要の**安全対策**とともに**環境保全対策**(2023年(令和5年)3月から新たに制度化され，規制強化)も必要である(1.1.3項のe.及び1.3.3項の2.のa.を参照)。また，昨今の**地球温暖化問題**についての対応として，電源のいわゆる「**低炭素化(脱化石燃料化)・多様化**」により，ベストな「**エネルギーミックス**」[(1)]の実現に貢献することも期待されている。これらの**環境適合性**の向上対策についても，広い意味で生活環境に影響を与えるため，この項に含めておくことにする。

2．電力需給の同時同量性と電力系統の運用

電気事業の特徴は，基本的には，サービス財である電気の生産とその消費とが同時に行われ，また，消費に追随して同量の生産を行わなければならないことである。生産(発電)，輸送(送電)，配給(配電)から消費(電気利用)に至る電気諸施設は電気的に連系されているため，系統の一端の事故は瞬時に系統の他端まで影響を及ぼし，あるいは，一発電所の停止によって系統全体の電圧・周波数の低下をきたすこともある。

まず，この**同時同量性**に弾力性を与える有力な方途である**電力貯蔵**については，我が国では，これまで，余剰電力を水の位置エネルギーの形で貯蔵する**揚水発電所**が積極的に建設されてきたが，適地の減少，経済性の悪化などの理由から，現在のところ，新規の開発計画はない(ただし，現在，一部地域での開発が検討されている)。他方，近年は，ナトリウム硫黄電池，レドックスフロー電池，リチウム電池などの蓄電池による電力系統用の**電力貯蔵設備**がいくつか設置されているが，いずれも実証試験的なものであり，経済性の観点や貯蔵容量の制約から大規模な導入には至っていない(ただし，現在，十数か所の蓄電池による**電力貯蔵設備**の設置計画はある)。このため，これらの問題点を

---

(1) エネルギー政策の目的に合わせたエネルギー構成またはエネルギー源別比率である。

解決するための技術開発の更なる進展や設備設置に係る補助制度の充実などが期待されている。なお，2022年(令和4年)12月から，近年における蓄電池による**電力貯蔵設備**の電力系統への導入状況などに鑑み，電力系統に接続して使用される系統用蓄電池(単独設置されたもの)を含む**電力貯蔵設備**を**蓄電所**として新たに定義し，将来的な導入に備えて，**事業用電気工作物**として必要な**保安規制**などを課すことになった(1.1.3項のd.を参照)。

さらに，この**同時同量性**を確保するための系統運用上の有効な方策(供給安定性・レジリエンスの強化策)として，電力の地域間融通システムの拡充が挙げられるが，その事例として，①東西間周波数変換設備の拡充計画(2021年(令和3年)3月に，120万kWから210万kWに拡充済，さらに300kWまで拡充予定)，②北海道・本州間連携設備の拡充計画(90万kWから120万kWに拡充予定)，③東北・東京間連系線の拡充計画(445kW増強予定)などがあり，いずれも2027年度(令和9年度)使用開始を目途に現在進行中である。

また，近年，系統運用の弾力化・柔軟化などを図るため，従来の**デジタル技術**[(1)]だけでなく，より安全性や効率性を高めるための**IoT**[(2)]，**AI**[(3)]などの最新デジタル技術が電力システムに積極的に導入されつつあることはいうまでもない(需要側における**DR**[(4)](デマンドレスポンス)による負荷制御，分散型電源側の出力自動制御，**VPP**[(5)]，再生可能エネルギー等の分散型電源などの電力を集約して卸供給する**アグリゲーター**[(6)]としての機能など)。

以上のように，**電力貯蔵**などにより，**同時同量性**にある程度の弾力性を持たせることもできるが，電気事業者は，原則として，供給設備として，常に，**ピーク負荷**[(7)](負荷の

---

(1) **デジタル技術**には，アナログ情報の**デジタル化**技術，生産工程などの自動化技術，蓄積データの視覚化技術，PC業務の自動化技術などの従来技術だけでなく，近年発展しつつある**IoT**，**AI**などの最新技術も含まれる。
(2) Internet of Thingsの略称で，種々のものがインターネットを通じて接続されることで，モニタリング，コントロールなどが可能になることである。
(3) Artificial Intelligenceの略称で，いわゆる人工知能と呼ばれているものであり，機械学習，ディープラーニングなどの技術により，自律的な情報処理を実行するコンピュータである。
(4) Demand Responseの略称で，需要側における自動制御などによる負荷抑制を行うこと，供給側の供給不足を補うことである。
(5) Virtual Power Plantの略称で，いわゆる仮想発電所と呼ばれているもので，地域内で分散している**再生可能エネルギー**発電設備，蓄電池，EV(電気自動車)などの電力供給源を**IoT**技術で管理・制御することで，リアルな発電所のように機能させるものである。
(6) Aggregatorのことであり，ばらばらに分散している小規模分散型電源(**再生可能エネルギー**発電設備など)の電気を集めて，需要家に供給を行う**特定卸供給事業者**(2022年(令和4年)4月に創設された制度による届出事業者)のことである。
(7) peak load

最大量)を上回る容量の設備を持つ必要がある。これは反面，**オフピーク負荷時**⁽¹⁾(電力需要が低下している時間)において，設備の相当分が非稼働状態となるため，年間の平均負荷／ピーク負荷で定義される**年負荷率**が低くなり，設備稼働率の悪化により経済性が低下する。このため，電気事業者は，各種の年負荷率の向上対策(負荷平準化対策など)を講じるとともに，最適な設備形成，効率的な設備運用(通常の創意工夫だけでなく，**デジタル技術**の導入による**スマート化**⁽²⁾などによるもの)を図ることで，設備の経済性を高めていく必要があるが，**デジタル化**された設備に対する「**サイバーセキュリティの確保の強化のための対策**」なども適宜取ることも重要である(1.1.3項のc.を参照)。

また，電気の生産施設(発電所)や輸送・配給施設(送変電設備などの流通設備)を建設するためには，数年以上にわたる長期の期間を必要とし，これらの設備規模を決定するための将来の電力需要をあらかじめ予測しておく必要がある。それゆえ，電気事業は設備産業そのものであるといえ，長期を見通した巨額の設備投資を必要とするという特徴を有している。

上記の電力需給上の諸特性が，電気施設全体の管理に大きな影響を及ぼし，また，綿密な電力設備計画と電力需給計画(現在の**電気事業法**では，これらの計画は「**供給計画**」と呼ばれている)を必要とし，これに関連して，電気施設の運転を制御・指令する給電技術を発達させ，さらに，この需給関係に適応した各種電気料金制度が採用されるなど，**電気施設管理**上，独特の分野を発達させてきたのである。

なお，前述(1.1.1項の2.を参照)のように，段階的な規制緩和・自由化，「**電力システム改革**」およびその後の制度改正の結果，電気事業に関する制度は大きく変更され(1.3.3項の1.を参照)，従来の一般電気事業者(10電力)の**地域独占性**の消失や電気事業の新たな類型化(7類型化)に伴い，各電気事業者の役割変化(1.1.3項及び1.3.3項の1.を参照)などが生じたが，電気事業の**公益性**を担保するための**電気施設管理**の本質に変化はない。

1.1.3 電気事業および電気施設に対する規制

電気事業および電気の技術的特性に鑑み，電気関係諸規則の中心である**電気事業法**では，電気事業に対する**事業規制**と電気施設全般に関する**保安規制**の二つの面から規制さ

---

(1) off peak load period
(2) Smartification のことであり，各種デジタル技術を活用して，情報システムや各種機器・インフラ設備などに高度な情報処理能力または管理・制御能力を持たせることである。

れている。なお，2013年（平成25年）からの「**電力システム改革**」による**電気事業法**の改正により，電気事業については従来の一般電気事業，卸電気事業，特定電気事業，および特定規模電気事業の4類型（1995年（平成7年）以降の数次にわたる**電気事業法**の改正の結果，それまでの一般電気事業と卸電気事業の2類型からこれら4類型に変更）から，**小売電気事業，一般送配電事業，特定送配電事業，送電事業**，および**発電事業**の5類型となった。さらに，2020年（令和2年）6月の**電気事業法**の改正により，2022年（令和4年）4月に，**配電事業及び特定卸供給事業**が新たに類型化されたため，7類型となった（1.3.3項の1.を参照）。

事業規制に関しては，主要なものとして，電気事業の**公益性**などを念頭に，類型化された電気事業の性格に沿った各事業者に対する①「**事業許可・登録・届出制**」があり，さらに，**小売電気事業者**に対する②「**供給条件（料金メニュー）の説明・交付などの義務付け**」，③「**供給能力の確保の義務付け**」など，**一般送配電事業者**に対する④「**託送供給・電力量調整供給の義務付け及びそれらに係る認可制**」，⑤「**最終保障供給・離島等供給の義務付け及びそれらに係る届出制**」，⑥「**電圧・周波数の維持の義務付け**」など，**配電事業者**に対する④-2「**託送供給・電力量調整供給の義務付けおよびそれらに係る届出制**」（一般送配電事業者より若干緩い規制），⑥「**電圧・周波数の維持の義務付け**」など，**送電事業者**に対する⑦「**振替供給の義務付け及びその供給条件の届出制**」など，**発電事業者**に対する⑧「**一般送配電事業者への発電供給の義務付け**」などについて，法律で規定されている。他方，**特定卸供給事業者**については，法律上の義務ではないが，需給バランスが取れない場合（需給逼迫，災害後の停電復旧時）などにおいて，「需要家に対する需要調整（抑制又は増加）の要請」や「**再生可能エネルギー**等の分散型電源設置者に対する出力調整（抑制又は増強）の要請」を行うことなどができる**アグリゲーター**としての機能も期待されている。

なお，**地域独占性**については，前述（1.1.1項の2.を参照）のように，一連の段階的な規制緩和・自由化，「**電力システム改革**」および追加的な**電気事業法**の改正の結果，**一般送配電事業者，配電事業者**および**送電事業者**についてのみ，いくつかの義務付けを前提として地域独占（送電事業者はルート的な独占）が認められている。また，電気料金については制度的には完全に自由化されており，併存する小売規制料金もその必要性（需要家保護）がなくなれば将来撤廃される（完全撤廃までは，自由料金と規制料金のいずれも選択可能）。

保安規制に関しては，自主保安を大原則として（いわゆる自己責任原則），これまで規制緩和や**規制の合理化・適正化**が図られてきたが，主要なものとして，工事などに関す

る認可・届出制度や検査制度，**電気主任技術者制度**，**電気設備技術基準**適合の維持義務制度など，電気工作物の工事，維持，運用にかかる規制があり，これらの規制については，公共の**安全確保**を図るために必要最低限のレベルは維持されており，これまでと比較して大きな制度変更はない（後述の1.3.3項の2.を参照。なお，電気事業法省令の電気設備技術基準については1997年（平成9年）6月の制度改正（3月公布，6月施行）で，**簡素化・機能性基準化**された）。

さらに，電気製品などの安全に関する**電気用品安全法**，一般家庭などの電気工事の安全に関する**電気工事士法**および**電気工事業法**などにより一般の電気使用者の安全をより確実なものにしている。

また，上述のとおり，**保安規制**の根幹は変更されていないが，①近年における大規模自然災害の頻発への対応，②電気保安分野における**スマート化**の促進，および③**再生可能エネルギー**利用の効率化の要請などの流れのなか，これらの情勢変化に対応していくつかの規制変更が行われているが特筆すべきものの概要は次の通りである。

なお，電力分野における**スマート化**については，通常の**デジタル技術**だけでなく，将来的には**AI**の適用が模索されているが，現在，AI適用のルール作りやその信頼性の評価が内外で議論されているところであり，とりわけ，安全に係る分野についてはその信頼性の判断を十分慎重に行ったうえで適用することが肝要と考える。

　　a．　**送電鉄塔・電柱の技術基準などの強化**（2020年（令和2年）8月の**電気設備技術基準**省令などの改正により，即日実施）　　2019年（令和元年）9月の房総半島台風15号に伴う暴風などにより，送電鉄塔2基の倒壊事故および電柱1 996本の倒壊・損傷事故が発生した。それらの事故に起因して，千葉県を中心に最大停電戸数約93万戸の大規模停電が引き起こされたことに鑑み，電力システムの供給安定性・レジリエンスの強化の観点から，突風の発生する特殊箇所に係る技術基準を改正するとともに，地域の実情に応じた風速を考慮した技術基準への見直しがなされた。また，あわせて電柱の技術基準の強化もなされた。

　　b．　**配電事業の許可制度の創設**（2020年（令和2年）6月の**電気事業法**の改正により，2022年（令和4年）4月実施）　　特に，2016年（平成28年）から2019年（令和元年）にかけて発生した大規模自然災害による大規模停電の頻発（1.2.2項の5.を参照）に鑑み，①大規模停電の復旧を容易にすること（電力システムの供給安定性・レジリエンスの強化），②地域分散型電源（**再生可能エネルギー**発電設備，コージェネレーション設備など）の活用を促進することなどを目的として，新規事業者などが**送配電事業者**からの配電網を譲渡または貸与されること，あるいは自ら設置することで事業を行うことができるように

するための「**配電事業の許可制度**」を新たに創設した。

  c. サイバーセキュリティの確保の強化（2022年（令和4年）6月の電気設備技術基準省令などの改正により，2022年（令和4年）10月実施） 社会システムのデジタル化，IT化⁽¹⁾，DX化⁽²⁾などが大きく進展するなか，デジタル化された電力システムなどの社会インフラ設備に対する**サイバー攻撃**が少なからず起きている状況に鑑み，従来，サイバーセキュリティ基本法（2014年（平成26年）11月公布，2015年（平成27年）1月施行）や民間規格の「電力制御システムセキュリティガイドライン」などを引用する形で，**電気設備技術基準省令**などにより，電気事業の用に供する電気工作物（いわゆる**電気事業用電気工作物**）については，サイバーセキュリティの確保を義務付けていた。他方，対象となっていなかった**自家用電気工作物**についても，とりわけ，需要設備や**再生可能エネルギー発電設備**などのデジタル化が進展しつつあるなか，それらの設備に対する**サイバー攻撃**にも対処する観点からだけでなく，「電気保安分野における**スマート化**」，および「**再生可能エネルギー利用の効率化（最大限利用）**」などを促進する観点からも，**電気設備技術基準省令の改正**，**自家用電気工作物**にかかわる新ガイドラインの制定などにより，**サイバーセキュリティの確保の義務付けを課す**ことになった。

  d. 蓄電所制度の創設（2022年（令和4年）5月の**電気事業法**の改正により2022年（令和4年）12月実施） **再生可能エネルギー利用の効率化**（**再生可能エネルギー供給の安定化**のための調整力供給など），系統運用・需給調整の弾力化・柔軟化（電力供給の安定性確保および自然災害に対する電力システムのレジリエンスの強化など）および**規制の適正化**の観点から，2022年（令和4年）12月から，電力系統に接続して使用される系統用蓄電池（単独設置されたもの）を含む**電力貯蔵設備を蓄電所**として新たに定義し，**事業用電気工作物**として必要な**保安規制**（保安規定の届出義務，電気主任技術者の選任義務，技術基準維持義務などの対象化．ただし，出力1万kW以上のものについては，規模の大きさに鑑み，**発電事業の用に供するもの**として，工事計画の届出および使用前自主検査も義務化）などを課すことになった。

  e. 小規模事業用電気工作物制度の創設（2022年（令和4年）6月の**電気事業法**改正により，2023年（令和5年）3月実施） 近年，大規模自然災害による**再生可能エネル**

---

(1) IT（Information Technology）introduction の略称で，個別プロセスに，コンピュータやインターネットなどの情報技術（IT）を導入することである。

(2) Digital Transformation の略称で，組織などが激しい環境変化に対応するために，データと**デジタル技術**を活用して，各種ニーズに対応したビジネスモデルを変革するとともに，業務，組織文化なども変革することにより，全体として，競争上の優位性を確立することである。なお，日本語では **DX** 化が使われるが，英語の DX と同義である。

ギー発電設備事故(火災,感電,設備破損・飛散又は同事象による他のものに対する二次被害,地滑りなどの誘発など)が多発している状況に鑑み,小規模太陽電池発電設備(10kW以上50kW未満)および小規模風力発電設備(20kW未満)を**小規模事業用電気工作物**と新たに定義し,当該設備の事故に起因する公衆災害リスクなどの低減を目的として,設備の設置・保守にかかわる**保安規制**の強化がなされた(技術基準の維持義務,基礎情報の届出義務,使用前自己確認の届出義務の対象化,現在,地滑り等防止法などの他法令の遵守状況の届出義務化など追加的規制強化が検討されている)。

1.1.4 電気の品質および保安の状況

電気の品質は,電圧や周波数の安定性などさまざまな角度から見ることができるが,その最も代表的な指標は停電回数および停電時間である。1需要家当りの年間停電回数および停電時間は,**表1.1**に示すように,2020年度(令和2年度)で見ると,日本の場合,前者が0.17回,後者が27分と世界的に見ても極めて高い水準を維持している(同表で比較される米国は2020年,英国,フランス,ドイツは2018年のデータを使用)。

表1.1　1需要家当り年間の停電回数および停電時間の国際比較

	日本	米国 (ニューヨーク州)	米国 (カリフォルニア州)	英国	フランス	ドイツ
停電回数〔回〕	0.17	0.32	1.44	0.51	0.96	0.27
停電時間〔分〕	27	362	451	43	51	16

(注)　日本は2020年度実績,米国は自然災害を含む2020年実績。英国・ドイツは荒天時を含む2018年実績である。フランスは荒天時を含まない2018年実績。

出所:日本は電力広域的運営推進機関編「電気の質に関する報告書」,米国は海外電力調査会編「海外電気事業統計」(2022年度版),英国・フランス・ドイツはCEER/ECRB編「Benchmaking Report on Quality of Electricity and Gas Supply, 2022」のデータより作成

また,電気に関する保安の状況については,保安水準を示す一つの目安である感電死傷事故件数の推移については,**図1.1**に示すように,徐々にではあるが,今なお改善が図られていることがわかる。

ちなみに,電気工作物の損壊,感電死傷などを含む総事故件数については,2021年度(令和3年度)は約11 800件が電気事業者から報告されているが,このうち約91%が高圧架空配電線路で発生している。この原因の多くは風水害,雷などの自然災害によるものとなっている(出所:経済産業省編電気保安統計)。

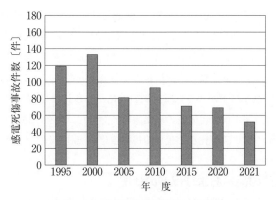

図1.1 感電死傷事故件数の推移
出所：経済産業省編「電気保安統計」より作成

1.2 電気を取り巻くエネルギー問題

1.2.1 エネルギーに占める電気の役割
1. 電気の用途

電気の利用は，照明など電気エネルギーを光として利用する形態，洗濯機・エアコン・工場の電動機など電気エネルギーを電動機の動力源として利用する形態，電子レンジ・工場の電気炉など電気を熱源として利用する形態などがある。電気を熱エネルギーに変換する方法には，抵抗発熱，アーク発熱，誘電加熱，ヒートポンプなどがある。

その他のものとしては，苛性ソーダ工業，アンモニア工業などの電気化学工業分野において，電気分解の原理を応用して別なものを生産する過程で利用される形態があり，電気が原料ともいえるほど多量に使用される。また，現代の多様化する高度情報化社会では，通信・計測・制御・コンピュータなどの通信情報機器の分野で，特に電気が重要な役割を果たしている。さらに，社会経済活動のデジタル化，IT化，DX化などの進展に伴い，デジタル化などが進んだ経済社会活動そのものによる電気使用が増加するだけでなく，それらの活動を支えるためのクラウドサービス事業（多量の情報データ保持・利用）や半導体の製造事業などには多量の電気が使用される。

また，現在，運輸分野での充電式電気自動車，ハイブリッド電気自動車などの電気自動車がエコカーとして広く普及されつつあるが，地球温暖化防止に資する観点からも，今後，それらのより一層の普及が期待されており，同分野での電気使用の拡大が見込ま

れる。さらに，新幹線の新設・延伸，地方 JR 線の電化，リニア新幹線の完成などにより，将来的には鉄道部門における電気使用の増加も予想される。

2．エネルギーに占める電気の地位

電気は，原子力，水力，石炭，石油，天然ガスなどの一次エネルギーを原料として，これらを転換して得られる二次エネルギーと位置付けられる。

電気は，エネルギーの市場では，重油・灯油などの石油製品，都市ガス・コークスガスなどその他のエネルギーと代替関係，競合関係を有しているが，社会の高度情報化など社会構造の変化やその利便性などから他のエネルギーに比べて優位性を有している（通信情報機器などのように，電気がないと機能しないものが多くなってきている）。このため，我が国の最終エネルギー消費量に占める電力消費量の比率である**電力化率**[1]をみても，図 1.2 に示すように，1970 年（昭和 45 年）には 13％程度であったものが，その後，徐々に増加してきており，最近では約 27％の（2021 年度（令和 3 年度））比重を占めるに至っている。

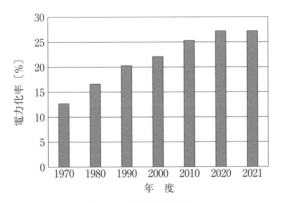

図 1.2　電力化率の推移
出所：経済産業省編「エネルギー白書 2023」より作成

1.2.2　エネルギー需給構造の変遷と電気事業による対応

1．戦後復興期から第一次石油危機まで

我が国は水力に恵まれており，1960 年（昭和 35 年）頃までは水主火従の時代が続いた。しかしながら，急速な電力需要の増加に対応するため，火力発電所の建設が急ピッチで

---

(1)　**電力化率**はこの定義のほか，一次エネルギーに占める電力の比率を用いる場合がある。

進み，火力が主となってきた。

また，火力も石炭から石油への転換があり，第一次石油危機の発生した1970年代には，火力が総発電電力量の約4分の3を，石油火力に限定すれば総発電電力量の約60%を占めるに至った。まさに，1980年(昭和55年)頃までのわが国の高度経済成長は，低廉な石油供給に支えられてきたと言える。

2. 第一次石油危機以降

1973年(昭和48年)秋の中東動乱に端を発した第一次石油危機は，**OPEC**[(1)](石油輸出国機構)および**OAPEC**[(2)](アラブ石油輸出国機構)のメンバー諸国による原油生産制限と原油価格の大幅な引上げによってもたらされたものであり，石油価格は2.5ドル/バレル程度であったものが，一挙に4倍となった。さらに，1978年(昭和53年)末のイラン政変を契機とした第二次石油危機によって石油価格はさらに2.5倍(第一次石油危機前の価格の約10倍に相当)となった。

その結果，石油消費国である世界の先進諸国は，脱石油と省エネルギーをエネルギー政策の基本とし，各国別の石油輸入目標量の設定をはじめ，石油火力の建設の取止めなどの推進について，**IEA**[(3)](国際エネルギー機関)閣僚会議や先進国首脳会議(サミット)の場で，合意した。

我が国としても，かかる国際的な合意を踏まえ，**石油代替エネルギー**(石油以外のもの)の開発導入の促進(いわゆる「**脱石油化**」)，省エネルギーの推進，および海外石油資源の**安定供給の確保**を3本柱とする総合エネルギー政策に基づき，官民あげてエネルギーの安定供給の確保に向けた対策を講じた。

電気事業においても，**LNG**[(4)]火力，石炭火力，原子力発電など石油代替エネルギーの開発が積極的に進められた(1973年(昭和48年)には全発電電力量の73%を占めた石油火力は，1990年(平成2年)には29%，2005年(平成17年)には11%まで低下)。当時，長期的には石油価格の上昇があると予想され，石油備蓄などの安全保障手段(**安定供給の確保のための手段**)の整備と，経済性を考慮した多様なエネルギー源の「**ベストミックス**」[(5)]の構築が求められた(いわゆるエネルギー源の「**脱石油化・多様化**」)。

3. 地球温暖化と「長期エネルギー需給見通し」

平成に入り，エネルギーの**安定供給の確保**という観点に加え，地球環境の保全という

---

(1) Organization of Petroleum Exporting Countries
(2) Organization of Arab Petroleum Exporting Countries
(3) International Energy Agency
(4) Liquefied Natural Gas の略称
(5) 火力，水力，原子力などのエネルギー供給方式を最適なバランスで組み合わせること

立場から，エネルギー源の「ベストミックス」の見直しが必要となってきた。化石燃料の大量消費に伴う**地球温暖化問題**がクローズアップされてきたからである（いわゆる「**低炭素化（脱化石燃料化）**」の要請）。

すなわち，1992年（平成4年）6月，ブラジルのリオデジャネイロで地球サミットが開催され，CO_2 (1)などの**温室効果ガス**（いわゆる地球温暖化ガス）の排出抑制について討議がなされ，参加国間で**気候変動枠組条約**が締結された。その後，1997年（平成9年）12月に京都で**COP3**(2)（第3回**気候変動枠組条約締約国会議**，京都会議）が開催され，先進国に対しては，2008〜2012年（平成20〜24年）の5年平均のCO_2など**温室効果ガス**の排出水準を1990年（平成2年）に比べ少なくとも5％を削減することなどを内容とする，いわゆる**京都議定書**が取り決められ，我が国についても6％（ただし，わが国については年度ベース）を削減目標とする国際的約束が課せられることとなった（同条約に参加している先進国は，目標達成の義務がある）。

このような課題に対応していくために，エネルギー需給に関する政策に関し，**安定供給の確保**，**環境適合性**の向上およびこれらを十分考慮したうえでの市場原理の活用を基本方針（いわゆる**3Eの原則**(3)）として定めることなどを内容とする「**エネルギー政策基本法**」が2002年（平成14年）6月に制定され，これに基づき「**エネルギー基本計画（第1次）**」が2003年（平成15年）10月に策定された。また，太陽光発電，風力発電などの**新エネルギー**（現在の**再生可能エネルギー**である地熱，水力は含まない）の普及の加速を図るため，2003年（平成15年）4月から，電気事業者に販売電力量に応じ，一定割合以上，**新エネルギー**から生み出された電気の利用を義務付けた**RPS**(4)制度が発足した。

経済産業大臣の諮問機関である総合資源エネルギー調査会は，逐次，我が国のエネルギー政策の前提となる「**長期エネルギー需給見通し**」を策定しているが，2008年（平成20年）5月に取りまとめられた見通しについては，エネルギーの**安定供給の確保**とともに**地球温暖化問題**への対応が主要なテーマとなった。

4. 地球温暖化問題に対する国際的取組の進展と福島第一原子力発電所の事故以後の対応

2011年（平成23年）3月11日に発生した福島第一原子力発電所の事故を契機として，エ

---

(1) carbon dioxide
(2) Third Conference of Parties to the United Nations Framework Convention on Climate Change
(3) **安定供給の確保**(Energy Security)，**経済効率性**(Economic Efficiency)，**環境適合性**(Environment)の三要素の頭文字を取って，3Eの原則と呼ばれる。
(4) Renewable Portfolio Standard

ネルギーを巡る環境は激変し、電力の安定供給に対する不安が高まっただけでなく、CO_2 発生源の化石エネルギーによる発電量が増加した結果(同事故以降、全原子力発電所が停止し、2015年(平成27年)8月における川内原子力発電所1号機の初の再稼働までは、CO_2 排出量の多い老朽石油火力や石炭火力に、電力供給の大半を依存)エネルギー起源の CO_2 が急増した(後述の6.を参照)。

このため、低炭素の**再生可能エネルギー**(従来の新エネルギーに地熱、水力を加えたもの)の利用の促進を図るため、2012年(平成24年)7月より、**再生可能エネルギーから発電される電気を一定期間、一定価格での買い取りを電気事業者に義務付ける**「**再生可能エネルギーの固定価格買取制度**(1)(いわゆる **FIT**(2) **制度**)」をスタートさせた。なお、再生可能エネルギーについては、電気料金における「FIT 制度による賦課金」にかかわる国民負担の増大懸念や電力系統への接続制限・抑制問題などから、①同賦課金による国民負担の抑制、②設備の事業実施の確実化、③電力系統制約の改善などを期すため、2016年(平成28年)6月および2020年(令和2年)6月の関係法改正などにより、①事業実施の確実化・早期化のための要件厳格化(2017年(平成29年)4月)、②入札制度の導入(2017年(平成29年)4月)、③市場連動型の **FIP**(3) 制度の導入(2022年(令和4年)4月)による買取価格の低減化などからなる制度の見直しがなされるだけでなく、今後、「**日本版コネクト&マネージ**」(4)の導入などによる現行の系統接続ルール(出力制御、先着優先接続など)の見直しがなされる予定である)。

このようななかで、国民経済の健全性の維持および**安全確保**を前提としつつ、原子力発電所の全停止に伴う供給リスク(安定供給性の低下)や**地球温暖化問題**への対応を図るべく(いわゆる「**3E+S の原則**」(5))、エネルギー戦略を白紙から見直したうえで再構築するため、2014年(平成26年)4月に「**エネルギー基本計画(第4次)**」を決定し(いわゆる「**低炭素化(脱化石燃料化)・多様化**」の方針)、2015年(平成27年)7月には同計画を踏まえた「**長期エネルギー需給見通し**(「**エネルギーミックス**」)」を策定した。さらに、2015年(平

---

(1) 電気事業者が買い取る費用の一部を需要家から賦課金という形で集め、買い取る電気事業者に還元し、当該事業者の負担を軽減することで**再生可能エネルギーの導入促進**を図る制度である。なお、この制度の対象となる**再生可能エネルギー**は太陽光、風力、水力(3万kW未満)、地熱、バイオマスとなっている。
(2) Feed-in Tariff Program.
(3) Feed-in Premium の略称で、**再生可能エネルギー電力を卸電力市場で販売する場合に**、FIT 制度のような高い固定価格ではない市場連動の卸売価格にプレミアムを上乗せして、**再生可能エネルギー発電事業者に補填する仕組み**である。
(4) ローカル系統制約への対処方法で、現行の「先着優先」(系統の空き容量の範囲内で先着順に受け入れる制度)ではなく、混雑時の出力抑制など、一定の条件下で接続を認める仕組みである。
(5) 3E に対して、更に**安全確保**(Safety)の頭文字 S を追加したものである。

成27年)12月のCOP21[1](第21回気候変動枠組条約締約国会議，パリ会議)では，我が国はこの「エネルギーミックス」の実現により，**温室効果ガス**の排出水準を2030年(令和12年)までに2013年度(平成25年度)比26％削減することを約束した(いわゆるパリ協定．ただし，すべての参加国は目標達成の義務はないが目標の提出義務はある)。また，2016年(平成28年)4月には，かかる「**エネルギーミックス**」の実現に向け，電力自由化により競争が進む中，総合的な政策措置をバランスよく講じていくため，省エネルギー，**再生可能エネルギー**などの関連制度を一体的に整備する「エネルギー革新戦略」を策定した。

その後，2018年(平成30年)12月にポーランドで開催された**COP24**[2](第24回気候変動枠組条約締約国会議，カトヴィツェ会議)ではパリ協定の市場メカニズムの実施指針(いわゆるルールブック)がおおむね合意され，また，2021年(令和3年)11月の**COP26**[3](第26回気候変動枠組条約締約国会議，グラスゴー会議)では温暖化対策の更なる加速化が議論されるとともに，パリ協定のルールブックが完全に合意された(ルールブックの完成)。なお，この会議では，全化石燃料火力の段階的廃止が議論されたが，我が国や米国が反対し，結果として石炭火力のみを段階的に削減することおよび非効率的な化石燃料補助金を段階的に廃止することが合意されている(いわゆるグラスゴー気候合意)。

ちなみに，我が国においては，この**COP26**に先立ち，2020年(令和2年)10月に菅首相(当時)が「2050年カーボンニュートラル宣言(国会での所信表明演説)」を行い，さらに，2021年(令和3年)4月には「2030年度(令和12年度)の**温室効果ガス**排出46％削減(2013年度(平成25年度)比)，さらに50％削減の高みを目指す」と表明し，政策的には2020年(令和2年)12月の「**グリーン成長戦略**[4]」の策定がなされた。その後，これらの宣言・表明などに沿った形で，岸田内閣発足直後の2021年(令和3年)10月に現行の「**エネルギー基本計画(第6次)**」が策定されたが，同計画における2030年(令和12年度)の電源構成(**再生可能エネルギー36～38％，原子力20～22％，石炭19％，LNG20％，石油等2％，水素・アンモニア1％**)については，そもそも積み上げ方式での算定ではないため(努力目標が前提)，次期「**エネルギー基本計画(第7次)**」については**再生可能エネルギー**導入や原子

---

(1) Twenty first Conference of Parties to the United Nations Framework Convention on Climate Change
(2) Twenty fourth Conference of Parties to the United Nations Framework Convention on Climate Change
(3) Twenty sixth Conference of Parties to the United Nations Framework Convention on Climate Change
(4) 「2050年カーボンニュートラル」実現を目標として，経済成長と環境適合を同時にうまく進めるための政策である。

力の再稼働の進捗状況などを勘案し，後述する今後の$\overset{(1)}{GX}$（グリーントランスフォーメーション）関係の動きの中で，原子力の位置付けなども含めて検討される見込みであり，今後の動向が注目されている（1.3.2項の5. を参照）。

その後，2022年（令和4年）11月にエジプトで開催された**$\overset{(2)}{COP27}$**（第27回気候変動枠組条約締約国会議，シャルム・エル・シェイク会議）では，2023年（令和5年）2月に始まったロシアによるウクライナ侵攻やここ数年における世界的な異常気象などに起因して，危機的なエネルギーの需給逼迫・価格高騰が世界的に生じたこともあり，グリーンなエネルギーとしての原子力の重要な役割が議論され，原子力に対する国際的な期待が大きく高まった会議にもなった。

5. 大規模自然災害の頻発，ロシアによるウクライナ侵攻などによるエネルギー危機に対する対応

国内においては，2011年（平成23年）3月の東北大震災以降，大規模停電を引き起こすような大規模な自然災害はしばらく起きていなかったが，2016年（平成28年）4月の熊本北部地震（震度7，約48万戸停電）以降，これまで大規模地震や大規模風水害などの大規模自然災害がほぼ毎年起きている（以下，主要なものは以下のとおり）。

とりわけ，地震については①2018年9月（平成30年）の北海道胆振東部地震（震度7，約295万戸停電，北海道全停電，165万kWの苫東厚真火力発電所破損・停止），②2022年（令和4年）3月の福島県沖地震（震度6強，約220万戸停電，東京・東北管内火力発電所14基停止［原町火力100万kW，広野火力120万kWなど］）などが，他方，風水害・雪害については，①2018年（平成30年）9月の台風21号（約240万戸停電），②同年9月の台風24号（約180万戸停電），③2019年（令和元年）年9月の房総半島台風15号（送電鉄塔2基倒壊，約93万戸停電），⑤2020年（令和2年）9月の台風10号（約48万戸停電），⑥2021年（令和3年）7月の東海・関東南部大雨（熱海の土石流災害など），⑦2022年（令和4年）9月の台風14号（約43万戸停電，送電鉄塔2基倒壊），⑧同年12月の日本海側大雪（送電鉄塔1基倒壊）などが発生し，大規模停電（一部で送電鉄塔倒壊，大型火力発電所停止）などが生じており，安定供給に対する不安が高まるだけでなく，電力システムの信頼度に対する懸念も生じ，電力供給の責任を担う電気事業としてはゆゆしき状況となった。

このため，このような大規模自然災害による被害状況を踏まえて，①2020年（令和2

---

(1) Green Transformation の略称で，従来の化石燃料中心の経済・社会，産業構造を，クリーンエネルギー（グリーンなエネルギー）中心に移行させ，経済社会システム全体の変革を目指すことである。

(2) Twenty seventh Conference of Parties to the United Nations Framework Convention on Climate Change

年)8月には,停電防止対策(送配電線網の強靭化)として,送電鉄塔の特殊箇所に係る技術基準の改正を行うとともに,地域の実情に応じた風速を考慮した技術基準への見直しなどもなされ(1.1.3項のa.を参照),また,②2022年(令和4年)4月には,大停電の復旧(電力システムの供給安定性・レジリエンスの強化)を容易にすることなどを目的とする**配電事業の許可制度が創設され**(1.1.1項の2.,1.1.3項のb.,及び1.3.3項の1.を参照),さらに,③2023年(令和5年)3月には,大規模自然災害に起因する**再生可能エネルギー発電設備**における事故に鑑み,公衆災害リスクなどの低減を目的として,小規模な太陽光発電設備などの**小規模事業用電気工作物**についての**保安規制の強化**がなされた(1.1.3項のe.を参照)。

また,前述のように,大規模自然災害による大規模停電の頻発により電力の安定供給が大きく阻害されるだけでなく,近年繰り返されている猛暑,厳冬などの異常気象による電力の需給逼迫も生じているなか,後述するように海外で発生した重大事件・事象によっても電力を含むエネルギーの需給逼迫・価格高騰が起きた。

まず,①2018年(平成30年)5月)のトランプ米国大統領(当時)による一方的なイラン核合意離脱宣言に伴うイラン産原油の全面禁輸措置などの制裁措置の実施,②2019年(令和元年)6月に起きたホルムズ海峡でのタンカー攻撃事件(日本関係船舶も含む),③同年9月のサウジアラビアの石油施設に対する攻撃事件などにより,中東情勢とりわけ同海峡周辺の状況が一気に緊迫化すること(ホルムズ海峡の地政学的なリスクの顕在化)で,原油価格が高騰するだけでなく,原油の安定供給に対する不安が再燃した(現在,鎮静化)。さらに,④2022年(令和4年)2月のロシアによるウクライナ侵攻に起因するエネルギーの需給逼迫・価格高騰(原油価格は同年3月には120ドル/バレル超え,2023年(令和5年)3月には80ドル/バレル程度で鎮静化)が起こり,一方,我が国においては原子力発電所の再稼働もスムーズに進まず(2023年(令和5年)3月時点で,再稼働可能炉33基のうち,再稼働中は8基),電力供給などに対して大きな影響(料金高騰,供給不安など)を与えてきた。

このような状況に対して,政府は,電力の需給逼迫が予想される場合にはその都度節電要請を行うだけでなく,料金補助やエネルギーの調達先確保などの影響軽減策を講じた。一方,電気事業者としても,節電要請を行うだけでなく,火力の燃料確保に努めつつ,休止・停止中の老朽火力なども,最大限,再稼働させることで,供給力確保に努めてきた。

6. 電気事業によるCO_2排出量と発電設備容量・発電電力量の推移

ちなみに,1990年(平成2年)以降のわが国全体および電気事業の排出するCO_2排出

量は，図1.3に示すように推移しているが，2021年度（令和3年度）は前者が10.6億トン，後者は3.26億トンであった。なお，2011年（平成23年）3月の福島第一原子力発電所の事故以降，他の原子力発電所も順次停止させられ，2013年（平成25年）9月には全停状態となったため，電力供給の大半を化石燃料火力に頼らざるを得なくなり，川内原子力発電所1号機が再稼働し始めた2015年（平成27年）8月までは，電気事業によるCO_2排出量が大きく増加した（図1.4に示すように，化石燃料火力による発電電力量の全体に占める比率については，2010年度（平成22年度）の65.4％から2015年度（平成27年度）の84.8％まで大きく上昇）。すなわち，図1.3に示すように，CO_2電気事業排出量については，2015年度（平成27年度）は2010年度（平成22年度）に比べて大きく増加し（約36％増），2015年度（平成27年度）以降減少傾向であった。

他方，電気事業用の発電設備容量については，図1.4に示すように，我が国の経済状況，電力消費形態の変化，エネルギー政策の変化などに対応し，2015年度（平成27年度）までは総じて拡大基調で推移してきた，その後，横ばい状態である。一方，発電電力量は，2008年（平成20年）9月に起こったリーマンショック後の経済低迷などにより減少傾向に転じ，とりわけ2011年（平成23年）3月11日の福島第一原子力発電所の事故以降，国民の省エネルギー・省電力の更なる努力，自家用発電設備の活用などにより，大きく減少し，ここ数年はリーマンショック後の国内経済低迷の継続に加えて，2019年（令和元年）末以降の新型コロナ禍による経済の更なる落ち込みもあり，減少又は横ばい傾向に

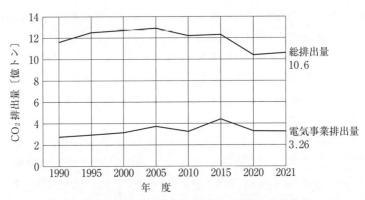

図1.3　わが国のCO_2排出量の推移

(注)　電気事業排出量については2014年度までは電気事業連合会ベースであるが，2015年度以降は電気事業低炭素社会協議会ベース
出所：(独)国立環境研究所の「日本の**温室効果ガス排出データ**」より作成。2021年度は確報値

1.2 電気を取り巻くエネルギー問題　21

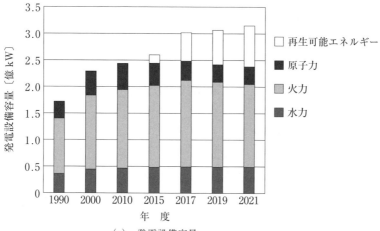

(a) 発電設備容量

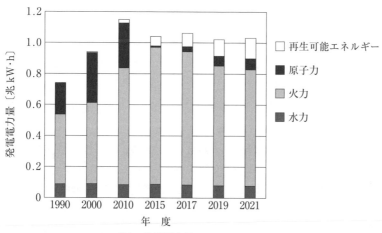

(b) 発電電力量

図1.4　わが国の電気事業用の発電設備容量および発電電力量の推移

(注)　水力は揚水を含む。**再生可能エネルギー**には水力を含めていない。
　　　火力は石炭・LGN・石油等の合計
出所：(a)については，2015年度までは資源エネルギー庁編「エネルギー白書」，
　　　2016年度以降は**電力広域的運営推進機関**「供給計画の取りまとめ」より作成
　　　(b)については，2009年度までは資源エネルギー庁「電源開発の概要」及び
　　　「電力供給計画の概要」，2010年度以降は資源エネルギー庁「総合エネルギー統計」より作成

ある(ただし,図1.4については,発電設備容量の作成根拠データは2015年度(平成27年度)までと2016年度(平成28年度)以降で異なり,他方,発電電力量についても2009年度(平成21年度)までと2010年度(平成22年度)以降で異なる).

1.3 電気事業の歴史

1.3.1 戦前の電気事業

1887年(明治20年)11月29日に,東京電燈会社が当時の日本橋区南茅場町の第2電灯局火力発電所(エジソン式直流発電機1台出力25kW)から,直流3線式,電圧210Vの配電線路で,付近の電灯用電力の供給を開始したのが,我が国における電気事業による電気供給の始まりである.その後,神戸,大阪,京都,名古屋,横浜,熊本など各地において電灯会社が設立され,電力供給が開始された.また,明治末期以降大正初期にかけて,設立される電気事業者の数も増え,需要家の数に対して乱立状態となったため,需要家の取り込みを巡って過当競争が起こった.

その後も,電気事業は,発電設備や流通設備の建設を行い,電気の利用技術の進歩や日本経済の成長とともに飛躍的に発展した.なかでも注目されることは,1915年(大正4年)に,猪苗代水力電気会社が,猪苗代湖の水を利用して猪苗代第1発電所(最大出力37 500kW)を建設し,この発生電力を送電電圧115kV,こう長226kmの送電線路により東京まで遠距離送電したことである.

これを契機として各地に水力発電所が建設され,大阪送電会社,日本水力会社,日本電力会社,京浜電力会社などの卸売電気事業会社が続々と設立されるとともに,電力原価も低下したので電気料金の大幅値下げが行われ,電気の1日24時間供給も実施されるようになった.

なお,これに先立ち,1908年(明治41年)に,電灯会社は,従来需要家負担であった屋内配線設備を電灯会社が施設して需要家に貸し付けることに改めたこともあり,それまでは一部の比較的富裕な階級に限定されていた電灯が広く一般に普及することとなった.その結果,電気事業の規模も,1926年(昭和元年)において,発電設備容量で約250万kWに達している.

一方,1920年(大正9年)以降,第一次世界大戦終了などの反動により,経済界は世界的な不況に陥ったため,電力需要も伸び悩み,電力供給は過剰となった.電力各社はこの過剰となった電力の消化のため,他の電気事業者の供給区域に侵入し,前述の明治末期に発生したものと同様の需要家争奪戦を再び開始するに至った.

この結果，送配電施設は二重設備となっただけでなく，売込み競争のため料金は原価割れとなり，事業収支の悪化により経営はいよいよ困難な状況となった。この状況を打開するため，国は事業統制を強化するとともに，電気事業者間でも過当競争に対する反省がなされるようになり，東京電燈，東邦電力，大同電力，日本電力，宇治川電力各社のいわゆる5大電力会社は，1932年(昭和7年)に，5大電力のカルテル機関としての電力連盟を結成した。この連盟の結成後は，国による電気事業に対する統制政策は漸次その効果を発揮し，5大電力会社の地域独占へと発展していった。1936年(昭和11年)における5大電力の勢力は，全電気事業者に対して資本金は49%，発電設備容量は60%の比率を占めた。

しかしながら，その後，電気事業は，満州事変などを契機に国家管理の時代に入った。すなわち，国は，発送電に関しては，諸法律の成立を図り，1939年(昭和14年)に，日本発送電株式会社を設立した。同社の1942年(昭和17年)6月時点の電力設備は，水力発電設備約390万kW，火力発電設備約250万kWであり，同社は，電気供給事業用設備に関しては，水力発電所について約72%，火力発電所について約83%を占有し，名実ともに全国の発送電系統を一手に掌握することとなった。

また，配電事業については，約400に達する企業体が乱立していたが，国は，1942年(昭和17年)4月に，全国を9ブロック(北海道，東北，関東，中部，北陸，関西，中国，四国，九州)に分け，各ブロックごとにそれらの企業体を整理統合して，9配電会社を設立させた。このようにして，発送配電の一貫した電力管理は，1939年(昭和14年)4月の日本発送電株式会社の設立に始まり，1942年(昭和17年)4月の9配電会社の設立により完成された。

なお，国は，電気事業の規制については，1891年(明治24年)7月に，電気事業の監督取締(電気事業の許可に関するもの：現在の事業規制に相当)を逓信省の所管とし，同年12月に，警視庁に電気営業取締規則(主として，配電線の保安に関するもの：現在の保安規制に相当)を制定させている。この取締規則が，我が国における最初の電気事業監督法規となった。以降，電気事業の発達に伴い，政府は統一的な**保安規制の必要性**を認め，1896年(明治29年)5月に，電気事業取締規則(逓信省令第5号)を制定した。この規則は，従来の電気工作物に対する保安取締を，さらに詳細かつ全国的に統一規制したものであり，**電気主任技術者制度**など，現在に至る電気保安制度の骨格は，このときにほぼ出来上がっている。

また，明治年代における初期電気事業の発展は目覚ましく，電力供給は国民生活，産業活動に深く浸透し始め，電気事業が公益事業の性格を持つようになってきたことから，

国は，1911年(明治44年)に，電気の需要家を保護し，電気事業の健全な発達を図るため，**電気事業法**を制定した。

1.3.2 戦後の電気事業
1. 電気事業の再編

戦後，日本発送電株式会社および9配電会社は「過度経済力集中排除法」の指定を受け，早急に分割・再編されることとなった。国は，ポツダム政令をもって電気事業の再編を行うことを決定し，1951年(昭和26年)5月1日に，日本発送電株式会社および9配電会社を解散させ，新たに全国9地区に各々発送配電一貫経営の電力会社を設立させた(いわゆる9電力体制の確立)。

なお，電力再編後においても，当時，電源が絶対的に不足した状況にあっただけでなく，発足早々の各電力会社においては自己資金も十分でなかったため，国は，国家的見地から大規模水力地点を開発するため，電源開発促進法を制定し，1952年(昭和27年)9月には，特殊会社として電源開発株式会社を設立させた。

また，9電力会社は，広域運営の推進，電力需給および電気料金の安定を図るため，1958年(昭和33年)4月に，電源開発株式会社との協力によって中央電力協議会を設立・発足させた。この広域運営方式の採用により，各電力会社はそれまでの企業体制を維持しつつ，従来の自社供給区域中心の事業運営を改め，それぞれ密接な関連を有する各社が協力して，より広範な電力経済圏を設定し，最も経済的な運営およびサービスの向上を図ることとした。

2. 新電気事業法の制定

戦後，「電気及びガスに関する臨時措置に関する法律」に基づき電気事業に関する規制が行われていたが，1964年(昭和39年)に，現在の**電気事業法**が国会で成立し，翌1965年(昭和40年)7月1日から施行された。

この**電気事業法**は，電気事業の基本法であるとともに，電気工作物全般にわたる保安法としての性格を有するものであり，次の諸点に主眼を置いて制定された。

a．広域運営の推進　電気事業者に対し，電気工作物に関する施設計画および電気の需給計画の提出義務を課し，これに対する国の変更勧告権を設け，広域運営を電源開発の面まで拡大するとともに，電気の融通命令，電気工作物の貸借・共用命令，事業許可基準および融通料金の認可基準に広域的運営基準を導入するなど，広域運営に関する国の調整機能を強化した。

b．電気使用者の利益の保護　電気事業は地域独占を認められた公益事業であ

ることから，電気の使用者の利益を保護する必要がある。この目的のため，従来の供給義務，供給規程の認可などに関する諸規定のほか，さらに一般電気事業者に対する電圧・周波数の維持義務およびこれらの測定義務などに関する諸規定が設けられた。

c. 保安体制，特に自主保安体制の確立　電気工作物を**電気事業用電気工作物**，**自家用電気工作物**および**一般用電気工作物**の三つに区分し，電気に起因する危害，障害などを防止し，電気の供給義務を遂行させるための**保安規制**を整備した。

特に，**電気事業用工作物**および**自家用電気工作物**については，自主保安の考え方の下に，電気主任技術者の選任(**電気主任技術者制度**)，保安規程の作成，電気工作物に関する技術基準(**電気設備技術基準**)の遵守などを義務付けることを柱とした**自主保安体制の確立**を図り，あわせて特に重要な電気工作物について，国が補完的に設計認可，検査，改善命令などを行うことで，これらの電気工作物の保安確保を確実なものとすることとした。

次に，**一般用電気工作物**(一般住宅の屋内配線など)の保安確保については，保安責任者が施設の所有者または占有者にあることを明確にしつつも，電気の知識が必ずしも十分ではないとの見地から，電気事業者にその保安状況に対する定期的な調査義務を課した。

3. 電源立地難と低炭素化(脱化石燃料化)・多様化

わが国経済の高度成長に伴い，電力需要も順調に増加してきたが，1970年代より公害問題の社会問題化，地域住民の反対などにより電源(特に火力および原子力)の立地が円滑に進まないようになってきた。このため，1974年(昭和49年)に，電源開発促進税を財源として，発電用施設の周辺自治体における公共施設を整備することなどにより地域住民の福祉の向上を図ることで，電源立地の円滑化を図ることを目的として，発電用施設周辺地域整備法ほか2法(いわゆる**電源三法**)が制定された。

1973年(昭和48年)の第一次石油危機以降，石油消費をできるだけ抑制することが，我が国のエネルギーの**安定供給の確保**の観点から，また，国際的にも要請されるところとなり，新設石油火力は原則として禁止され，**原子力**，**石炭**および**LNG**などの石油代替エネルギー(石油以外のもの)を使用する電源の開発推進(いわゆる電源の「**脱石油化・多様化**」)に，官民あげて努めることとなった。

さらに，1990年代後半から，**地球温暖化問題**が電気事業経営上の主要課題として認識されるようになり，この「脱石油化・多様化」の観点から提唱された「ベストミックス」の考え方(上述の1.2.2項の2.を参照)を一部修正し，いわゆる「**低炭素化(脱化石燃料化)**」を更に図るため，**原子力**および**新エネルギー**(現在の**再生可能エネルギー**である地

熱，水力は含まない）の開発を一層推進するとともに，省エネルギー・省電力の更なる推進についても政府，電気事業者をはじめ，需要家を含めた関係者が一丸となって取組むことが必要となった。

4．「電力システム改革」などによる電気事業の変化と「エネルギーミックス」の実現のための対応

電気事業は，前述（1.1.3項を参照，詳細は後述の1.3.3項を参照）のように段階的規制緩和・自由化と福島第一原子力発電所の事故を契機とした「**電力システム改革**」（いわゆる電力自由化）やその後の追加的制度改正の結果，電気事業は従来の一般電気事業者（10電力）の送配電部門（**法的分離後は一般送配電事業者**である送配電子会社，ただし，小規模な沖縄電力は**法的分離**を免除されている），**配電事業者**及び**送電事業者**を除き，**地域独占性**（送電事業者はルート的独占）は失われ，自由化された。また，**安全確保**が前提ではあるが，**安定供給の確保および経済効率性**の観点を踏まえつつ，**地球温暖化問題**への対応を図るため（いわゆる「**3E＋Sの原則**」），**原子力**，**石炭**，**LNG**，**再生可能エネルギー**（従来の新エネルギーに地熱，水力を加えたもの）をバランスよく配した「**エネルギーミックス**」の実現のための対応（いわゆる「**低炭素化（脱化石燃料化）・多様化**」）が求められている（前述の1.2.2項の4.を参照）。

5．大規模自然災害の頻発，ロシアによるウクライナ侵攻などによるエネルギー危機に対する対応および GX 推進の動き

近年，我が国だけでなく，世界的規模で異常気象や大規模自然災害が頻発していることから，**地球温暖化問題への対応**が世界的な重要課題となってきた。さらに，2018年（平成30年）5月の米国の一方的なイラン核合意離脱宣言に端を発するタンカー攻撃事件（2019（令和元年）年6月）などによる中東情勢とりわけホルムズ海峡周辺状況の緊迫化に加えて，2022年（令和4年）2月に始まったロシアによるウクライナ侵攻に起因するエネルギーの需給逼迫・価格高騰が起こり，エネルギー安全保障（リスク地域から安全地域への調達先シフトなど地政学的リスクへの対応），エネルギーの**安定供給の確保**（供給力の拡大）などに対する重要性が再認識されるとともに，脱炭素社会の実現に向けた動きが世界的に加速してきた。

このような状況の中，2021年（令和3年）11月の **COP26**（第26回気候変動枠組条約締約国会議，グラスゴー会議）では，パリ協定のルールブックが完全に合意されただけでなく，脱炭素化の動きが加速化され，2022年（令和4年）11月の **COP27**（第27回気候変動枠組条約締約国会議，シャルム・エル・シェイク会議）では，エネルギー供給の主力となり得る原子力のグリーンなエネルギーとしての重要性が積極的に議論された。一方，我

が国では，2020年（令和2年）10月の菅首相（当時）の「2050年カーボンニュートラル宣言」，2021年（令和3年）4月の同首相の「**温室効果ガス排出46％削減表明**」があり，政策的には2020年（令和2年）12月には「**グリーン成長戦略**」の策定がなされ，さらに2021年（令和3年）10月には現行の「**エネルギー基本計画（第6次）**」が策定された。その後，政策の立て付けを変えた形（軸足を**原子力**にややシフト）で，**GX**（グリーントランスフォーメーション）実現に向けて，岸田首相主導で，2022年（令和4年）12月には「**GX 行動指針**」（既設原子炉の再稼働への総力結集，既設原子炉の最大限活用，次世代革新炉の開発・立地などの原子力政策の拡充方向も示されている）が発表され，さらに，2023年（令和5年）2月には「**GX 実現に向けた基本方針**」（エネルギーの安定供給，経済成長，および**脱炭素化**の同時実現）が決定された。その後，これらの方針に基づき，2023年（令和5年）5月には「**GX 推進法**（脱炭素成長型経済構造への円滑な移行に関する法律）」および「**GX 脱炭素電源法**（脱炭素社会の実現に向けて電気供給体制の確立を図るための電気事業法等の一部を改正する法律）」を成立させ（既設原子炉の法定寿命延長関係は，この GX 脱炭素電源法による改正），これらを受けて，2023年（令和5年）7月には「**GX 推進戦略**（脱炭素成長型経済構造移行推進戦略）」が決定されている。

なお，その戦略の内容として，①徹底した省エネルギー，②**再生可能エネルギー**（主力電源化）や**原子力**（次世代革新炉への建て替え及び新規立地の検討，既設炉の法定寿命延長（60年超運転を認めること）などの**原子力の活用**）③火力発電などに利用される水素・アンモニアの供給網構築など，といった脱炭素電源への転換などの **GX 化**（グリーントランスフォーメーション）を推し進めることなどが挙げられているが，**再生可能エネルギー**の導入拡大（**再生可能エネルギーの主電源化**）のための電力系統の拡充整備も含まれている。なお，当然ながら，以上の動きを受けて，**原子力**の位置付けの見直しも含めて，次期「**エネルギー基本計画（第7次）**」が策定されることになる。

1.3.3 電気事業の規制緩和・自由化の動き
1. 電力自由化

電気事業に関する基本法ともいうべき**電気事業法**は，1964年（昭和39年）に制定されて以来，法目的に公害の防止が加えられるなど，時代の変遷に応じて所要の改正が行われてきた。

その後，我が国の経済構造や国民生活の変化，欧米諸国における電気事業の規制緩和・自由化の動きなどに対応し，適宜，改正されてきた。特に，1995年（平成7年）以降は，**電気事業法**の改正などを伴いつつ，5回の大きな制度改革が行われた（後述の①～

⑤を参照)。

すなわち，発電部門においては1995年(平成7年)の改革で競争原理の導入の下，参入規制が原則撤廃され自由化されるとともに，他方，小売部門においては1999年(平成11年)の改革以降，自由化の範囲が段階的に拡大され，最終的には2013年(平成25年)からの「電力システム改革」(いわゆる電力自由化)で全面自由化された(同改革の第二段階)。

他方，従来の電気事業者と新規参入者(**PPS**)[1]との競争条件均一化を図る観点から，2003年(平成15年)の改革以降，送配電部門の中立性を確保するための環境整備が順次図られ，さらに2013年(平成25年)からの「電力システム改革」により，そのための「電力広域的運営推進機関(**OCCTO**)[2]」が2015年(平成27年) 4月に設置されるとともに(同改革の第一段階)，送配電部門の中立性を監視する機能も持つ「電力取引監視等委員会」(2016年(平成28年) 4月には「電力・ガス取引監視等委員会」に名称変更)が2015年(平成27年) 9月に設置された。また，最終的には2020年(令和2年) 4月に送配電部門の中立性を完全なものとするため，当該部門の**法的分離**が実施された(同改革の第三段階)。

それぞれの主要な制度改革(**事業規制の緩和・自由化**)の概要は次のとおりである。

① 1995年(平成7年)の制度改革(1995年(平成7年)12月より実施)
　ⅰ) 従来の卸電気事業者以外の新規参入者の参入許可を原則として撤廃し,電源調達入札制度を創設して，発電部門において競争原理を導入し自由化(いわゆる**IPP**[3]の参入容認)
　ⅱ) 特定の供給地点における小売事業を制度化(特定電気事業制度を制度化)
　ⅲ) 一般電気事業者の自主性を高めた料金規制の見直しや設備の効率化などに繋がる料金制度の導入(ヤードスティック査定の導入，選択約款の導入，燃料費調整制度の導入など)

② 1999年(平成11年)の制度改革(2000年(平成12年) 3月より実施)
　ⅰ) 特別高圧需要家(原則，契約電力2 000kW以上)を対象として小売部門を部分自由化(特定規模電気事業制度の制度化)
　ⅱ) 料金の引下げなど，電気の使用者の利益を阻害するおそれがないと見込まれる場合においては，認可制から届出制に移行

③ 2003年(平成15年)の制度改革(2004年(平成16年) 4月より実施)
　ⅰ) 小売部門において，高圧需要家(原則，契約電力 500kW以上，2005年(平

---

(1) Power Producer & Supplier
(2) Organization for Cross-regional Coordination Transmission of Operators, Japan
(3) Independent Power Producer

17年) 4月より 50kW 以上に拡大)まで部分自由化範囲を拡大
- ⅱ) 一般電気事業者の送配電部門に係るルール策定・監視などを行う中立機関(送配電などの業務支援機関)を設立(いわゆる「**電力系統利用協議会**」の設立)
- ⅲ) 一般電気事業者の送配電部門における情報遮断,差別的取扱いの禁止など規定
- ⅳ) 全国大の卸電力取引市場を整備(いわゆる「**日本卸電力取引所**」の本格運用開始)

④ 2008年(平成20年)の制度改革(2009年(平成21年) 3月より実施)
- ⅰ) 卸電力取引市場の取引活性化に向けた改革や送電網利用に係る **PPS** の競争条件の改善(時間前市場の整備,PPS のインバランス料金の負担軽減など)
- ⅱ) **安定供給の確保**および**環境適合性**の向上に向けた取組の推進

⑤ 2013年(平成25年)からの「**電力システム改革**」(2015年4月(平成27年)より実施)
- ⅰ) 安定供給の確保のための**広域系統運用機関**(正式名称「**電力広域的運営推進機関**(**OCCTO**)」)の設立(2015年(平成27年) 4月,同改革の第一段階)
- ⅱ) 電気料金を最大限抑制するための**小売部門**の**全面自由化**(2016年(平成28年) 4月,同改革の第二段階)
- ⅲ) 需要家の選択肢や新規参入事業者の事業機会を拡大するための**送配電部門の法的分離**(2020年(令和2年) 4月実施)と小売規制料金の完全撤廃(2022年(令和4年) 4月実施予定であったが,未だ未実施)(同改革の第三段階)

以上の制度改革の結果,とりわけ,電気事業法の大幅な改正(2013年(平成25年)から2015年(平成27年)にかけて 3回に分けて改正)となった「**電力システム改革**」により,日本の電気事業者の種類は,**小売電気事業者**(従来の一般電気事業者(10電力)の小売部門,従来の特定電気事業者および特定規模電気事業者の小売部門,新規参入小売事業者),**一般送配電事業者**(従来の一般電気事業者(10電力)の送配電部門,**法的分離**後は送配電子会社,ただし,小規模な沖縄電力は**法的分離**を免除されている),**送電事業者**(従来の電源開発㈱の送電部門(法的分離後は,**送電事業者**である電源開発送変電ネットワーク㈱および北海道北部風力送電㈱),**発電事業者**(従来の一般電気事業者(10電力)の発電部門,従来の卸電気事業者である電源開発㈱(発電部門)および日本原子力発電㈱,従来の卸供給事業者(いわゆる IPP),従来のみなし卸電気事業者であった県企業局,住友共同電力㈱など,ならびに新規参入**発電事業者**),**特定送配電事業者**(従来の特定電気事業者および特定規模電気事業者の送配電部門)の 5 類型となり(この類型化は2014年(平成26年) 6月の改正によるもの),**発電事業および小売電気事業**については,新規参入は自

由となり，全面自由化された（ただし，前者は事業届出など，後者は事業登録などの義務がある）。さらに，大規模自然災害の発生時における大停電（供給支障），**再生可能エネルギー**等の分散型電源の有効利用の促進などに対応するために，追加的に行われた2020年（令和2年）6月の**電気事業法**の改正により，2022年（令和4年）4月から**配電事業**および**特定卸供給事業**が新たな類型として制度化された。

なお，**一般送配電事業者**，**配電事業者**および**送電事業者**については，電気事業の**公益性**を担保し，従来の一般電気事業者（10電力）と他の**発電事業者**・**小売電気事業者**との公平な競争環境を担保するため，事業許可制がとられるとともに，前述（1.1.3項を参照）のように幾つかの義務付けがなされている（より厳しい**事業規制**がなされる一方で，地域独占あるいは既存ルートの独占が認められている）。

また，電力の安定供給，料金の低減化などを目指した電力自由化制度（**電力システム改革**などによるもの）については，大きな改革はほぼ終えているものの，これまでの制度運用の実情などを踏まえつつ，より細やかな詳細設計（容量市場制度などの各種市場制度の設計，託送料金の**発電事業者**分担の可否，各種料金制度の設計・見直しなど）を行っているところであるが，①大規模自然災害，ロシアによるウクライナ侵攻などに起因する電力の需給逼迫・料金高騰や②経営基盤の弱い新規参入**小売電気事業者**の市場退場（2023年（令和5年）3月末で登録事業者のほぼ3分の1が倒産・撤退又は業務停止）などが生じ，需要家保護や安定供給の観点からは，現行制度が必ずしも機能しない状況が生じている。さらに，主たる電気事業者数社によるカルテル問題や**送配電事業者**の個人情報漏洩問題などもあり，今後，同制度のあり方を含め，何らかの見直しが進んで行くものと思われる（安定供給確保へのシフト，**送配電事業者**の中立性の担保強化，需要家保護の強化など）。

2. 国の直接的関与の必要最小限化・重点化など保安規制の合理化・適正化

これまでの**保安規制**は，電気事業分野において良好な結果をもたらし，世界でも極めて低い事故率（1.1.4項の表1.1および図1.1を参照）を実現したことは高く評価される。しかし，一方ではその規制手法などについては，①技術進歩による電気工作物自体の信頼度および工事技術の向上，②保安に関するノウハウの蓄積，③電力分野に適用できる高度な**デジタル技術**の出現などを踏まえ，さらに効率の良いものにする必要性が指摘されてきた。

また，自己責任原則の徹底化を図る観点からは，国の直接的関与の必要最小限化・重点化など，**保安規制の合理化・適正化**が図られるに至った。すなわち，1995年（平成7年）の制度改革以降，数次にわたる改革において，前述（1.を参照）の**事業規制**の緩和と

1.3 電気事業の歴史

同時に次のような保安規制の合理化・適正化がなされた。

a. 電気工作物概念の再整理　前述の一連の電気事業の制度改革(1.3.3項の1.を参照)に伴い，供給者の多様化(従来の事業者に加えて，大小様々な発電事業者などが参入)のもと，公共の安全確保と保安規制の適正化の観点から，設備としての危険度に応じた電気工作物の分類を徹底させ，危険度の比較的高い「事業用電気工作物」と危険度の比較的低い「一般用電気工作物」に区分し，規制を実施することが適当となった。また，従来とは異なり，太陽電池発電設備など，他電源と比較して取扱いの容易な小規模発電設備(法律用語としては小出力発電設備以下の①〜⑥の発電設備)が出現したことから，

① 出力50kW未満の太陽電池発電設備
② 出力20kW未満の風力発電設備
③ 出力20kW未満および最大使用水量1m³/秒未満の水力発電設備(ダムを伴うものは除く)
④ 出力10kW未満の内燃力発電設備(ただし，同一構内に設置され，電気的に接続された設備の合計出力が50kW以上のものは除く)
⑤ 出力10kW未満の燃料電池発電設備
⑥ 出力10kW未満のスターリングエンジン発電装置

については，「事業用電気工作物」から「一般用電気工作物」に移行させた(1995年(平成7年)の電気事業法の改正)。

また，逆に，高圧で受電する出力50kW未満の設備(制度改革以前に，いわゆる「高圧非自家用」と呼ばれたもの)については，その危険度に鑑み，「一般電気工作物」から「事業用電気工作物(この範疇のうち，自家用電気工作物に該当)」に移行させた(同じ1995年(平成7年)の電気事業法の改正)。ちなみに，事業用電気工作物はいわゆる「電気事業用電気工作物(電気事業法で定義される「電気事業」の用に供するもの(このうち発電事業の用に供するものについては大規模なもののみ)，ただし，法律上の定義ではない)」と「自家用電気工作物」の二つに分かれている。

さらに，2023年(令和5年)3月には，上述の①および②については，大規模自然災害に起因する設備事故などが想定以上に起こっているため，公衆災害リスクの低減および保安規制の更なる適正化の観点から，前述の小規模発電設備の①のうち10kW以上50kW未満のものと②のすべてを，一般用電気工作物から事業用電気工作物に移行させ，小規模事業用電気工作物として新たに規制強化(技術基準の維持義務，基礎情報の届出義務，使用前自己確認の届出義務の対象化)を図った(1.2.2項の5.および1.1.3項の

e. を参照)。

　また，2022年(令和4年)5月の電気事業法の改正により，2022年(令和4年)12月から，電力系統に接続して使用される系統用蓄電池(単独設置)を含む電力貯蔵設備を蓄電所として新たに定義し，事業用電気工作物として必要な保安規制をかけることになった(保安規定の届出義務，電気主任技術者の選任義務，技術基準維持義務の対象化，ただし，出力1万kW以上のものについては，発電事業の用に供するものとして，工事計画の届出および使用前自主検査も義務化)などを課すことになった(1.1.3項のd.を参照)。

　なお，2021年(令和3年)6月に前菅政権下で改訂された「グリーン成長戦略」(GX推進戦略の前身的なもの，1.3.2項5.を参照)では，石炭火力については水素・アンモニア混焼などを進めて行くことで，CO_2排出量の低減に貢献していくことになっており，また，2023年(令和5年)7月に現岸田政権下で策定された「GX推進戦略」(1.3.2項5.を参照)でも水素・アンモニアの供給網構築を推し進めることになっており，ここ数年，JERAなどの火力発電事業者はこれらの火力での燃焼実証研究を行っているところであるが，今後，商業事業としての実施に向けて，アンモニア・水素混焼設備などに対する新たな規制も整備されることになると予想される。

b. 自己責任原則を重視した自主保安体制の明確化　国の直接規制は，より危険度の高い設備について集中的に行うべきであるとの考えに立ち，工事計画の認可・届出，使用前検査，定期検査など国の直接規制のあり方について見直すと同時に，法文構成においても自己責任原則に基づく**自主保安体制**をより明確化する形で自主的な保安と題する款が設けられた。

　さらに，1999年(平成11年)の電気事業法の改正や，規制制度の見直しにより一層の規制緩和などが進められた。具体的には，原子力発電設備および特別な発電設備を除く**事業用電気工作物**について，国による工事計画認可制を廃止し，これを届出制とするとともに，国による使用前検査，溶接検査，定期検査を廃止し，設置者による自主検査化を行うとともに，これらの自主検査を的確に実施させるための**安全管理審査制度**が導入された(ただし，溶接検査に係る安全管理審査は2017年(平成29年)4月の**電気事業法**の改正により廃止された)。

　なお，2011年(平成23年)の福島第一原子力発電所の事故後，2012年(平成24年)9月に**電気事業法**の改正などにより原子力発電所に係る**保安規制**は，担当省であった経済産業省の原子力安全・保安院(同省の資源エネルギー庁の特別な機関)から環境省の外局である**原子力規制委員会**(事務局は**原子力規制庁**)に移管された。

　ちなみに，従来，政府が中心に行ってきた基準・認証制度に基づく規制については，

民間の能力を積極的に活用することにより、技術進歩に対応した基準などの改正の迅速化・合理化（基準の簡素化・**機能性基準化**など）を図ることとしたため、**電気事業法**は、通商産業省所管の他の基準・認証関連法律と一括で改正され、2000年（平成12年）7月に施行された。

さらに、2022年（令和4年）以降、**規制の合理化・適正化**の観点から、いくつかの制度創設が行われており、それらの概要は以下の通りである。

① **登録適合性確認機関による事前確認制度** 規制の合理化・適正化の観点から、電気工作物の工事計画を国へ提出する前に、その妥当性（技術基準の適合性など）などを高度な専門知識を有する**登録適合性確認機関**に事前に確認してもらうものである。この制度を使うことで、事業者としても適切な計画作成ができるだけでなく、国としても審査の迅速化・省力化が図れる利点がある。当面は風力発電設備のみを対象とすることになった（2022年（令和4年）6月の**電気事業法改正**、2023年（令和5年）3月実施）。

② **認定高度保安実施設置者に係る認定制度** 規制の合理化・適正化の観点から、上記①の制度とあわせて創設されたもので、電気事業者の自主保安力を活用し、あわせて、**スマート保安**の推進を図る観点から、電気工作物にかかわる安全管理審査などが免除される制度の創設が予定されており、いくつかの認定基準（経営トップのコミットメント、高度なリスク管理体制、テクノロジーの活用、**サイバーセキュリティの担保**など関連リスクへの万全な対応）をもとに、高度なテクノロジーなどを活用しつつ、自立的に高度な保安を確保できる事業者として認定された事業者は、ⅰ）保安規程の記録保存（届出は免除）及びⅱ）主任技術者選解任の記録保存（届出は免除）の義務はあるものの、ⅲ）定期自主検査の実施時期の柔軟化およびⅳ）使用前・定期の安全管理審査免除の特例を享受できることになった（2022年（令和4年）6月の**電気事業法**改正、2023年（令和5年）12月実施予定）。

③ **登録安全審査機関による使用前安全管理審査の対象範囲の拡大** 規制の合理化の観点から、**登録安全管理審査機関**が国に代わって**使用前安全管理審査**をできる電気工作物の範囲を拡大するものである。従来の対象は火力発電設備と燃料電池発電設備のみであったが、太陽光発電設備、風力発電設備、水力発電設備の発電設備と蓄電設備、変電設備、送電設備、需要設備の電気設備についても審査できることになった（2023年（令和5年）3月電気事業法施行規則などの改正により即日実施）。

1.4 世界主要国の電気事業

1.4.1 世界の電気設備

世界の総発電設備量は，2020年末で約77.4億kWであり（出所：米国政府のEIA編「International Energy Statistics」），他方，2020年に発電された総発電電力量は，**図1.5**に示すように，26.7兆kW・hであった。なお，発電電力量の内訳は，石炭が35.4％，ガスが23.7％，水力が16.2％，原子力が10.0％，石油が2.5％，**再生可能エネルギー**（水力を除く）が12.2％であり，石炭火力を含む火力が圧倒的なウェイト(61.6％)を占めており，一方，**再生可能エネルギー**については水力発電を含めても3割弱(28.4％)となっている（主要国別のデータは図1.6を参照）。

主要国の発電電力量をみると，**図1.6**に示すように，米国が4.24兆kW・h，中国が7.73兆kW・hと二つの国だけで世界の約45％を占めている。

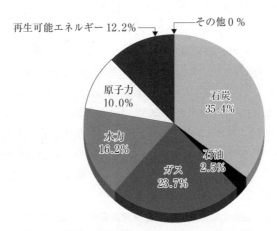

図1.5　世界の総発電電力量 26.7兆kW・h（2020年）
（注）　再生可能エネルギーに水力を含めていない。
出所：経済産業省編「エネルギー白書2023年」より作成

1.4.2 電気事業の形態

電気事業の形態は，それぞれの国の国情（政治体制，経済事情など）や，電気事業の発展の歴史の違いによって大きく異なり，また，1990年代以降の電気事業における自由化の進展，電力取引市場への競争原理の導入なども，各国の事業形態の在り方に大きな影

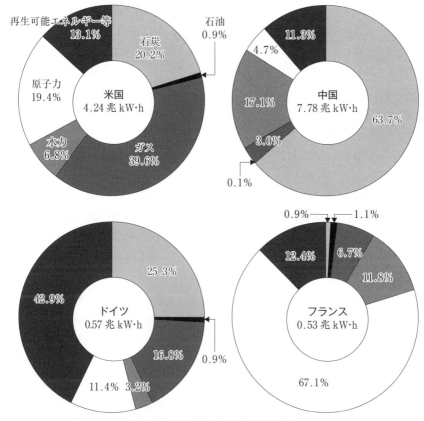

図 1.6　主要国の発電電力量（2020年）
（注）　**再生可能エネルギーに水力を含めていない。**
出所：IEA 編「World Energy Balances 2022 Edition」より作成

響を及ぼしてきた。

1．米　　国

　米国では，3 000社以上の電気事業者が存在しており，その所有形態によって，私営，連邦営，地方公営，協同組合営などに分類される。このうち，米国電気事業の中核をなすのは，大都市を中心に電気を供給する約180社の私営電気事業者であり，全米販売電力量の約5割（2020年末現在）を供給している。

　次に重要な役割を果たしている連邦営の電気事業者は，水資源の大規模開発を目的として設立されたもので，テネシー渓谷開発公社（TVA），ボンネビル電力局（BPA）など

の10社があり，これらは主に発電および卸電力販売を行ういわゆる卸売電気事業者である。他方，地方公営電気事業者（約2,000社）および協同組合営電気事業者（約870社）は，一部の例外を除いて，それらの多くは，私営電気事業者の及ばない地方の電化を目的として設立されたものであり，いずれも小規模で，主として，発電設備を有しない配電のみを専業とする事業者である。また，これらの電気事業者のほか，独立系発電事業者（**IPP**）やパワーマーケターなどの非電気事業者と呼ばれる事業者が存在する（これらの電気事業者数については，海外電力調査会調べ（2020年末現在のデータ）による）。

米国の電気事業は，歴史的には，発送配電一貫体制のもとで営まれてきたが，電気事業の自由化に伴い，地域により系統運用部門の分離（ISO/RTOと呼ばれる機関への系統運用機能の移管）などがなされた。

卸電力市場は「1992年エネルギー政策法」により実質的に自由化され，発電部門にIPPの参入が認められた。さらに，1996年には，連邦エネルギー規制委員会（**FERC**）[1]は，送電線の第三者への開放を義務付ける行政命令（オーダー888）を発令し，一層の卸電力市場の活性化を図った。

一方，小売事業については，各州政府が実質的な規制権限を有し，マサチューセッツ州とカリフォルニア州が他州に先駆け，1998年に小売事業の自由化を開始した。しかし，2000年にカリフォルニア州で発生した電力危機は，他の州における自由化推進の動きにも大きな影響を及ぼし，自由化の延期や中止を決定する州も見られた。なお，2022年末現在，**小売事業の全面自由化**は，13州及びワシントンDCで実施されており，この他7州で大口需要家を対象とした部分自由化が実施されている。

2．英　　国

英国は，サッチャー政権下において電力自由化の先鞭をつけた国であり，1990年には，政府はそれまで発電，送電を独占していた国有電力会社を，発電会社3社と送電会社1社に分割・民営化するとともに，各地区（14か所）の国有配電局をすべて民営化した。このうち，発電部門については1990年に全面自由化され，他方，配電部門から分離された小売部門については段階的に自由化が進められ，1999年に全面自由化された。

その後，市場競争が激化するなか，2000年代には国境を越えたM&Aが活発化し，大手電気事業者としてRWE（ドイツ系），E.ON（ドイツ系），EDF（フランス系），イベルドローラ（スペイン系），SSE（英国系），および旧国有ガス事業者のCentrica（英国系）の6グループ（ビッグ6）に集約された。さらに，近年の家庭用小売市場においては，

---

[1] US Federal Energy Regulatory Commission の略称

E.ONとRWEの大型資産交換やSSEの家庭用小売事業売却などにより，再編が進んだ。また，新規参入小売事業者のシェアも拡大し，ビッグ6の市場シェアは99％（2012年末）から53％（2021年末）に縮小した。なお，2022年末現在，発電市場では約340社に，他方，小売市場では約100社にライセンスが供与されている。

3．欧州連合

欧州連合（European Union，**EU**）では，電力市場を統合するために，1996年に「EU電力自由化指令」が出され，2003年の同指令の改正を経て，2007年7月には一部の例外を除いて，EU域内での小売電力市場の全面自由化が達成された。また，発送配電についても，従来の発送配電一貫体制から送電系統運用会社を別会社化することなどが求められている。

ドイツ　　ドイツでは，1998年に，発電市場および小売市場（家庭用も含めたすべての需要家が対象）の自由化が実施された。従来，垂直統合型の8大電力により，国内総発電電力量の90％が独占的に供給されてきたが，自由化により競争が激化し，2000年代初頭までに4グループ（E.ON（ドイツ系），RWE（ドイツ系），EnBW（ドイツ系），バッテンファル（スウェーデン系））に収斂（しゅうれん）された。これらのグループは，発電，送電，小売のすべての事業分野を手掛けていたが，その後，欧州委員会（EUの政策執行機関）の圧力や債務削減などの理由から，E.ON，RWE，バッテンファルは送電子会社の売却に踏み切っている。さらに，2018年には，ドイツ系の二大グループであるE.ONとRWEは相互の資産交換に合意し，その結果，RWEは**再生可能エネルギー**などの発電中心に，一方，E.ONは配電・小売中心に，それぞれの事業分野をすみ分ける形で，大規模な事業再編が行われた（2020年に完了）。なお，ドイツには上述の4グループをはじめとする大手電気事業者のほかに，シュタットベルケと呼ばれる自治体営電力，その他の独立系事業者などの小売事業者が1 400社以上存在する（シュタットベルケがほとんど，2022年末現在のデータ）。

フランス　　フランスでは，「EU電力自由化指令」に対応し，1999年から段階的に自由化範囲が拡大され（2007年7月に全面自由化），従来から国内の発電・送電・配電のほとんど（1998年末時点では総発電量に占めるシェアは約96％）を担ってきたフランス電力公社（EDF）は，自由化の進捗と並行して組織再編され，EDFの株式会社化（2004年11月）および部分民営化（約15％の株式上場）が進められるとともに，EDFの送電部門，配電部門は**法的分離**されて別会社化された。至近年においては，多額の負債を抱えるEDFの経営立て直しをにらんで，国が同社の株式を買い戻し，再び完全国有化を図る動きも進行している（2023年の年初時点）。これまでのところ，EDFが国内最大手の電

表 1.2　欧州の主要電力エネルギー会社

事業者	主な事業エリア	2021年発電電力量〔億kW·h〕
EDF	フランス，英国，イタリア	5 237
E.ON	ドイツ，英国，東欧，北欧など	316
ENEL	イタリア，スペイン，中南米など	2 226
RWE	ドイツ，英国など	1 608
バッテンファル	スウェーデン，ドイツ，英国	1 114
ENGIE	フランス，ベルギー，オランダなど	4 260
イベルドローラ	スペイン，英国，米国，中南米など	1 643
CEZ	チェコ，ポーランド，トルコなど	560
フォータム	フィンランド，バルト諸国，東欧など	1 881

出所：海外電力調査会編「海外電気事業統計」(2022年度版)により作成

力会社の地位を維持しているが，フランスガス公社(GDF)を前身とする ENGIE が第二位の事業者として電気事業に参入しているほか，石油大手の参入事業者，独立系事業者，及び地方公営事業者も国内に多数存在する。

　これらの国々で生まれた巨大エネルギーグループは，国内のみに留まらず，**表 1.2** に示すように，国境を越えた電力市場に進出しており，国際的な事業展開を行っている。このほか，近年における世界的な脱炭素化の潮流のなかで，世界的な石油・ガス企業が総合エネルギー企業を志向して，**再生可能エネルギー開発**をはじめとする電気事業に進出する事例も数多くあり，業界の垣根を超えた競争も生じている。一方，電力市場には**小規模再生可能エネルギー**，蓄電設備，デマンドレスポンスといった分散型資源の導入も拡大しており，これらのリソースを活用したビジネスを手掛ける**アグリゲーター**など，電力市場のプレーヤーが多様化しつつある状況も見られる。

第2章

電力需給計画および調整

2.1 総　　　説

　電力需給とは，電気の需要と供給との関係のことをいうが，電力需給が電気の特性に起因して他の商品の需給の場合と大きく異なる点を挙げると次のとおりである。
① 　供給力すなわち発電設備による**電気の発生**と，需要すなわち負荷設備による**電気の消費**とが同時に行われるため，需要と供給との間に少しでも不均衡が生じると周波数が変動し，また供給力が需要の $1 \sim 2\%$ 以上不足すると需要の一部を制限しない限り，たちまち需給の均衡が破れ，供給を継続することが不可能となる。したがって，常に最大需要に対処できる供給力を準備しておかなければならない。
② 　供給力は電力コストおよび供給能力を異にする多くの水力・再エネ・火力・原子力設備等により構成されており，一方，需要は電気の使用形態を異にする多数の負荷で構成され，常に変動しているため，これに応じうる最も経済的な供給設備の運用を行う必要がある。

　合理的な電力需給を行うためには，予想される将来の需要の特性に適合した合理的な供給設備を建設する必要があり，また，その建設された供給設備を経済的に運用する必要がある。一般に，発電設備の建設は $3 \sim 10$ 年の長期間を要するので，①の達成のためには，10年先の将来を見通した長期の電力供給計画を作成し，これに基づき，合理的な供給設備の建設を行い，また②の達成のためには，少なくとも $1 \sim 3$ 年の短期の電力需給計画を作成し，これに基づき経済的な供給設備の運用を行う必要がある。

　2015年3月末までは，これらの供給計画は発送電一貫体制のもと，各一般電気事業者において計画され，その責任において安定供給が行われてきたが，2015年4月以降，これらの供給計画は，すべての電気事業者(発電事業者，小売電気事業者，特定送配電事業者，一般送配電事業者，送電事業者，配電事業者，特定卸供給事業者)が会員となることが義務付けられている電力広域的運

営推進機関により取りまとめられることとなり，電源の広域的な活用に必要な送配電網の整備を進めるとともに，全国大での平常時・緊急時の需給調整機能が強化されている。

なお，電力広域的運営推進機関の需給に関する主たる業務としては，
① 供給計画を取りまとめ，短期から中長期的な電力の安定供給を確保する。
② 需給調整市場・容量市場の詳細設計などを行う。
③ 平常時において，各区域(エリア)の送配電事業者による**需給バランス・周波数調整**に関し，広域的な運用の調整を行う。
④ 災害等による需給ひっ迫時において，電源の焚き増しや**電力融通**を指示することで，需給調整を行う。

などがあげられる。

2.2 需　　要

2.2.1 需要電力の分類

需要は，電気の供給条件または用途によっていろいろに分類される。現在，我が国においては代表的な統計区分としておおむね次のように分類されている。

1. **電圧別分類**
    ① 低　　圧　　標準電圧 100V または 200V で電気の供給を受ける需要
    ② 高　　圧　　標準電圧 6 千V で電気の供給を受ける需要
    ③ 特別高圧　　標準電圧 2 万V 以上で電気の供給を受ける需要
2. **用途別分類**
    ① 電　　灯　　低圧で電気の供給を受けて，電灯または小型機器を使用する需要
    ② 電　　力(低圧電力)　　低圧で電気の供給を受けて，動力を使用する需要
    ③ 業務用　　高圧または特別高圧で電気の供給を受けて，電灯，小型機器，動力を使用する需要
    ④ 産業用　　高圧または特別高圧で電気の供給を受けて，動力を使用する需要上記の区分のほか，契約期間による分類(1 年未満のものを他と区別して「**臨時電灯**」「**臨時電力**」などという)，小売契約の料金計算方法による分類(「**定額電灯**」「**従量電灯**」)などさまざまな分類法がある。

国が取りまとめ公表している電力調査統計の需要実績は，2015年度までは主に旧一般電気事業者の契約種別分類に基づく区分で分類されていたが，**電気関係報告規則(経済産業省令)**の改正により，2016年 4 月以降はおおむね上記の電圧分類および用途別分類

により区分されることとなった。なお，2021年度の電力調査統計によると，全国の総需要は8千8百億kWh(1)となっている。

また，2016年3月まで産業動向を示す統計である大口電力(産業用需要のうち契約電力500kW以上のもの)の産業別実績は，2016年4月以降は公表されなくなった。

2.2.2 需要電力の態様
1. 負荷曲線(2)

負荷はその特性によって時々刻々変動するが，これを横軸に時間，縦軸に負荷電力をとって表示したものを**負荷曲線**という。負荷曲線は負荷の種類によって異なった形状を示し，負荷の特性を最もよく表すものである。

負荷曲線としては，**日負荷曲線**(横軸に1日の時間をとり，縦軸に1時間ごとの電力量を取る。図2.1(a)参照)が最もよく使用されるが，目的に応じて，週，旬，月，年の負荷曲線も作成され，それぞれ**週**，**旬**，**月**，**年負荷曲線**と呼んでいる。

また，ある期間内の負荷を時刻に無関係に大きさの順序に配列したものを**負荷持続曲線**(3)という(図2.1(b)参照)。その期間のとり方により，**日**，**週**，**旬**，**月**，**年負荷持続曲線**と呼んでいる。

負荷曲線は，電力需給の安定および投資の経済性追求の面で極めて重要なものであり，また，負荷持続曲線は，負荷の特性を分析し調査するために必要なものである。

2. 負荷率(4)

ある期間内の負荷電力のうち最大のものを**最大負荷**(5)もしくは**最大需要電力**(6)と呼んでいる。負荷電力としては，30分もしくは1時間の平均負荷によるものが普通である。

多くの負荷がある場合，個々の負荷の最大負荷をその発生時刻に無関係に算術的に合計して最大負荷とする場合(これを**合計最大負荷**という)と，同一時刻に発生する個々の負荷を合計したもののなかで最大のものをとる場合(これを**合成最大負荷**という)とがある。

平均負荷(7)とは，ある期間内の負荷の電力量をその期間の全時間数で除したもの，すな

---

(1) 電気事業者による販売電力量の合計および産業用出力1 000kW(一部500kW)以上の自家用発電運転半期報の速報値の合計等を合わせた電力消費量の合計値
(2) load curve
(3) load duration curve
(4) load factor
(5) maximum load
(6) maximum demand
(7) average load

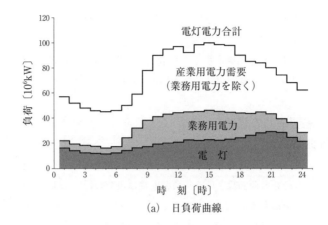

(a) 日負荷曲線

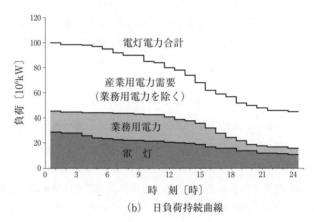

(b) 日負荷持続曲線

図 2.1　日負荷曲線とそれに対応する日負荷持続曲線

わち，その期間内の負荷電力の平均値をいう。

負荷率とは，ある期間内の平均電力と最大電力との比をいい，一般に百分率で表す。その期間のとり方によって**日負荷率**，**週負荷率**，**旬負荷率**，**月負荷率**，**年負荷率**などの別があるが，普通に使用されるのは，日負荷率，月負荷率および年負荷率である。

負荷率は，ある期間における負荷の変動状況，すなわち負荷の特性を表す重要な指数であり，産業別，用途別によって固有の数値を示すので，負荷の特性を判断する場合に適した指標である。

一般に，高負荷率の需要の負荷曲線は，平均負荷に対し著しく変動することが少なく平たんな形をなしている。他方，低負荷率の需要の負荷曲線は，最大負荷と最低負荷と

の差が大きく，負荷の変動幅が大きい。

　我が国の電気事業の年負荷率は，冷房需要の増加をはじめとし，低負荷率の民生用電力量比率が増大したこと，産業用電力量の比率が低下するなかで，高負荷率の素材型産業用電力量の比重が減少傾向を呈していることなどから，1970年度以降大幅な低下を示していたが，東日本大震災以降は，省エネ機器の導入とピークカットの推進により2011年度には67.8％と高い値を記録した。その後も60％を上回る水準を維持していたが，2018年度以降は低下傾向となっており，2020年度には59.5％と2002年度以来18年ぶりに60％を下回った。

3. 需　要　率[1]

　電気消費設備は，その設備容量いっぱいに負荷のかかることが少なく，一般に，最大負荷は設備容量より小さいのが普通である。その程度を表すために，**最大負荷**と**設備容量**との比をとり，これを**需要率**と呼んでいる。したがって，需要率は過負荷使用の場合を除き一般に1より小さな値となる。また，負荷率の高い負荷の需要率は，負荷率の低い負荷の需要率より大きくなるのが普通である。

4. 不　等　率[2]

　総合負荷において，その個々の負荷は，それぞれの特性に応じて変化するため，その最大負荷の発生する時刻は異なってくる。この程度を表すために，個々の負荷に発生する最大負荷を時刻に無関係に算術的に合計した値と，個々の負荷の合成最大負荷との比を用い，これを**不等率**と呼んでいる。したがって，不等率は常に1より大きく，この値が大きいほど，一定の供給設備で大きな負荷設備に電力を供給することができる。すなわち，不等率の大きいことは供給設備の利用率の高いことを意味する。

5. 総合負荷[3]

　総合負荷とは，一系統または連系された数系統のすべての負荷を時間的に総合したもので，総合負荷の最大値を A，これを構成する個々の設備容量を $B_1, B_2, B_3, \cdots B_n$，その需要率を $D_1, D_2, D_3, \cdots D_n$ とすると次式が成立する。

$$A = \frac{\sum_{R=1}^{n} B_R D_R}{\text{不等率}} \tag{2.1}$$

　総合負荷の形状および大きさを的確に知ることは，種々の特性を持つ多数の水力・火

---

(1) demand factor
(2) diversity factor
(3) total demand

6. ピーク(せん頭)負荷およびオフピーク(非せん頭)負荷

日負荷曲線(図2.1(a)参照)は，一般にある時刻に著しい隆起を示しているが，このような負荷曲線の頂点の値を**ピーク負荷**[(1)]といい，このうち最高のものを**最大ピーク負荷**という。また，ピーク負荷以外の負荷を**オフピーク負荷**[(2)]といい，このうち深夜時間帯の負荷を**深夜負荷**[(3)]という。

電力系統では，ピーク負荷の時刻は需要構成や季節その他の条件によって異なるが，一般に夏季においては，動力負荷と冷房負荷の重なる昼間の午後に現れる。また，冬季においては，電灯負荷と動力負荷の重なる夕方の点灯時に現れる。ただし，東日本大震災以降急速に普及した住宅用太陽光発電等の影響により，日中のピーク負荷が抑制され，一部の地域では冬から春先にかけて日没後の19時にピークが発生する日も生じている。

我が国の最大ピーク負荷は，1967年までは12月もしくは1月に年間の最大値に達していたが，1968年以降においては，ビル，家庭などの冷房需要の著しい増加により7月下旬から9月上旬にかけて年間の最大値に達するようになった。

最大ピーク負荷を表示する方法として，月もしくは年間について，毎日の最大電力の合計を，その日数で除した**平均最大電力**[(4)]，あるいは毎月の最大電力のうち大きいほうから3個をとって平均した**3日最大電力**，その期間内で最も大きな最大電力をとった**1日最大電力**などが用いられている。

供給する電力量が一定の場合，ピーク負荷が大きいほど負荷率が低下して**設備利用率**[(5)]は低下する。一般に電力供給設備は，ピーク負荷を上回る設備を設置することが必要であるから，負荷率が低いことは，同じ電力量を供給するのにより多くの設備を必要とすることになる。その結果，発電コストの高い揚水式水力発電所を多く必要とするのみな

---

(1) peak load
(2) off-peak load
(3) midnight load
(4) average maximum demand
(5) utilization factor：発電所または変電所において，ある期間内の発電または受電の平均電力を，発電所または変電所の設備総容量で除した値である。設備の総容量として水力発電所などで，認可最大出力を用いた場合には発電率(plant factor)と呼び，定格容量を用いた場合には容量率(capacity factor)ということもある。

らず，火力発電所は低負荷率で運転せざるをえなくなるため**熱効率**[1]が低下し，発電コストも高くなる。したがって，発電コストを引き下げるためには，供給設備の経済的運用を図り，ピーク負荷を抑制し負荷率の改善を図る必要がある。

負荷率改善のためには，負荷特性の異なる電力系統の連系，時間帯別，季節別料金などの料金制の採用による昼間および夏季の需要抑制，夏季の一定期間(重負荷日)における産業用需要を軽負荷日に移行すること，またはこれらの組合せによる負荷の平準化あるいは分散型電源の導入，電力貯蔵(オフピーク時における電力をそのまま蓄電池等に貯蔵し，または熱，機械，化学などの他のエネルギーに変換して貯蔵し，これをピーク時その他必要に応じて使用する)などの方法が考えられる。

2.2.3 需要想定
1．需要想定の意義

将来の需要見通しはあらゆる事業において経営計画を立てるうえで重要な指針となるものであり，その想定は各種の情報を基に合理的手法をもって行われる。

電気事業においても**需要想定**は，短期的には小売電気事業者の**電源調達計画**，発電事業者の**発電所運転計画**および，**燃料計画**，一般送配電事業者の**現有設備の運用計画**などを定める根拠となり，長期的には一般送配電事業者が適正な供給力を確保するための電源の開発計画などの基礎データとなる。

発電設備の建設には，少なくとも，火力発電所で 3～5 年，原子力発電所で 8～10 年の期間を要するので，もし需要想定が過小であれば，将来の供給力に不足が生じ，周波数低下，電圧低下，最悪の場合には停電などの供給支障を引き起こすことになる。また，反対に需要想定が過大であれば設備が遊休化し，他の産業に比べコスト中に占める固定費の比率が大きい電気事業においては，コスト上昇に大きく影響し，収支を圧迫することになる。

2．需要想定の種類

需要想定の種類としては，**短期需要想定**と**長期需要想定**の二つがあり，それぞれ次のような特色がある。

短期需要想定は，景気の動向など，近年ないし至近時点の需要動向を重視するのに対し，長期需要想定は，経済・社会の成長テンポ・構造変化に留意し，それが電力需要の量・質にどのような影響を与えるかを把握することが中心となっている。

---

(1) 熱効率とは，火力発電所で発生した電力量を熱量に換算したものと，これに要した石炭，重油などの総熱量との比率をいう。

需要想定の代表的なものに**電力供給計画**があるが，これは**電気事業法**の定めるところにより，すべての電気事業者（一般送配電事業者・発電事業者・小売電気事業者・特定送配電事業者・送電事業者・配電事業者・特定卸供給事業者）が毎年当該年度の開始前に作成し，電力広域的運営推進機関を通じて**経済産業大臣**に届け出るもので，このうち，需要想定を行うのは一般送配電事業者，配電事業者および小売電気事業者（**登録特定送配電事業者**を含む）(1)であり，その想定期間は10カ年である。電力広域的運営推進機関は，各電気事業者が作成した電力供給計画をとりまとめ，意見がある場合には経済産業大臣へ意見を提出しなければならない。

3. 需要想定の方法

需要は，景気の動向や天候などの自然条件などに直接，間接に左右されるので，想定に当たっては景気動向を考慮すべきであるが，景気変動サイクルを的確に予測することは困難であり，また，冷夏，暖冬などの異常気象の発生を予測することも同様に困難である。

そのため，需要想定は，好況・不況の影響や天候などによる影響を除外して幅をもった傾向のなかで中心線的な需要を想定することとなる。したがって，予期しない**経済動向**や**気象条件**などにより実績値と差異を生じる可能性はおおいにあり，情勢の変化に即して絶えず想定を見直していくことが大切である。

現在，一般送配電事業者は，供給計画における需要想定を，電力広域的運営推進機関が定める方式により行っている。具体的には，「家庭用その他」「業務用」「産業用」の３区分の需要について把握したうえで，過去の実績傾向や，契約口数・国内総生産（**GDP**）・鉱工業生産指数（**IIP**）などとの相関によって想定している。

2.3 供　給　力

2.3.1 供給力の分類と特質

電力需給における**供給力**は，使用するエネルギーの種類により，火力，原子力および水力や地熱等の**再生可能エネルギー**(2)に大別される。

---

(1) 法改正前の特定電気事業者や一部の特定規模電気事業者が行っている特定の地点の需要家に対して自前の送配電設備を維持・運用して供給する事業者
(2) 「エネルギー供給事業者による非化石エネルギー源の利用及び化石エネルギー原料の有効な利用の促進に関する法律」で，「エネルギー源として永続的に利用することができると認められるもの」として，太陽光，風力，水力，地熱，太陽熱，大気中の熱その他自然界に存在する熱，バイオマスが規定されている。

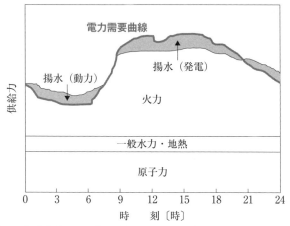

(a) 日負荷曲線および各供給力の発電曲線（2011年東日本大震災以前）

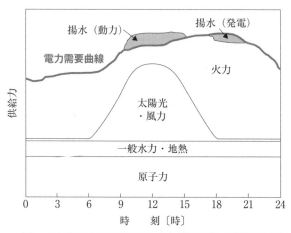

(b) 日負荷曲線および各供給力の発電曲線（晴天日の例）

図 2.2　日負荷曲線および各供給力の発電曲線

図 2.2 に日負荷曲線および各供給力の発電曲線を示す。2011年に発生した東日本大震災以前は(a)に示すように，需要に対し主に火力，原子力，水力の供給力で対応していたが，2012年の再生可能エネルギーの**固定価格買取制度（FIT 制度）**の施行以降，再生可能エネルギーの導入量が拡大した。太陽光の出力が増加する晴天日の日負荷曲線および各供給力の発電曲線の例を(b)に示す。このように日々異なる日負荷曲線に対応するために，供給力は分担部分に応じて，①〜③の3種類に分類される。

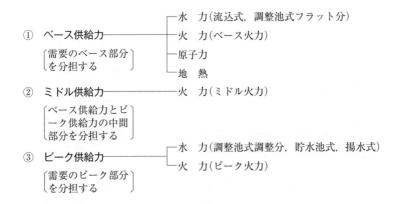

なお，太陽光や風力は，出力が天候に左右され，日負荷曲線に適合できる供給力と見込めないため，ベース，ミドル，ピークの各供給力に分類していないが，供給力の一部としてみなしている。

なお，資源エネルギー庁の「電力需給バランスに係る需要及び供給力計上ガイドライン」(2023年4月)によれば，太陽光および風力の供給力は，送電端設備量に電力広域的運営推進機関(1)が提示する調整係数(2)を乗じて算出することとされている。

2.3.2 水力の供給力

1. 水力発電所の区分

水力発電所は，その発電方式により次の方式に区分されている。

a. 自流式

（1）**流込式** 河川から取水した流量をそのまま利用して発電する方式である。貯水することができないので，**渇水期**には発電量が少なくなり，**豊水期**にはすべての水を利用できない。

（2）**調整池式** 調整池(3)により，河川の流量を1日あるいは数日間単位で調整して発電する方式である。

---

(1) OCCTO：Organization for Cross-regional Coordination of Transmission Operators, Japan
(2) 再生可能エネルギー発電設備量に乗ずる係数のこと（供給力＝発電設備量×調整係数）
(3) 日間・週間程度の自流が調整できる設備

b．**貯水池式**　　調整池より大きな**貯水池**(1)に雪解け水や梅雨，台風の水などをためておき，河川流量を季節ないしは年間を通じて調整し発電する方式である。

　　c．**揚水式**　　発電所の上下に調整池を持ち，深夜または休日など軽負荷時に火力や原子力の余剰電力によって上部調整池に揚水しておき，ピーク時に上部調整池から下部調整池に水を落として発電する方式である。上部調整池に自流がほとんど流入しない**純揚水式**と，自流が流入する**混合揚水式**とがある。

　なお，近年，太陽光発電が多いエリアでは，昼間の太陽光で発電した電気を利用して揚水を行い，ピーク時の夜間に発電する機会が増えている(図2.2(b)参照)。

2．河川流量と水力可能発電力(2)

　水力供給力は河川流量の状況によって左右される。**河川流量**は雨，雪，気温などの気象条件と流域の地形などによって常に変化する。月間，年間など一定期間の可能発電力を大きさの順に並べ，可能発電力と日数の関係を図示したものを**河川流況曲線**という。河川流況曲線は年ごとによって異なるため，水力供給力を的確に予測することは困難である。

　このため，過去の流量記録を統計的に処理し，実現期待度が高いと考えられる**河川流況曲線**を作成し，これから算定する可能発電力をもとに**水力供給力**を想定している。流況曲線を作成するための出水資料としては，比較的資料の整備されている1942年以降の各年毎日の可能発電力が用いられており，通常，月を単位とした流況曲線が作成される。

　この流況曲線の累年の平均値による出水を**平水**とみなし，これを上回る場合を**豊水**，下回る場合を**渇水**と称している。また，ある時点またはある期間(日・月・年など)の可能発電電力量と平水可能発電電力量との比を**出水率**という。

3．水力供給力の想定

　　a．**自流式水力供給力**　　水力発電所の供給力算定にあたっては，流込式および調整池式発電所を一括して自流式発電所として扱っている。

　　　(1)　**供給電力量**　　**平水年**(3)における可能発電電力量から**計画外停止**，**計画補修**，余剰などによる**溢水電力量**を差し引き，さらに所内消費電力量を差し引いたもので示される。

---

(1)　豊水時または軽負荷時の余剰流量を貯水して渇水期に放出することにより，季節的に河川の流量を調節して，渇水期出力の増加を図るために設けられる設備
(2)　水力可能発電力とは，水力発電所のすべての設備が健全であるものとして，そのときの水量を最大取水量の範囲内で利用して発生できる電力をいう。
(3)　実現期待度が最も高いと考えられる累年平均値のこと。累年平均値は，原則として至近30ヵ年の実績値の平均を用いる。

$$\text{供給電力量} = \text{可能発電電力量} \times \text{利用率} - \text{所内消費電力量} \quad (2.2)$$

$$\text{利用率} = 1 - (\text{停止率} + \text{余剰率}^{(1)}) \quad (2.3)$$

ここで, **停止率**とは, 発電所の計画外停止および計画補修により発生する**溢水**に相当する発電電力量と可能発電電力量との比であり, 短期の電力供給計画では, 予定される補修計画をもとに過去の実績傾向を織り込んで算定する。また, **余剰率**とは, 需要に対し, 供給力が過剰になり系統周波数を規定値に保つために水力発電所で溢水を生じた場合, これを余剰電力量といい, これの可能発電電力量に対する比率である。

所内消費電力量は, 過去の実績ならびに設備設計値などをもとに算定する。一般に, 発電電力量の 0.3〜0.7% 程度となっている。

(2) 供給電力 流況曲線の最低5日平均の可能発電力をもとに次式により算定する。

$$\begin{pmatrix}\text{供給}\\\text{電力}\end{pmatrix} = \begin{pmatrix}\text{最低5日平均}\\\text{可能発電量}\end{pmatrix} + \begin{pmatrix}\text{調整}\\\text{電力}\end{pmatrix} - \begin{pmatrix}\text{停止}\\\text{電力}\end{pmatrix}^{(2)} - \begin{pmatrix}\text{所内消費}\\\text{電力}\end{pmatrix} \quad (2.4)^{(2)}$$

調整池のある水力発電所では, 一般に河川の流水を深夜に貯水し, 昼間, 点灯時などの重負荷時に増加放流して運転する。その際, 平均可能発電力を超えて発電される部分を調整電力と称している。調整電力は, 可能発電力に対する限界調整電力・電力量[3]の関係を実績などからあらかじめ求めておき, これを用いて算定することが多い。

所内消費電力は, 過去の実績ならびに設備設計値などをもとに算定する。一般に, 発電能力の 0.2〜0.4% 程度となっている。

b. 貯水池式水力供給力 貯水池への流入量をもととし, **かんがい用水**, **観光放流**, **河川維持流量**ならびに洪水調節のための**制限水位**などの貯水池の使用上の制約および年間を通じての需要状況を考慮して, 最も合理的な貯水池の使用計画を決める。この貯水池の使用計画と過去の貯水池への流入量の記録とをもととして平水可能発電力を算定し, これに過去の実績を参考として想定した発電所の利用率を乗じて貯水池式水力供給力を想定する。

c. 揚水式水力供給力 揚水式水力供給力の必要量は, 揚水式水力供給力以外の供給力と需要との関係をもととして, 火力・原子力発電所の高効率運転, 需給の均衡の度合いなどを検討して想定する。この必要量に見合う揚水用動力は, 揚水分発電電力

---

(1) 停止率＋余剰率＝溢水率
(2) 計画補修などによる。
(3) 貯水池・調整池の設備容量をもととし, 最近の調整実績, 貯水池・調整池, 水系の運用実態を加味して, 計画外停止, 渇水などの異常事態の発生に際して, 水力発電所の調整能力を最大限に活用した場合に, 発電しうる調整電力・電力量をいう。

量を揚水効率で除して算出し，さらに送電線の電力損失を考慮して想定する。電力量バランスでは，揚水分発電電力量と差し引きせず，負の供給力として計上する。

4. 水力発電所出力の種類

水力発電所出力は，その発電力の質の面からみて次のように分類している(図2.3参照)。

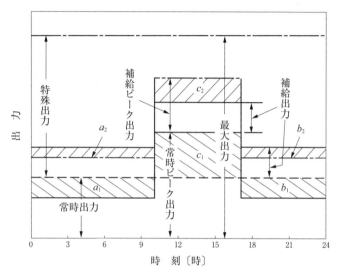

(注) 1. 斜線の部分は調整池もしくは貯水池により河川流量を調整した状態を示す。
2. $a_1 + b_1 = c_1$，$a_2 + b_2 = c_2$

図2.3 水力発電所出力図解例

a. 常時出力 流込式発電所にあっては1年を通じて355日以上，貯水池式発電所にあっては1年を通じて365日発生できる発電所の出力をいう。

b. 常時ピーク出力 1年を通じて355日以上毎日ピーク負荷時の一定時間(普通4～8時間程度)に限って発生できる発電所の出力をいう。

c. 特殊出力 豊水の際，毎日の時間的調整を行わないで発生できる発電所の出力で，常時出力を超えるものをいう。

d. 補給出力 渇水期間を通じて常時出力できる発電所の出力で，常時出力を超えるものをいう。

e. 補給ピーク出力 渇水期間を通じて毎日一定時間に限って発生できる発電所の出力で，常時ピーク出力を超えるものが補給出力よりも大きい場合に，その常時ピ

ーク出力を超えて発生できる発電所の出力をいう。

　f. 予備出力　　故障，事故などの場合に，不足する電力を補う目的で施設された設備によって発生する発電所の出力をいう。

2.3.3　火力および原子力の供給力
1.　火力および原子力の供給力の区分
　火力発電所は，ベース火力として長時間連続運転するものから，ピーク火力として起動停止を頻繁に行うものまでさまざまな方式がある。負荷曲線の分担に応じ分類すれば次の①～③のように大別される。

　①　**ベース火力**　　負荷曲線のベース部分を分担する**火力発電所**であり，一般に運転費が低廉で熱効率が高い大容量機が該当し，主に**石炭火力**や高効率の **LNG 火力**が分担する。

　②　**ミドル火力**　　負荷曲線の中間部分を担当する火力発電所であり，一般に中容量機が該当し，主に LNG 火力が分担する。負荷および再生可能エネルギーの発電量に応じて出力調整を行う。

　③　**ピーク火力**　　負荷曲線のピーク部分を分担する火力発電所であり，一般に運転費が高く熱効率が低い**石油火力**や**ガスタービン発電機**が分担する。負荷変動に応じた出力調整を行い，ミドル火力以上に頻繁に起動停止を繰り返すため設備利用率は低い。

　なお，**原子力発電所**は，運転費が低廉であり，利用率が高く経済的な運転が可能であることからベース負荷を分担する運用となる。

2.　火力・原子力供給力の想定
　火力・原子力発電所は，設備の特質上，定期的な点検，補修を必要とする。火力発電所では，ボイラは2年以内に1回，蒸気タービンは4年以内に1回定期点検を実施しなければならない。原子力発電所では，原子炉施設は，法令により施設ごとに定められた期間(13か月から24か月以内)，に定期検査を実施しなければならない。

　供給力全体に占める火力・原子力の比率が高まっているため，補修による出力減少が供給計画に与える影響は非常に大きくなっている。したがって，火力・原子力供給力の算定に当たっては，定期点検・補修ならびに発電所の停止または出力の低下を伴う事故の発生による発電所出力の減少を想定しておかなければならない。

　年間における需給の均衡度，経済性，燃料計画などを総合的に検討のうえ，火力・原子力発電所の定期検査計画を作成する。なお，原子力発電所では施設定期検査と同時に

燃料取替えを行う。

3. 火力・原子力供給電力量

（1）**供給電力量**　火力・原子力供給電力量は，発電電力量から所内消費電力量を差し引いたもので示す。所内率は，石炭 5～8％，石油 4～6％，LNG 3～4％，LNG コンバインド[(1)] 2～3％，原子力 3～6％ 程度である。

火力供給電力量は，送電端需要から水力供給電力量，原子力供給電力量，再生可能エネルギー供給電力量，**自家発受電電力量**，**融通電力量**，**揚水動力量**（負の供給力）など火力以外の供給電力量を差し引いた残余分を分担する。長期供給計画では，年または月単位のそれぞれの電力量から上記同様の差引計算により火力供給電力量を算出する。

この場合，供給予備力の保有状況を考慮して，需要電力量充足の可否，需給特性から余剰電力の発生の可能性などを検討して算定しなければならない。

原子力は，燃料供給および価格の安定性，経済性，環境特性などに優れているため，通常負荷調整を行わず，**ベース供給力**として運用する。

原子力供給電力量は，短期供給計画では，ユニットごとに補修計画から定まる稼働日数と利用率[(2)]から供給電力量を算定している。

長期供給計画では，平均的な年間設備利用率から算定している。

（2）**供給電力**　火力・原子力供給力は，発電所設備可能出力から定期補修による補修期間における減少出力及び所内消費電力を控除して算定する。所内消費電力は，最大需要発生時における発電出力に所内率を乗じて算出する。

2.4　電力需給計画

2.4.1　需給バランス

発生と消費とが同時的で，かつ，不断の供給を使命とする電気事業においては，十分な貯蔵容量を確保できていない限り，常に変動する需要に対処しうる供給力を準備しな

---

(1) combined cycle：ガスタービンと蒸気タービンを組み合わせたもので，従来型の汽力発電と比較して，
　・起動時間が比較的短く，かつ起動停止が容易である，
　・負荷変化率が比較的大きく，負荷追従性に優れる，
　・最低負荷が低く，また，ユニットごとに分割して発電できるものもある，
　・熱効率が高い，
　など，種々の利点があり，ベースからピークまでの需給状況に応じて幅広い運用が可能である。
(2) 計画外停止および計画補修に伴う出力低下などを考慮した利用率。

ければならない。

　しかし，発電設備は事故発生の可能性があり，また，水力発電所の供給力は河川流量の豊渇水による影響で，太陽光，風力などは天候により変化し，原子力発電所や火力発電所も定期検査などの補修作業のため一定期間の停止を必要とし，さらに需要も予想と異なるおそれもある。したがって，単に想定された最大電力に見合う供給力を保有するだけでは，不断の供給を維持することは不可能で，常に適量の**供給予備力**を保持しなければならない。

　電力広域的運営推進機関は毎年，**各供給区域（エリア）**および全国の供給力について**需給バランス評価**を行い，この評価を踏まえてその後の需給の状況を監視し，対策の実施状況を確認する役割を担っている。

　2023年度における同機関による需給バランスの評価は，一般送配電事業者が届け出た各エリアの**供給力**[(1)]と**エリア需要**をもちいて，**短期**（当該年度及び第2年度）と**長期**（第3年度以降第10年度まで）について各エリアおよび全国の評価がなされている。

　評価は，2021年度供給計画取りまとめから適用された**年間EUE**[(2)]に基づいた信頼度基準を基本とするが，エリア特性（北海道の冬季等）や厳気象などを考慮すると，各月の供給力が偏らないようにすることも重要と考えられることから，短期断面のみ，従来の予備率[(3)]での確認も実施している。

　なお，各々の評価基準は，年間EUEで，エリア毎ならびに9エリア計にて0.048kWh/kW・年以下（沖縄エリアについては，0.498kWh/kW・年以下），予備率では，連系線空き容量の範囲内で供給力を振り替えたエリア毎の予備率が8％以上あること（沖縄エリアについては，小規模単独系統であり，他エリアの供給力を期待できないことから，「運用実態を踏まえた必要予備力：33.7万kW」を除いた場合の供給力が最大3日平均電力を上回ること）を基準としている。

　なお，各エリアの供給力は，小売電気事業者が電気を供給するために自ら確保した供給力と一般送配電事業者が周波数調整用に確保した調整力[(4)]に加え，発電事業者ならびに

---

(1) 供給力：最大3日平均電力発生時に安定的に見込める供給能力をいう。
(2) 年間EUE：1年間8 760時間で確率的に需要変動や計画外停止が発生した時の（供給力(kW)当たりの）停電期待量(kWh/kW・年)をいう。
(3) 予備率：供給計画上の予備力（供給力－最大3日平均電力）を最大3日平均電力で除したものをいう。
(4) 調整力：一般送配電事業者が供給区域における周波数制御，需給バランス調整等，アンシラリーサービスを行うために必要な電源等の能力をいう。

特定卸供給事業者[(1)]の発電余力[(2)]を足し合わせたものとしている。

表2.1(a)に電力広域的運営推進機関が公表した2023年度以降の年間EUEの算定結果を，エリア別の予備率見通しとして表2.1(b)，(c)に2023年度分を表2.1(d)，(e)に2024年度分をそれぞれ示す。

短期断面では，2023年度東京エリアの年間EUEが0.049kWh/kW・年となり，供給信頼度基準を超過している一方，予備率確認では，予備率8％以上を確保していることから，需給対策の要否については，年間EUEだけではなく，過去10年間で最も厳気象（猛暑・厳寒）であった年度並みの気象条件での最大電力需要を踏まえた需給見通しを踏まえて検討を進めた結果，追加的に必要な供給力を確保（追加kW公募）することが決定された。

長期断面のうち2025・2026年度については，実需給の2年前に実施する容量停止調整等の結果を確認し，必要に応じて追加オークションの要否を見極めること，2027年度以降は，中長期的な電源動向を注視しつつ，今後の供給計画において供給力を再精査することとされている。

表2.1(a)　年間EUEの算定結果

〔単位：kWh/kW・年〕

	2023	2024	2025	2026	2027	2028	2029	2030	2031	2032
北海道	0.000	0.004	0.014	0.030	0.078	0.006	0.004	0.004	0.006	0.007
東北	0.001	0.000	0.002	0.012	0.004	0.002	0.002	0.001	0.001	0.001
東京	0.049	0.011	0.056	0.184	0.047	0.003	0.002	0.001	0.001	0.001
中部	0.000	0.000	0.004	0.011	0.002	0.001	0.000	0.000	0.001	0.001
北陸	0.000	0.000	0.001	0.001	0.001	0.000	0.000	0.000	0.000	0.000
関西	0.000	0.000	0.001	0.001	0.000	0.000	0.000	0.000	0.000	0.000
中国	0.000	0.000	0.001	0.001	0.000	0.000	0.000	0.000	0.000	0.000
四国	0.000	0.000	0.001	0.001	0.000	0.000	0.000	0.000	0.000	0.000
九州	0.000	0.000	0.138	0.029	0.061	0.058	0.050	0.017	0.013	0.011
9エリア計	0.017	0.004	0.034	0.070	0.025	0.007	0.006	0.002	0.002	0.002
沖縄	0.042	0.026	0.677	1.722	0.473	0.491	0.563	1.715	0.651	0.696

出所：電力広域的運営推進機関　2023年度供給計画の取りまとめ　2023年3月より

---

(1) 特定卸供給事業者：電気の供給能力を有する者（発電事業者を除く。）から集約した電気を供給する事業者をいう。
(2) 発電余力：エリア内に発電設備を保有する発電事業者や特定卸供給事業者が販売先未定で保有している供給電力をいう。

表2.1(b)　2023年度各月別の予備率見通し（連系線活用，工事計画書提出電源加算後，送電端）

〔％〕

	4月	5月	6月	7月	8月	9月	10月	11月	12月	1月	2月	3月
北海道	23.4	46.4	50.8	24.0	25.3	36.4	27.1	28.2	20.3	15.4	16.0	24.4
東北	16.4	16.0	21.3	18.2	24.1	36.4	25.2	28.2	20.3	15.4	16.0	24.1
東京	16.4	12.0	12.3	8.7	9.7	18.9	22.0	8.5	15.0	15.3	15.0	21.1
中部	26.8	24.8	28.1	18.7	20.8	22.0	22.0	14.8	15.3	15.3	15.0	21.1
北陸	26.8	27.5	28.1	18.7	20.8	22.0	22.0	14.8	15.3	15.3	15.0	21.7
関西	26.8	27.5	28.1	18.7	20.8	22.0	22.0	14.8	15.3	15.3	15.0	21.7
中国	26.8	27.5	28.1	18.7	20.8	22.0	22.0	14.8	15.3	15.3	15.0	21.7
四国	26.8	27.5	28.1	18.9	22.4	22.0	22.0	14.8	15.3	15.3	15.0	39.4
九州	33.0	30.2	28.1	18.7	20.8	29.9	44.7	23.3	15.3	15.3	15.0	21.7
沖縄	42.6	42.6	27.7	30.5	26.9	22.1	41.5	44.4	72.6	61.9	60.4	81.3

※連系線活用後に同じ予備率になるエリアを同じ背景色で表示
出所：電力広域的運営推進機関　2023年度供給計画の取りまとめ　2023年3月より

表2.1(c)　2023年度沖縄エリアにおける最大電源脱落時の予備率見通し（送電端）

〔％〕

	4月	5月	6月	7月	8月	9月	10月	11月	12月	1月	2月	3月
沖縄	11.1	16.7	5.8	9.1	5.6	1.0	17.1	15.8	39.1	30.8	27.7	46.9

出所：電力広域的運営推進機関　2023年度供給計画の取りまとめ　2023年3月より

表2.1(d)　2024年度各月別の予備率見通し（連系線活用，工事計画書提出電源加算後，送電端）

〔％〕

	4月	5月	6月	7月	8月	9月	10月	11月	12月	1月	2月	3月
北海道	22.9	34.8	38.1	22.7	37.8	41.0	26.9	18.5	25.3	18.9	19.0	26.5
東北	22.9	34.3	28.0	21.0	16.7	26.5	26.9	18.5	25.3	18.9	19.0	26.5
東京	22.9	23.6	13.5	15.4	16.7	26.5	18.6	11.5	25.3	18.9	19.0	26.5
中部	25.5	33.2	30.0	20.6	22.5	26.5	31.7	26.6	24.5	18.9	19.0	26.5
北陸	34.3	33.2	30.0	20.6	22.5	26.5	31.7	26.6	24.5	18.9	19.0	26.5
関西	34.3	33.2	30.0	20.6	22.5	28.1	32.7	26.6	24.5	18.9	19.0	26.5
中国	34.3	33.2	30.0	20.6	22.5	28.1	32.7	26.6	24.5	18.9	19.0	26.5
四国	49.1	52.2	55.4	20.6	22.5	28.1	32.7	55.6	35.0	39.4	35.2	46.0
九州	34.3	33.2	30.0	20.6	22.5	28.1	32.7	26.6	24.5	18.9	19.0	26.5
沖縄	65.0	49.4	37.8	33.7	35.4	30.2	50.7	57.1	76.2	53.7	63.7	63.5

※連系線活用後に同じ予備率になるエリアを同じ背景色で表示
出所：電力広域的運営推進機関　2023年度供給計画の取りまとめ　2023年3月より

表2.1(e)　2024年度沖縄エリアにおける最大電源脱落時の予備率見通し（送電端）

〔％〕

	4月	5月	6月	7月	8月	9月	10月	11月	12月	1月	2月	3月
沖縄	33.6	23.7	16.1	12.3	14.3	9.2	26.4	28.7	42.8	22.8	31.2	29.3

出所：電力広域的運営推進機関　2023年度供給計画の取りまとめ　2023年3月より

2.4.2 融通電力

融通電力には需給の均衡を保持するための融通，すなわち，需要に対して供給力が不足する電気事業者が供給力に余裕のある電気事業者から受電して供給力の不足に充当するもの，あるいは供給設備の経済的な運用，すなわち，電力コストの低減を目的とした融通で，火力発電運転費の低減および水力発電の有効利用を図るために受給されるものなどがある。

融通電力は**融通地点の設備容量**などによって当然制約され，供給計画作成時での計画融通電力に対しては，一般的には，実運用時の大事故発生などによる緊急事態にも融通地点が対処しうるよう配慮される。

電力システム改革において，供給区域を超えた全国大での**需給調整**を電力広域的運営推進機関が担うこととなり，平常時における広域的な運用の調整や災害等による需給ひっ迫時における電源の焚き増しや電力融通など電力広域的運営推進機関の指示で行われる融通が導入された。

また，調整力が連系線の運用可能な範囲で広域調達された場合，調整力が各エリアに均等にあるとは限らず，エリア毎の予備率には大小が生じ，エリア毎の予備率では需給状況のひっ迫度合を判断できない。そのため**図 2.4** のように，連系線空き容量の範囲内で供給力を融通し，広域的に予備率を確認することでエリア毎の予備率が十分にあるかどうかを管理している。なお，連系線に混雑が発生した場合は，その混雑が発生した連系線の両側では広域的な予備率に差が生じることになる。

2.4.3 供給予備力

供給予備力とは，事故，渇水，需要の変動などの異常事態の発生があっても，安定した電力供給を行うことを目途とし，あらかじめ想定需要以上に保有する供給力をいう。その表現方法としては，供給力から需要(最大 3 日平均電力)を差し引いた値としている。

必要な供給予備力の量を決定するに当たっては，事故，渇水あるいは短期かつ不規則に発生する需要変動など，偶発的需給変動によって生じる供給力不足に対応しうるものと，経済の好況などによって需要が持続的に想定値を上回る可能性に対応しうるものとに区分して検討する必要がある。

供給予備力を検討する定量的な算定方法としては，確率事象として取り扱う方法とシミュレーション手法による方法などがある。

日常の運用面から予備力を分類すれば，日々の需要変動に応じて変化する供給予備力を実際の需給態様に合わせて，どのような形で保有するかによって，**待機(コールド)予**

備力,運転(ホット)予備力および瞬動予備力に区分することができる(表2.2参照).

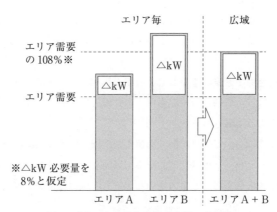

図2.4(a) 広域的な予備率を見る必要性

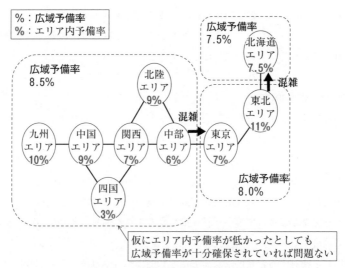

図2.4(b) 広域的な予備率の算定イメージ

表 2.2 日常運用面における予備力の分類

対象要因	分類	定義と具体的設備
相当の時間的余裕をもって予備しうるもの ①需要の想定値に対する持続的増加 ②渇水 ③停止までに相当の時間的余裕のある電源, または電源送電系統の不具合	待機(コールド)予備力	始動から全負荷をとるまでに数時間程度を要する供給力(停止待機中の火力で, 始動後は長期間継続発電可能)
①天候急変などによる需要の急増 ②電源を即時, または短時間内に停止・出力抑制しなければならないもの	運転(ホット)予備力	即時に発電可能なもの, および短時間内(10分程度以内)で始動して負荷をとり待機予備力が始動して負荷をとる時間まで継続して発電しうる供給力(部分負荷運転中の発電機余力, および停止待機中の水力)
電源脱落事故	瞬動予備力 (上記の運転の予備力の一部である)	電源脱落時に周波数低下に対して即時に応動を開始し, 急速に出力上昇し(10秒程度以内), 運転予備力が発動されるまでの時間, 継続して自動発電可能な供給力(ガバナフリー運転中の発電機のガバナフリー分余力)

2.5 電力需給調整

2.5.1 平常時の需給調整

1. 供給設備の合理的運用

前年度末に作成された電力供給計画をもとに至近時における需給実績を考慮して, 適宜計画の見直しを行い, 至近時の電力需給予想を月, 週, 日単位に作成し, これに基づいた**需給調整**が実施される。

特に, 家庭, ビルなどにおける冷房機器の普及により外部気温変化の影響による冷房負荷の変動幅が極めて大きいこと, また, 光化学スモッグ警報による火力発電所の出力抑制指令による出力制限や天候による出力が左右される太陽光発電の電力系統への大量導入などの事態に対しても需給の均衡を保持し, 供給設備の**合理的運用**を図る必要がある。

供給設備は，発電コストおよび運転特性を異にする多数の水力・火力・原子力発電所等により構成されているので，各事業者は最も低廉なコストで電力の供給を行うよう，供給設備を合理的に運用することが求められている。

水力・火力・原子力設備は，それぞれ固有の運転特性を有しているので，その運用は，次の考え方によるのが原則である。

① 原子力発電所・高温高圧再燃式の高効率火力発電所および調整能力を持たない流込式水力・地熱発電所に，負荷のベース部分を分担させる。
② 毎日の始動，停止が容易な中容量火力にベースとピーク供給力の中間部分(ミドル)を分担させる。
③ 貯水池式，調整池式，揚水式などの水力発電所のように，調整能力を有する水力供給力および始動に要する時間，損失が少なく，負荷追従性の良い中小容量火力発電所には，ピークまたは変動負荷の部分を分担させる。最近は，ガスタービン発電所もピークまたは変動負荷部分を分担する。

2.5.2 デマンドレスポンスによる需要制御

従来の電力系統の需給調整は，電力需要に対して電力供給をどのように行うべきかという視点からの施策が中心であった。しかし東日本大震災発生に伴い明らかとなった電力供給力不足などの課題から，電力の供給状況に応じてスマートに電力消費パターンを変化させるデマンドレスポンス(**DR**)の重要性が強く認識されることとなった。DRの導入により，需要のピーク時間帯にコストの高い電源の焚き増しを抑制する効果や，ピーク時の需要を満たすために電源を確保する場合の電源開発投資を抑制できるなどの効果が期待されている。

至近では，DRに加え，太陽光発電などの再生可能エネルギーや蓄電池等の需要家側エネルギーリソースの普及が予想され，これらを活用するエネルギー・リソース・アグリゲーション・ビジネスへの注目が高まっている。本ビジネスにおいて問題となり得る事項について参考とするべき基本原則を取りまとめた「エネルギー・リソース・アグリゲーション・ビジネスに関するガイドライン」(資源エネルギー庁)が策定されている。

1. 電気料金型デマンドレスポンス

ピーク時間帯に電気料金を変動させることで電力の消費パターンを変化させる取組のことで，ピーク時に電気料金を値上げすることで，各家庭や事業者に**電力需要の抑制**を促す仕組みである。2011年度から2014年度に社会実験(次世代エネルギー・社会システム実証事業)を行い，ピーク時に最大20%程度の需要削減が継続的に可能であることが

確認されている。これまでの料金制度では1995年に改正された電気事業法において、より一層の負荷平準化を図り、供給設備の効率的な使用に資するため、旧一般電気事業者は**選択約款**(表2.3)を設定し、経済産業大臣に届け出ることとしてきた経緯があるが、2016年4月の電力小売全面自由化に伴って、より効果のある様々な電気料金メニューが広がっていくことが期待されている。

表2.3 主たる選択約款等による需給調整の概要

選択約款	契約種別 家庭用	契約種別 業務・産業用	概要
深夜電力	○		夜間に限り電気を使用できる制度
季節別時間帯別電灯、電力	○	○	季節別時間帯別に料金を設定し、電力需要の少ない時間帯への負荷移行を図る制度
蓄熱調整契約	○	○	蓄熱槽を有する負荷を夜間に蓄熱運転し、昼間から夜間への負荷移行を図る制度
計画調整契約 (注)1.		○	夏季重負荷期に計画的に負荷調整し、軽負荷期への負荷移行を図る制度
随時調整契約 (注)2.		○	需給逼迫の緊急時に、負荷の抑制を図る制度

(注)1. 計画調整契約には、夏季休日契約、ピーク時間調整契約がある。
    2. 随時調整契約には、瞬時調整契約、緊急時調整契約がある。

2. インセンティブ型デマンドレスポンス(ネガワット取引)

電気事業者やデマンドレスポンスアグリゲーター[(1)]と需要家の間で、あらかじめピーク時などに需要削減(節電)する契約を結んだ上で、電気事業者等からの依頼に応じて**需要削減(節電)**した場合に対価を得る仕組みである。需要削減量を発電電力量と同等の価値があるものとして取り扱うことが可能であることから、全国で必要な供給力を確保する容量市場において応札が認められ、一定量が電源の代わりに供給力として落札された。

2.5.3 需給ひっ迫時における需給調整

1. 需給ひっ迫注意報・警報等による節電要請

あらゆる供給対策を踏まえても、気象条件の変化や、電源の計画外停止等により広域予備率が5〜3%の見通しとなった場合、国(資源エネルギー庁)から「需給ひっ迫注意

---

(1) 複数の需要家を束ねて、デマンドレスポンスによる需要削減量を電気事業者と取引する事業者をいう。

報」を発令する。また，同様に広域予備率が3％を下回る見通しとなった場合，国(資源エネルギー庁)から「需給ひっ迫警報」を発令する。この場合，国から各メディア等を通じた周知を行うとともに，各府省庁を通じて所管の関係団体，関係団体から事業者等に節電要請の連絡を行う。ひっ迫注意報については2022年6月27日から30日にかけての需給を対象に東京電力管内で，電力需給ひっ迫警報については同年3月22日，23日の需給を対象に東京電力管内及び東北管内で発令された。なお，国からの警報に先立ち，一般送配電事業者から需給ひっ迫準備情報の発信がなされる(自然災害や電源の計画外停止が重なるなど，急遽予備率低下が生じるケースにおいては，直ちに警報等を発令する場合がある。)。

2．法令による需給調整

負荷調整は，国および電気事業者による自主的な需要家に対する協力要請によって行われることが望ましいが，これだけでは需給の均衡が得られない場合には，法令の定めるところによって，強制的に電気の使用を制限する必要が生じてくる。このような場合に備えて電気事業法には，「電気の需給の調整を行わなければ，電気の供給の不足が国民経済及び国民生活に悪影響を及ぼし，公共の利益を阻害するおそれがあると認められるとき」に限って，国が電気の使用または受電の制限を行うことができる旨が定められている。

これに基づいて，**電気事業法施行令**に電気の使用または受電の制限を行うことができる範囲が定められている。電気の使用制限などに関し，**経済産業省令**として**電気使用制限等規則**が制定されている。

この政省令には，小売電気事業者，一般送配電事業者もしくは登録特定送配電事業者から電気の供給を受ける者を対象として，次の主旨の規定が設けられている。

経済産業大臣は，上述のような事態を克服するため，次の事項を定めて電気の使用を制限することができる。

① 使用電力量の限度または使用最大電力の限度(受電電力の容量500kW以上の電気使用者に限る)
② 電気の使用を禁止する用途(装飾用，広告用その他これらに類する用途に限る)
③ 電気の使用を停止する日時(1週につき2日を限度とする)

2011年3月11日に発生した東日本大震災により，電力需給がひっ迫し，同年3月において電気の需給の約款等に基づく**計画停電**が緊急的に実施された。さらには，夏季のピーク需要に対し供給力の不足が見込まれたため，電気事業法に基づき，7月から9月の平日昼間，受電電力の容量が500kW以上の大口需要家に対し「昨年の同じ期間，時間

帯の最大使用電力から15%を削減する」**電力使用制限令**が，第一次オイルショック以来37年ぶりに発令された。

第 3 章

電気施設の建設と運用

3.1 総　　説

　本章では，最初に電源開発計画および主要な発電方式の概要を説明した後，電力系統の基本構成および運用方式を説明し，最後に発電設備の保守管理について説明する。

　我が国の電気事業は，1951年の9電力体制発足に伴い，発電・送電・配電・小売の垂直統合型で地域独占の体制が確立された。9電力体制は，資金調達，設備計画や経営の一貫性，人財の有効活用などの面で優れ，戦後の経済成長や国民生活の発展を電力の安定供給を通じて支えた。電源開発に関しては，将来の需要動向，国際的な燃料情勢，技術開発などを踏まえた計画を作成し，送配電設備の新増設と一体的に進めてきた。

　1995年の発電部門の自由化から開始した電力自由化は，2011年の福島第一原子力発電所の事故後の2012年から進められた電力システム改革に伴い，送配電部門の法的分離，小売全面自由化，広域系統運用体制の整備が行われ，電気事業を取り巻く情勢は大きく変化した。

　発電事業者は，競争環境の下で電源開発計画を策定する必要があるが，火力発電においては，再エネの増加に伴う稼働率の大幅低下，カーボンニュートラル達成に伴う石炭火力のフェードアウト，水素・アンモニアへの燃料転換など，将来を見越して難しい判断を迫られている。

　いずれにせよ，電気施設の建設計画に際しては，「安全確保」を基本として，「安定供給の確保」，「経済効率性」，「環境適合性」の基本的視点（S＋3E）が重要である。

　化石燃料を海外に依存する我が国においては，上記の視点に基づいて再エネを最大限に活用するため，既存の電力系統の有効活用および地域間連系線の計画的増強が重要となる。

　合わせて，原子力発電所の新規制に基づく審査体制での再稼働の促進，将来を見据えた新増設計画も重要である。

また，電気施設の運用に関しては，現行施設の経済的かつ合理的な運用・管理を実施するとともに，将来の要員確保困難化も見据えて，デジタル技術活用による保全のスマート化なども進める必要がある。

東日本大震災による東京電力福島第一原子力発電所事故は，いわゆる原子力の「安全神話」を崩壊させた。その反省と教訓から，経済産業省から，安全規制部門を分離し，環境省の外局組織として**原子力規制委員会**が設置され，原子力規制を強化し，新たな規制基準が施行された。この基準に基づき既存の原子力発電所に関する技術的な審査が行われている。

3.2 電源開発計画

3.2.1 電源開発の基本方針

発電設備や送電線，変電所などの流通設備を建設するには，環境問題に対する社会的要請，原子力の安全性の確保，公害防止対策など多くの問題を解決しながら地域社会の意向を踏まえて推進することが必須の条件となっており，相当のリードタイム（原子力：20年程度，火力：10年程度，一般水力：5年程度）が必要となっている。電気は生産と消費が同時に行われ貯蔵が困難であり，需要と供給のアンバランスが発生すると周波数が変動し，電力系統にさまざまな影響を及ぼすため，需給を一致させることが必要である。そのためには長期的に需要を見通し，相応の電源を開発していかなければならない。また，既設設備が老朽化すれば，その休廃止計画に基づいて，あらかじめその代替電源を開発していく必要がある。

このように，電源開発計画は，電力需要の長期的予測に基づいた必要な供給力および電源脱落時などの緊急時に備えた適正な供給予備力を確保し，長期的に安定して電力の供給ができるよう配慮されたものであることが重要である。

経済動向や電力需要の動向等をもとに，長期的な観点に立った電源開発計画を立案するためには，以下のような要素を考慮する必要がある。

1．開発規模と電源投入時期

技術的には，すでにユニット容量100万kWを超える火力発電所および原子力発電所が開発されているが，これら大規模ユニットは，スケールメリットによる経済性を追求できる反面，一時的に過剰な設備となる場合もある。したがって，**広域運営**などによる経済性を考慮し，開発規模と投入時期を決定する必要がある。

2．電源の多様化

我が国は，一次エネルギーである化石燃料の大部分を輸入に頼っているが，石油は国

際的に価格が不安定であると同時に,政治的に不安定な中東に偏っており,長期的に安価にかつ安定的に確保することが難しい。このため原子力,液化天然ガス(LNG),石炭などをバランスよく利用することで電源を多様化し,長期的な電力供給を確保する必要がある。

3. 各種電源の経済的組合せ

発電方式には,水力,火力,原子力などさまざまあり,おのおのの供給力の特性に違いがある。また,その運用により**発電原価**も変化する。電力需要の時々刻々の変動に対して追従できる**応動性**を確保するとともに,極力安価な電力を供給できる構成とする必要がある。**ベース供給**の原子力発電と**ピーク供給**の揚水発電を組み合わせ,日負荷変化に対応した経済的運用を図るなどがこの例である。

4. 地点選定と流通設備との関係

発電方式に固有の地点選定だけでなく,送電線や変電所などの流通設備を考慮し,電源の地域的配置が電力系統の構成,運用上,供給信頼度を損なわないようにする配慮が必要である。

5. 開発計画の調整と推進

電源開発計画および流通設備開発計画は,個々の電気事業者が**供給計画**[1]を作成し,電力広域的運営推進機関[2]が計画を取りまとめ,電源の広域的な活用に必要な送配電網の整備を進めるとともに,全国大で平常時,緊急時の**需給調整機能**の強化を図っている。なお,政府(経済産業大臣)は,事業者の求めに応じ,開発を推進することが特に重要な電源開発に関わる地点について,関係省庁との協議,都道府県知事からの意見聴取を経て指定し,地元合意の形成や関係行政機関の許認可の円滑化を図ることとしている。

3.2.2 電源開発の動向

電気事業における電源構成は,戦後の水力中心(**水主火従**)から,次第に火力へシフト(**火主水従**)し,火力は急増する電力需要に対応するため石炭火力から低価格の石油火力が中心となっていった。

しかし,1973年,1979年の2度にわたる石油危機を契機として,石油価格が高騰し,かつ,その供給が不安定となったため,原子力発電の開発が推進され,火力発電ではLNG火力および石炭火力の開発が行われるようになってきた。

---

(1) 今後10年間の需給見通し,発電所の開発や送電網の整備等をまとめた計画。
(2) OCCTO : Organization for Cross-regional Coordination of Transmission Operators, Japan

原子力発電や大容量火力発電がベース需要に供給する電源として開発される一方，ピーク需要に対応する供給力として高落差大容量の揚水発電所の建設が積極的に進められてきた。近年では，日負荷変化に対応する方式として，熱効率の向上などによる経済性，クリーンエネルギーとしての特性，負荷変動に対する応答の容易さなどの利点を有する液化天然ガス(LNG)焚きの**コンバインドサイクル発電方式**の導入拡大が図られている。

2022年度における我が国の電源別発電設備の構成比率は，原子力10％，火力48％，水力15％(揚水含む)，新エネルギー26％(太陽光，風力，バイオマス等)であるが，**地球温暖化問題**等から再生可能エネルギーの開発が促進されている。

電源開発地点の選定，電力系統の構成にあたっては，全国的見地から広域的に合理的で経済的な開発を行うことが重要であるが，一方で，国土有効利用の観点からの立地問題，環境保全や公害防除の問題，港湾における燃料輸送問題，送電線の用地問題，地元住民への配慮など多くの問題を考慮に入れなくてはならなくなっている。

3.2.3 水力発電

水力発電所は，河川流量の利用形態により，流込式，調整池式，貯水池式，揚水式に分類されるが，発電所工作物の構造面から**水路式**，**ダム式**，**ダム水路式**[1]という分類もある。

水力発電所の開発地点の選定にあたっては，建設地点固有の地形・地勢や河川の流況を長期的に調査することが必要である。我が国では，地点選定の基礎となる測水記録を得るため，国や電力会社は多数の測水地点で河川流量の測定を行っている。また，これらの測水記録をもとに水力地点調査を行い，開発可能な包蔵水力の概況を明らかにしている。**表3.1**に2021年3月末現在の我が国の**包蔵水力**(既開発，工事中，未開発のもの)を示す。

水力地点の発電計画は，最大使用水量，ダムの位置や規模，水路の配置などの設計により決定される。水力開発の動向として，水力資源の有効活用を目的とする小規模水力を除き，渇水量を基準とした**水路式**発電所からピーク供給に対応した大出力を得るための**ダム式**，**ダム水路式**に変遷してきた。

---

(1) 水路式：川の上流に小さな堰を設けて水を取り入れ，水路により落差が得られる地点まで導水し，発電する方式。
ダム式：高いダムを築いて河川をせき止めることにより水量を確保し，落差を利用して発電する方式。
ダム水路式：ダム式と水路式を組み合わせたもので，ダムに貯えられた水を大きな落差が得られる地点まで水路で導いて発電する方式。

表 3.1 わが国の包蔵水力(2022年3月末現在)

区分		地点数	最大出力 [MW]	発電電力量 [GW·h]
包蔵水力	一般水力	4 737 △254	34 572 △853	139 007 △6 099
	混合揚水	36 △12	13 076 △1 120	4 122 △702
	計	4 507	46 675	136 328
既開発・ 工事中	一般水力	2 097	22 947	94 937
	混合揚水	17	5 574	2 381
	計	2 114	28 521	97 318

(注) 1.「既開発」は2022年3月31日現在において運転中のもの。一部工事中の発電所の運転未開始分の出力，電力量は「工事中」の該当欄に各々計上。
   2.「工事中」は電気事業法に基づき，2022年3月31日までに工事計画事前届出が受理されたものの集計である。
   3.「混合揚水」の年間可能発電電力量は自流分発電電力量のみの集計である。
   4.「工事中」および「未開発」の計画に伴う「既開発」への影響については，各々の数値の下段に外数として示した。
   なお，地点数欄における△印(マイナス)の値は廃止となる発電所数を表す。

出所：資源エネルギー庁HP

　一般水力については，巨大なダムを建設する経済効率の良い大規模水力発電所の開発はおおむね終わっている。しかし，以下に示すメリットを持つ中小水力の開発は，今後も継続的に進めることが求められている。

・CO_2排出量が非常に少ないクリーンなエネルギー

・資源の少ない我が国の貴重な**純国産エネルギー**

・再生可能なエネルギー

・**地産地消の分散エネルギー**

揚水発電については，電力需要の伸び，特に冷房需要の増大による夏期ピークの負荷平準化，電源構成面における火力・原子力比率の増大に対応するためピーク調整用の大規模揚水発電の開発が積極的に進められ，揚水式水力発電設備は全水力発電設備の55％(2021年度末)に達している。

　河川の開発にあたっては，河川全体の水力資源を最も有効かつ経済的に利用するように，河川の流況および地形に適合した，上流，中流および下流の発電所計画を総合的に検討し，その総合計画に基づいて順次開発を進めていくことが必要である。例えば，河川の上流部に**貯水池式**発電所を設けて，中下流部の**調整池式**または**流込式**発電所と総合運用をすることにより，河川全体の流況の改善，水資源の利用度の向上，発電特性の改

善，経済性の向上に有効となる場合が多い。

水力発電地点の開発は長い歴史を有しており，前述のとおり大規模水力に適した地点の多くはすでに開発され，残された未開発地点は**中小水力**が中心である。このような状況下，水力エネルギーの有効活用の観点から，以下のような開発が行われている。

1. 河川維持流量発電

電力エネルギーの確保が強く要請されていた時代は，水力エネルギーを最大限発電に活用することが優先されたため，河川流量をできるだけ水路に取り込んで河川をバイパスし，結果として河川流量が極端に減少（渇水期には枯れる場合もある）する減水区間を生じる地点も多かった。

漁業や観光等の観点からの要請により，河川の環境を回復するニーズが高まり，水利権の更新時に河川の正常な機能維持のための優先放流が要求されることとなった。この河川維持放流を有効活用した発電を**河川維持流量発電**という。

2. 多目的ダムへの発電参加

河川にダムを築造する事業は，発電事業のほか，治水事業，農業かんがい事業，上水道事業，工業用水道事業などがあるが，これらが総合的計画を作成して共同で事業を実施すれば，全体として河川の利用効率が高まり，発電事業だけでは経済的に開発不可能な地点の開発も可能になる。これを河川の総合開発と呼んでおり，このような目的で築造されたダムを**多目的ダム**と呼んでいる。

発電が参加した**多目的ダム**の運用にあたっては，次の点で**発電単独ダム**と異なる。

① 治水と共同の場合は，洪水貯留のため一定の洪水期間にわたり，あらかじめ，ダム水位を下げておく必要があるので，発電用貯留量はその制約を受ける。

② 農業用水と共同の場合は，かんがい期に多量の水を必要とするので，発生電力がかんがい期にあたる豊水期に偏ることになる。

③ 上水道，工業用水道と共同の場合は，年中ほぼ一定の放流量が必要なので，**逆調整池**[(1)]を設けないと，ピーク供給力が小さくなる。

発電用利水と治水または他の利水との間には，その運用上，相互に相反する事情もあるが，その建設費は妥当投資額などにより共同利用者によって按分して負担することになっている。

3. 既設発電所の更新工事

水力発電は長い歴史を持っており，なかには運転開始後，数十年を経た発電所も多い。

---

(1) 逆調整池：水力発電所からの放流量をいったん貯水し，下流河川の水位変動を安定化させるための調整池である。

これら老朽化した既設発電所を，最新の設計技術，製作技術を用いて改良拡充し出力増加を図ることをいう。

河川の流水を利用する場合は，**河川法**の規定に従い**水利権**を取得しなければならない。水利権の許可は**一級河川**[1]については国土交通大臣が，**二級河川**[2]については都道府県知事が行っている。

3.2.4 火力発電

火力発電所には，汽力発電所のほかにガスタービン発電所，コンバインドサイクル発電所，ディーゼル発電所が含まれる。

開発規模により違いはあるが，火力発電所の建設には，長い期間と多額の資金が必要であり，立地条件，経済性，電力需要動向，技術進歩など多岐の観点から長期的な視野に立った計画が重要である。

火力発電所の用地は，需要地に近く，燃料，冷却用水，ボイラ用水の入手に便利であるところが望ましいので，多くは臨海の埋立地が選ばれている。従来から石油精製所に隣接したコンビナート火力など燃料条件から選定される場合と，製鉄，アルミニウム製錬などの大口電力需要家の近傍など立地条件から選定される場合が多かったが，最近では用地難，公害対策などのため需要地から離れたところに建設されるようになってきている。

電気事業用電源として火力発電は，電源構成において大きな比重を占めるとともに，エネルギー安全保障，経済性の観点から**ベストミックス**を実現するうえで，重要な電源である。2020年度現在，総電力量の76％[3]を占めており，供給力の主力となっているが，使用燃料は多様化が図られ，石油から石炭，LNGなどに移行してきている。

火力発電所のユニット容量は，急増する電力需要への対応，単位出力当りの建設費の低減，発電所用地の有効利用などから大容量化が図られ，すでに100万kWを超えるものも導入されている。

汽力発電は，ボイラ内で燃料を燃焼し，放出する熱エネルギーで高温高圧の蒸気を作り，その膨張力で蒸気タービン発電機を回転させて電力を発生させる発電方式である。

---

(1) 一級河川：国土保全上または国民経済上，特に重要な河川で国土交通大臣が指定した河川である。都道府県の区域を超えた河川の場合が多い。
(2) 二級河川：一級河川以外で，公共の利害に重要な関係がある河川で都道府県知事が指定した河川である。
(3) 東日本大震災における福島第一原子力発電所の重大事故を受けて，国内の全原子力発電所が停止した影響で，これに替わって火力発電を増やしたことによる。なお，震災前の2010年度では，火力が60％程度，原子力が30％程度であった。

最新鋭の汽力発電所の発電端熱効率は約48%に達しているが，蒸気条件の高温化に伴う材料強度上の制約からさらなる効率向上には，新規材料開発が不可欠となっている。

ガスタービン発電は，燃焼器内で燃料を燃焼させ，放出される高密度な熱エネルギーを持つガスを直接ガスタービンに作用させ，回転させることで電力を発生させる発電方式である。**単機容量**が10数万kW程度と小規模のものから数10万kWと大容量のものが存在する。建設工期が短いこと，起動停止が容易なことなどからピーク負荷用，系統末端の潮流改善用などとして優れた特性を有している。近年，高温ガスタービンの技術進歩に伴い，LNGによるガスタービン発電とその排気(約400〜550℃)を熱源とする蒸気タービン発電を組み合わせた**コンバインドサイクル発電方式(ガスタービン・蒸気タービン複合発電方式)**が多く用いられるようになった。総合熱効率は45〜60%程度が可能であり，起動停止の容易性，運転台数の調整による負荷追従性に優れている。

製鉄業，化学工業などにおいては，自家用発電施設として，次のような火力発電所を持つものが多い。

① 工場の廃ガスの余熱または工場で発生する可燃性ガス(高炉ガス，コークス炉ガスなど)を利用するもの，
② プロセス蒸気を多量に利用する工場において，高圧蒸気を発生し，発電に利用したあと，その背圧蒸気を工場で利用するもの(化学工場，繊維工場，紙パルプ工場など)，
③ 石油精製の残さ油を利用するもの，
④ 停電などの際に保安電力を確保するために発電を行うもの。

これらの中には，**卸電力取引所**の開設などの取引環境の整備などにより，発電事業者として発電事業に参加するものも出てきている。

また，経済性，省エネルギーの観点から，火力発電の熱エネルギーを有効に利用し，ビルディングや周辺地域に蒸気，温水，冷水などを供給する**コージェネレーションシステム**[1]が普及しており，都市ごみの焼却による発電(**廃棄物発電**)の開発も進められている。このような需要家側でのエネルギーの有効活用を助長し，発電電力の有効活用を図るため，その余剰電力の電気事業者への供給に関し，電力系統の連系上の問題の条件整備[2]が図られている。

内燃力発電(ディーゼル発電)は，ボイラ用水，冷却水を要しないため離島などの小電力系統の発電に用いられるが，小容量(数百〜数千kW)であるため発電単価は相当に高

---

(1) cogeneration system：電気・熱併給システム
(2) 電力品質確保に係る系統連系技術要件ガイドライン(3.5.11項参照)

い。また，デパート，放送局，高層ビルディングなどの予備発電設備としても広く用いられている。

　火力発電は，電源構成において引き続き一定の比重を占めるとともに，エネルギー安全保障，経済性の観点から電源構成のベストミックスを実現するうえで，重要な電源である。また，再生可能エネルギー由来の電気の大量導入時の**系統安定化対策**に不可欠な存在でもある。

　こうした観点から，単位発電量当りのCO_2発生量の削減を図り，**石炭ガス化複合発電**などの**クリーンコール技術**[1]の開発や最新設備の導入，リプレース等による火力発電の効率向上，非効率石炭火力の退出，脱炭素に向けた燃料転換の検討など，低炭素化に向けた取組みが進められている。

3.2.5 原子力発電

　原子力発電は，燃料や**減速材**，**冷却材**などの種類によってさまざまなタイプの原子炉があるが，現在，世界で広く実用化されているのは**軽水炉**である。

　我が国で使用している発電用軽水炉には，**沸騰水型炉（BWR）**[2]と**加圧水型炉（PWR）**[3]の2型式がある。前者は，原子炉の中で蒸気を発生させ，これを直接タービンに送って回す方式である。これに対して，後者は原子炉内で発生させた高温高圧の水を**蒸気発生器(熱交換器)**に送り，そこで別系統に流れている水を蒸気に変えてタービンを回す方式である（図**3.1**参照）。

　1963年10月，日本原子力研究所が米国から導入した小型のBWRである動力試験炉により我が国初の原子力による発電に成功した。また，日本原子力発電㈱が英国からガス冷却炉を導入し，1966年7月に東海発電所で我が国初の商業用の原子力発電所として営業運転を開始した。その後，1970年3月に運転開始した敦賀発電所（BWR，35.7万kW）の建設以来，各電力会社は軽水炉による原子力開発を進め1基当りの出力が130万kWを超えるものも運転された。

　火力発電所と比較すると，原子力発電所には次のような特徴がある。
① 建設費が火力発電所に比べて高い[4]。
② 核分裂のエネルギーを利用する原子力発電所は，発電の過程でCO_2を排出しな

---

(1) IGCC：Integrated coal Gasification Combined Cycle
(2) Boiling Water Reactor
(3) Pressurized Water Reactor
(4) 総合資源エネルギー調査会の発電コスト検証ワーキンググループ報告によれば，原子力37万円/kW，LNG火力12万円/kW と見積もられている。

い。
③ 燃料費が発電原価の1～2割程度と安いため，利用率の高い運転が経済的であり，ベース負荷供給力として運用されている。
④ 立地上の制約などで，発電所の建設位置は需要中心地から遠く離れることが多い。

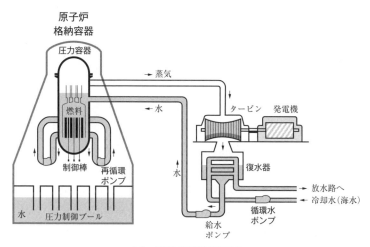

(a) 沸騰水型炉（BWR）

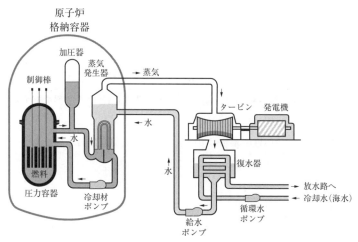

(b) 加圧水型炉（PWR）

図3.1 原子力発電のしくみ

⑤　原子力発電の燃料となるウランは，石油に比べて政情の安定した国々に埋蔵されていることから，資源の安定確保が可能である。また，少量の燃料で長期間発電に使うことが可能である。
⑥　燃料の濃縮，**使用済燃料**の再処理，**放射性廃棄物**の処理など大規模な関連設備を必要とする。

2011年3月に発生した東日本大震災では，地震後に襲来した津波の影響により福島第一原子力発電所で甚大な事故が起こった。この事故の教訓に学び，このような事故を再度起こさないため，また原子力規制組織に対する信頼を回復し，安全を最優先に，原子力の安全管理を立て直し，真の安全文化を確立するため，2012年に原子力規制委員会とその事務局である**原子力規制庁**が設置された。

原子力規制委員会は，事故の教訓や最新の知見を反映して新しい規制基準を定めた。また，**原子炉等規制法**(1)の改正により，次の①〜③に示すように，重大事故対策の強化，最新の知見に基づく原子力安全規制の実施，**40年運転制限制**の導入など，原子力規制が強化された。

① 重大事故対策の強化　重大事故対策を法令による規制の対象とした。
② 最新の知見に基づく規制の実施　最新の知見を規制の基準に取り入れ，既に許可を得た施設に対しても新基準への適合を義務付ける制度（バックフィット制度）を導入した。
③ 40年運転制限の導入　発電用原子炉の運転期間を，原則として，営業運転を開始した日から起算して40年とした（1回に限り延長（上限は20年）ができる）。

上記新規制の下，2023年5月現在で再稼働済のもの10基，新規性審査完了が7基，審査中が10基，未申請が9基，廃炉が決定したもの24基となっている。

核燃料は，「ウラン鉱石→精錬→転換→濃縮(2)→成型加工」という過程を経て原子炉に装荷され，さらに使用済燃料は**再処理工程**(3)を経て，有用な減損ウランやプルトニウムは回収のうえ再利用され，放射性廃棄物はガラス固化などの処理を行ったうえで安全に処分を行う。これらの一連の過程を**核燃料サイクル**という。

---

(1) 核原料物質，核燃料物質および原子炉の規制に関する法律
(2) 天然ウランには核分裂しやすいウラン235は，わずか0.7％しか含まれていない。これを軽水炉で使用できるようにウラン235の含有率を3〜5％に高める工程を濃縮という。
(3) 使用済み核燃料から，燃え残ったウラン235と新たに原子炉で燃焼中に生成したプルトニウム239を分離して取り出す工程を再処理という。

我が国の核燃料サイクルの現状は，燃料集合体の成型加工は，ほとんど国内で実施できるが，天然ウランの供給，ウラン濃縮の大部分を海外に依存しており，今後，可能な限り我が国の自主的な核燃料サイクルを確立していくことがエネルギーセキュリティ確保の観点から重要である。このため，**ウラン濃縮**については**遠心分離法**による商業プラントが建設され，1998年に約1 000トンSWU/年まで取扱い規模が増加したが，**新規制基準**対応で現在は自主的に生産を停止している。

また再処理については，我が国には，茨城県東海村の**日本原子力研究開発機構**の再処理技術開発センターがあるが，年間処理量が210トンと小規模である。このため，これまではイギリスとフランスに再処理を委託しているが，**エネルギーセキュリティ**などの観点から青森県六ケ所村に再処理工場を建設し，2023年5月時点で早期のしゅん工に向けて試験等を実施中である。

原子力発電で**ウラン**が燃料として使用される際，原子炉内では同時に**プルトニウム**が生成され，ウランとともに核分裂して発電に寄与している。使用済燃料を再処理することにより回収されたプルトニウムとウランを混ぜ合わせ，成型加工したものを**MOX燃料**という。このMOX燃料を稼働中の軽水炉で使用し，プルトニウムを有効活用することを**プルサーマル**といい，我が国では2009年から導入されており，MOX燃料工場も建設中である。

放射性廃棄物には，原子力発電所からの低レベルのものと再処理工場から出る高レベルのものとがある。低レベルのものは，減容処理しドラム缶に密封して敷地内に安全に保管されているが，1992年から青森県六ケ所村の低レベル放射性廃棄物埋設センターにおいて埋設処理されている。また，高レベルのものは，ガラス固化によって安定な形態に処理したのち30〜50年程度貯蔵して冷却し，最終的には，これを地下数百メートル程度の深地層中に処分することを基本方針としている。最終処分については，2000年に「**特定放射性廃棄物の最終処分に関する法律**」に基づき，高レベル放射性廃棄物の処分事

---

(1) 高速で回転する円筒の中に，気体状の六フッ化ウランを流し込むと，質量の大きいウラン238は遠心力で円筒の外側に多く集まり，中心に近いところではウラン235の割合が高くなる。このウラン235が増えた部分を取り出して濃縮ウランを作り出す方法である。
(2) SWU：Separative Work Unit，ウランを濃縮する際に必要となる仕事量の単位。100万kWの原子力発電所で1年間に必要となる濃縮ウランの仕事量は約120トンSWUとなる。
(3) 動力炉・核燃料開発事業団が廃止され，新たに核燃料サイクル機構が設立され，さらにこれと日本原子力研究所とが統合し，国立研究開発法人日本原子力研究開発機構となった。
(4) Mixed Oxide Fuel：ウラン・プルトニウム混合酸化物燃料

業を行う組織として**原子力発電環境整備機構(NUMO)** が設立され，処分事業全般に取り組んでいる。

将来の発電用原子炉の型式としては，さらに有効にウラン燃料を利用することができる**新型転換炉(ATR)**[(1)]や，みずから核燃料を増殖しつつ原子核反応を続ける**高速増殖炉(FBR)**[(2)]が資源活用上有利であるとして，その研究開発が国家プロジェクトとして行われてきた。しかし，ATR については，原型炉が建設，運転されたが，経済性から実用化が断念された。また，FBR については，長期的観点から実用化を目指していたが，2016年，政府はトラブル等で計画が停滞していた原型炉「もんじゅ」の廃炉を決定した。

3.2.6 各種電源の組合せ

各種電源は，起動時間，負荷変動追従性，軽負荷における効率や運転の安定性などの運転特性が異なるとともに，使用燃料や立地条件などにより，その経済性も異なるので，これらの条件を考慮した電源の最適組合せが必要である。すなわち電源開発計画の策定にあたっては，①立地あるいは開発実現の可能性，②燃料の安定的確保，③電力系統の安定化，④経済的供給などにつき，総合的な検討を行っていくことが重要である。

経済的な電源開発計画を作成するには，まずその構成要素である水力，火力発電などの個々の地点の計画(例えば，貯水池の大きさ，最大使用水量，ユニット出力など)を決定する。その後，各地点の経済性を比較して，有利なものから順番に開発することとし，需要動向と見合って開発の時期を決定する。

1. 水力発電地点の経済性評価

水力発電所地点の開発の型式，規模はその完成後，火力あるいは原子力発電と総合運用される場合に系統全体の**発電原価**が最低となるよう計画されなければならない。すなわち，水力発電地点の経済性評価は，単にその地点の建設費あるいは発電コストのことをいうのではなく，需要のベース供給となっている火力発電あるいは原子力発電と組み合わされて運用された場合の電力系統全体の経済性に寄与する度合いをもってしなければならない。

水力発電所を新設する場合は，河川の年間の流入量や，貯水量などの自然的・地形的制約から発電電力量には限度がある。さらに開発される規模の大小によって(規模が大

---

(1) Advanced Thermal Reactor：減速材に重水，冷却材に軽水，燃料に MOX 燃料を使用する原子炉。
(2) Fast Breeder Reactor：減速材を用いず，冷却材に液体ナトリウム，燃料に MOX 燃料を使用する原子炉。原子炉の中で消費される燃料以上の燃料を生産することができる。

きければ一度に多量の水量を使用する)発電の継続時間も異なる。

一般に，ダム式水力発電所は，その最大出力で運転されると，1日4～10時間の発電継続時間しかないような規模で開発されることが多い。(1)したがって，**日負荷曲線**上ではピーク部分を分担する。

貯水ダムを持たない流込式発電所においては，流況と最大出力の関係により発生電力量や利用率が決まり，発電出力の負荷追従性が期待できないので日負荷曲線上ではベース部分を分担する。

2. 火力発電地点の経済性評価

火力発電所相互間の経済性比較は，稼働状態が同じであれば運転経費で行うことができる。経費は**固定費と可変費**に分けることができる。

年間を通じ高い稼働率で運転した場合の可変費は，石油火力，石炭火力，LNG 火力でそれぞれ異なるが，全経費の約2～4割程度で，その大部分が燃料費である。したがって，燃料消費の節減，言い換えれば熱効率の向上は，その経済性を大きく左右する。このため最近の火力発電所は耐熱材料の開発につれて，しだいに高温・高圧の機器が中心となっている。また，原子力発電所は，火力発電所に比べてさらに可変費が小さいので，ベース供給力として活用される。

3. 実際の場合の考慮事項

以上は一般論として原則的な事項を示したものであるが，実際にはさらに次のような点を考慮する必要がある。

- **a. 水・火力の供給信頼度の差**　火力発電所は，水力発電所に比べ補修などのための停止の確率が大きく，また**定期補修**のための停止を考慮しなければならない。一方，水力発電所には**豊水・渇水**という現象があって供給力は年により，また季節により変動するが信頼度は高い。

- **b. 送電線の経費**　最近では，需要地近辺での新規立地は非常に難しく，また需要の増大に伴い，送電線が長距離・大容量化してきたため，送電経費の比重がかなり大きくなってきた。このため送電経費も含めた総合的な経済性の評価が必要である。

- **c. 水・火力発電所の耐用年数の相違**　水力発電所の**耐用年数**は40年以上あり，火力発電所は20年程度である。したがって，経費比較を建設の当初で行うと，建

---

(1) 大貯水池を持つ発電所では，もちろん何日間も最大出力で運転できるほどの貯水容量を持っているが，このような運転をすると渇水期間を通じて運転することが不可能になるので，毎日の運転はやはり数時間しか行わないのが普通である。

設費の高い水力発電所に不利な傾向があり，後年度の時点で比較すると燃料費のかかる火力発電所のほうが，償却が進んで経費の安くなった水力発電所より不利となる。このため実際の耐用年数期間全体を通じた経済性を表す経費を比較して，発電所の建設計画を策定する。

3.2.7 電源立地の推進対策
1. 電源立地難の原因

安定した電力供給を確保するためには，電力需要の動向を見通して常に電源や送配電施設を建設していかなければならない。通常，火力発電所の建設には約3年，水力発電所や原子力発電所の建設には約5年の工事期間が必要であるが，工事着手前に用地の取得や許認可手続きなどに相当長期間を要するようになってきた。

一定規模以上の発電所の建設に着手するときは，事業者は**環境影響評価**を実施し，工事計画については，原子力発電所など公共の安全の確保上特に重要な施設は，経済産業大臣の認可を受ける必要があり，その他の発電所については，経済産業大臣へ届出が必要である。環境影響評価においては，地元都道府県知事，住民，環境大臣の意見を踏まえて評価項目や手法を選定する必要があるが，地元住民の反対から決定が難航することが多い。

地元住民が電源立地に反対する理由は，主として発電所の設置運転に伴う公害や安全性，環境影響に対する不安である。このような不安を解消するため，事業者は事前評価を行い，対策を講じるとともに，発電所の建設によって生じるおそれのある公害や自然環境への影響あるいは原子力発電所の安全性について，事前に環境影響評価や安全審査を行い，これらに関する地元住民の意見を聴く公開ヒアリングの制度がある。

また，発電所ができても，他の工場の場合に比べ雇用効果が少なく，必ずしも地元住民の福祉の向上や地元経済の発展に結びつかないことも，立地誘致を困難にする要因にあげられている。そこで電源立地円滑化のための対策は，発電所が立地しうる適地を増やす一方で，立地の阻害要因を解消し地元自治体との合意を早期に実現することである。

2. 地元の発展と福祉対策

地元の発展と福祉の増進を図って，地元住民の理解と協力のもとに電源の立地を進めるため，次の方策が実施されている。

第一に，地元の公共施設の充実に協力することである。従来から，電力会社は発電所を立地するにあたって，寄付金，協力金として地元地域の整備のための費用を一部負担し，地元住民の福祉向上や地元経済の発展に寄与していた。

しかしながら，電源開発により直接的に利益を受けるのは他地域の電力消費者であり，それに比べて地元住民の受ける利益は小さいといった不満は少なくなく，こうした事情のもとに地元住民の理解と協力を得ながら電源立地を円滑にするために，1974年に，**発電用施設周辺地域整備法，電源開発促進税法及び特別会計に関する法律**(旧電源開発促進対策特別会計法)のいわゆる**電源三法**が制定された(5.5節参照)。これらを軸に①電源地域の振興，②電源立地に関する国民的理解および協力の増進，③安全性確保および環境保全に係る地元理解の増進等，電源立地の円滑化を図るための施策が行われている。

3.3 電力施設と環境保全

3.3.1 環境保全政策の概要

環境問題は，大気汚染や水質汚濁といった地域環境に関するものから，地球温暖化といった地球環境に関するものまで幅広く存在し，年々厳しさを増しており，発電所もその例外ではない。

我が国では，1960年代から都市部に近接した重化学工業の発展時期に，大気汚染などの局地的，地域的な公害が社会問題化した。このため国，地方自治体，企業等が積極的に公害対策に取り組んだ結果，これを克服し，現在では世界的に見ても最高レベルの公害対策が実施されている。

公害の防止は，発生者の社会的責任のみによっては解決しえない側面があり，国民の健康の維持と生活環境の保全を図る観点から法律による規制が行われている。公害防止規制は，それぞれの原因の特性に応じた規制が行われることが必要であり，1993年に制定された**環境基本法**[1]に基づいて公害対策が実施されている。

環境基本法に規定する公害は，大気の汚染，水質の汚濁，土壌の汚染，騒音，振動，地盤の沈下および悪臭の七つであるが，このうち大気汚染，水質汚濁，土壌汚染および騒音については**環境基準**を設定することになっている。

国はこれらの環境基準を確保するため，公害防止施策を総合的に，かつ有効適切に行うために，**大気汚染防止法**や**水質汚濁防止法**など公害ごとの個別法規によって，環境基準が達成されるように発生源ごとに汚染物質の排出量を規制している。

また，環境影響評価法によって，一定規模以上の発電所の設置にあたっては，事前に計画ならびに大気，水質，騒音，振動，生物，環境などの項目の**環境影響評価**(環境ア

---

[1] 公害対策基本法および自然環境保全法の内容を包含し，地球環境問題を含む環境保全政策の展開の基本法として，1993年に環境基本法が制定された。

セスメント)を実施しなければならない。

公害の規制は，このような法律によるもののほか，地方公共団体の条例に基づくものや**公害防止協定**によるものがある。

公害防止対策を効果的に進めるために，個別の公害に対する排出源規制とあわせて，事業者などが行う公害防止施設の整備に対する助成，土地利用の規制，公害による健康被害の救済，公害紛争の円滑な処理，公害罪に対する刑事罰など各種の施策がそれぞれの法律に基づいて実施されている。

一方，**地球温暖化，オゾン層の破壊**などの地球環境問題に対しては，1990年代以降，気候変動に関する政府間パネル[(1)]の活動や**国連気候変動枠組条約**[(2)]の発効，**気候変動枠組条約締約国会議**[(3)]の開催など，国際的な取組みが活発に行われてきており，先進国においては特に積極的な取組みが求められている。

我が国においても，国，地方公共団体，事業者，国民らすべての者の自主的かつ積極的な行動を通じて健全で恵み豊かな環境を維持しつつ，環境への負荷の少ない健全な経済の発展を図りながら持続的に発展することのできる社会を構築することを基本理念として，個別公害に対する規制に加え，地球環境問題も包含した環境基本計画を定め，持続可能な社会の実現，地球温暖化に対する取組み，生物多様性の保全，循環型社会の構築，水・大気環境保全，包括的な化学物質対策などに積極的に取り組むこととしている。電力会社などにおいても事業活動全般を通じて環境保全に関する行動計画を策定し，2050年**カーボンニュートラル**の実現に向けて，電源の脱炭素化など環境問題に積極的に取り組んでいる。

一方，再生可能エネルギーの導入が進んだことにより，傾斜地の太陽光パネルが豪雨などによる土砂崩れで崩落する事例，景観を乱すような設置の問題，太陽光パネルの廃棄の問題など，環境面での新たな課題も生じており，国や自治体は適正な導入や管理の在り方について検討を進めている。

3.3.2 大気汚染防止対策

火力発電所における大気環境の保全対策としては，煙突から排出される煤煙に含まれる**硫黄酸化物，窒素酸化物，煤じん**が主として対象とされている。発電所では燃料対策および設備対策を講じることにより，発電電力量当りの硫黄酸化物，窒素酸化物が他の

---

(1) IPCC: Intergovermental Panel on Climate Change
(2) UNFCCC: United Nations Framework Convention on Climate Change
(3) COP: Conference of the Parties

先進諸国と比べて極めて低い値となっている。

硫黄酸化物（SO_X) は，石油，石炭などの燃料中の硫黄分が燃焼時の酸化により生成されて大気中に放出されるものである。現在，火力発電用ボイラにおいて取られている対策は，使用燃料の**低硫黄化**と**排煙脱硫**である。

このうち，燃料の低硫黄化については，硫黄分含有量の少ない原・重油，ナフサなどの軽質油の使用に努めるとともに，硫黄分を全く含まない LNG も積極的に導入されている。また排煙脱硫については，脱硫を必要とする火力発電所のほとんどで湿式の石灰石・石こう法が採用されており，SO_X の 90% 以上を除去している。石灰石・石こう法は，国内で産出される安価で取扱いが容易な石灰石を SO_X 吸収用に用い，水を混ぜた石灰石スラリと排ガス中の SO_X を反応させ，硫黄分を石こうとして回収する方法であり，副生品である石こうは建材などの原料として有効に利用されている。こうした対策により火力発電所から排出される SO_X は極めて少なくなっている。

窒素酸化物（NO_X) は，燃料中の窒素分や空気中の窒素が高温燃焼下において酸化することにより発生するものであり，その発生量は燃料中の窒素分の含有率や燃焼温度，さらには燃焼方法によって異なってくる。

火力発電用ボイラの NO_X 対策は，大別すると，①燃料対策（窒素含有量の少ない燃料の使用），②燃焼改善，③**脱硝装置**の設置がある。このうち，燃焼改善として現在採用されている技術は，ボイラからの排ガスの一部を燃焼用空気に混合する排ガス混合法，燃料を燃焼させるのに必要な空気を 2 段に分けて供給する二段燃焼法，燃料の噴霧と空気の供給の仕方を改良する低 NO_X バーナなどの方法があり，いずれも燃焼温度を下げて NO_X の発生を抑制するもので，これらを単独あるいは組み合わせて採用することにより相当の NO_X 低減が図られている。

さらに大幅な NO_X 低減が必要な場合には**排煙脱硝装置**を設置する。排煙脱硝技術には，ボイラやガスタービンから排出される NO_X を含む排ガスにアンモニアガス（NH_3）を注入して，適当な温度条件化で触媒を用いて選択的に反応させ，NO_X を窒素ガス（N_2）と水蒸気（H_2O）に還元分解する**アンモニア接触還元法**が実用化されている。

煤じんは，原・重油，石炭などの燃焼に伴って発生する灰や未燃焼分炭素など排煙中の固形分である。**煤じん**対策としては，良質燃料の使用，**電気集じん器**の設置などがある。電気集じん器は，排ガス中の煤じんを静電気の力を用いて捕集除去する装置で，ガスの流れに沿って平行に配置された放電極と集じん極との組合せで両極間に高電圧を印加することにより静電気的作用によって煤じんを除去する方式である。

現在では，LNG などの煤じんを全く含まない良質燃料を使用する火力発電所を除き，

ほとんどの火力発電所に高性能電気集じん器が設置されており，原・重油火力では80％以上，石炭火力では99％以上の高い除じん効果が得られている。

3.3.3 水質保全対策

火力および原子力発電所の場合，水質汚濁の原因となる**浮遊物質**[(1)]，油分などの排出は比較的少なく，国が定める一般排水基準の指標である**BOD**値[(2)]や**COD**値[(3)]の基準値より小さいが，発電所の運転に伴って発生する排水は，排水処理設備で浄化し，水質連続監視装置などにより，常時監視しながら排水される。

発電所では，熱エネルギーの40〜70％が損失として，主に復水器冷却水の水温上昇という形で外部に排熱される。この冷却水の放水は温排水と呼ばれ，発電所立地に伴う環境アセスメントなどにおいて重要な検討対象の一つである。

復水器の設計にあたっては，冷却水の水温上昇値を7℃以下とし，海水温の上昇をできるだけ小さくするため，取水では深層の冷水を取水する**深層取水方式**，放水では大気熱拡散や海域熱拡散の大きい**表層放水方式**や急速に水温の低下を図る**水中放水方式**など各種の取放水方法の改善が行われている。

また水力発電所では，ダムの水を適当な深さから取水する選択取水設備を設け，下流の水の濁りや水温の低下を防止する対策がある。

3.4 再生可能エネルギー

3.4.1 再生可能エネルギーとは

再生可能エネルギー（再エネ）は，利用する以上の速度で自然界からエネルギーが補充されて永続的に利用することができる非化石エネルギー資源で，利用する際にCO_2を排出しないため，2050年カーボンニュートラルの実現に向けて世界中で導入が進められている。

再エネは国産エネルギーであるため，化石燃料が極めて乏しい我が国にとって，エネルギーセキュリティの確保に大きく寄与する。

エネルギー供給構造高度化法[(4)]によると，再エネには，太陽光，風力，水力，地熱，太陽熱，大気中の熱その他の自然界に存する熱，バイオマスの7種類がある。

---

(1) SS：Suspended Solids
(2) Biochemical Oxygen Demand：生物化学的酸素要求量
(3) Chemical Oxygen Demand：化学的酸素要求量

3.4.2 再生可能エネルギー導入の経緯・主な政策

我が国では1973年の**第一次オイルショック**を契機として，それまでの石油を中心とする化石燃料に大きく依存することのリスクが認識され，将来のエネルギーの安定供給確保のために，1974年の「**サンシャイン計画**」に基づき，太陽，地熱，石炭，水素，風力などの石油代替エネルギーの研究開発が開始された。当時の日本では，再エネの研究開発はほとんど行われておらず，コスト面でも実用化が困難な状況であった。1980年にサンシャイン計画を推進する機関として，**新エネルギー総合開発機構**(現新エネルギー・産業技術総合開発機構：**NEDO**)が設立され，サンシャイン計画は2000年まで国家プロジェクトとして進められて着実な成果をあげた。

1997年の第3回**気候変動枠組条約締約国会議(COP3)**において**京都議定書**が採択され，先進国などに対して**温室効果ガス**排出削減義務が課され，地球温暖化対策が喫緊の課題となった。

2003年に電力会社に対して，「電気事業者による新エネルギー等の利用に関する特別措置法(**RPS法**)」が全面的に施行され，供給電力量に応じて一定の割合で再エネ(風力，太陽光，地熱，中小水力，バイオマスの5種類)の導入が義務付けられた。

2009年に**余剰電力買取制度**が開始された。家庭や事業所などの太陽光発電からの余剰電力を一定の価格で10年間買い取ることを電気事業者に義務付けたものであり，太陽光発電の導入量は大幅に伸びた。

さらに，2012年に「電気事業者による再生可能エネルギー電気の調達に関する特別措置法」に基づき **FIT 制度**[5]が導入された。FIT 制度は，再エネ(太陽光，風力，水力，地熱，バイオマス)により発電された電気を一定の期間にわたって，一定の価格で買取ることを電力会社(一般送配電事業者)に義務づけるものである。再エネ由来電力の買取りに要した費用は，**賦課金**として電気料金に上乗せする形で国民が負担する。FIT 法の施行に伴い RPS 法は廃止された。

FIT 制度は，10～20年間の長期にわたり高価な買取価格を保証するため，発電設備コストの急激な減少も伴い，2012年以後，太陽光を中心に再エネの導入量が急速に増加し，電源構成に占める再エネ電力量(kWh)の比率は，2011年度の 10.4％ から2021年度に 20.3％ と倍増した。

---

(4) 正式名称は「エネルギー供給事業者による非化石エネルギー源の利用及び化石エネルギー原料の有効な利用の促進に関する法律」。エネルギー供給事業者に対して，太陽光，風力等の再生可能エネルギー源，原子力等の非化石エネルギー源の利用や化石エネルギー原料の有効な利用を促進するために必要な措置を講じる法律。
(5) Feed-in Tariff

2015年の国の「長期エネルギー需給見通し」では，2030年の電源構成における再エネ電力量の比率は22〜24%に設定された。2021年の国の「第6次エネルギー基本計画」では，2030年の再エネ電力量比率が36〜38%程度と野心的な目標が設定され，再エネの主力電源化が進められることとなった。

3.4.3 太陽光エネルギー

太陽光エネルギーは地球上でもっとも豊かなエネルギー資源であり，地球表面に達するエネルギー量は太陽光の入射角により変化するが，中緯度地域の夏の晴天時では約 $1.0kW/m^2$ となる。単位面積当たりに照射される太陽光のエネルギー密度は低いが，地球全体が受けるエネルギー量は85PW(ペタワットは10の15乗ワット)と膨大で，2021年度の世界の年間**一次エネルギー消費量**595EJ(エクサジュールは10の18乗ジュール)の数千倍にも達する。

太陽からの光エネルギーを太陽電池により電気に変換する**太陽光発電(PV)**[1]は，我が国では再エネの中で最も広く普及しており，2021年度の導入実績は6 160万kWで再エネ発電量の約41%を占める。

太陽光発電の基本的なシステムは，**太陽電池，接続箱・集電盤，パワーコンディショナ**などから構成される。太陽電池で多く使われているのはシリコン系太陽電池であり，電気的な性質が異なるp型とn型の半導体を合わせた構造である。半導体同士が接する接合面に光(光子)が当たると，衝突した光子のエネルギーによって電子と正孔が発生し，電子はn型半導体へ正孔はp型半導体へと移動して電流が流れる。

太陽電池モジュール(太陽光パネル)は，複数の太陽電池セルを直列と並列に接続して所定の電力が得られる構造であり，発生した電力は接続箱や集電盤などを通ってパワーコンディショナ(**PCS**)[2]へ送られる。

太陽光モジュールから発生した電力は直流のため，そのままでは商用の交流系統に接続できないため，パワーコンディショナにより直流から交流電力に変換される。

シリコン系太陽光発電は，**単結晶，多結晶，薄膜**の3タイプがあり，変換効率はそれぞれ20%，15%，10%程度である。近年は，製造コストが比較的安い多結晶から，高効率な単結晶タイプが主流となっている。

次世代の太陽電池としては，ペロブスカイトと呼ばれる結晶構造の材料を用いた太陽電池が注目されている。**ペロブスカイト太陽電池**は，シリコン系に匹敵する高い変換効

---

[1] Photovoltaics
[2] Power Conditioning System

率を達成し，ペロブスカイト膜が塗布技術で容易に作製できるために低価格の実現が期待されている．また，フレキシブルで軽量な太陽電池が実現できるため，シリコン系では設置が困難であった耐荷重性の低い建造物や建物壁面などへの設置が可能となる．

3.4.4 風力エネルギー

風力エネルギーは空気が対流することにより生じる風が持つ運動エネルギーのことで，人類は太古より帆船の動力や風車により揚水や製粉のための動力として利用してきた．

風力発電（Wind Power）は，風のエネルギーを風車により回転エネルギーに変え，その回転を発電機に伝えて電気エネルギーに変換するシステムである．風車の得るエネルギーは，風を受ける面積に比例（風車直径の2乗に比例）し，風速の3乗に比例して増大する．できるだけ多くの発電量を得るためには，強い風が安定して吹く場所に大きな風車を設置することが必要となる．

風車は，動作原理から**抗力型**と**揚力型**に大別される．揚力型風車は飛行機の翼，抗力型風車は帆船の帆と基本原理が同じである．揚力形風車は高速で回転するので出力が大きく，風力発電に一般的に用いられる．また，風車は，回転軸の方向によって水平軸型と垂直軸型に分けられる．水平軸風車は，構造が比較的簡単で効率が高く大型化が容易であることから，中大型風車で一般的に用いられる．

風車の羽であるブレードを取り付けた**ロータ**の径を大きくすることで，風のエネルギーをより多く集めて発電電力量を増加するため，風車の大型化が進んでいる．大型化しても部品点数はほとんど変わらないため発電単価が下がる．2020年時点の日本の陸上風力発電の平均容量は2.5MWであり，陸上では輸送の制約などによりこれ以上の大型化は難しいが，**洋上風力**は大型化が進み，2020年時点で最大となる10MW級の風車のブレードの直径は200m程度にも達する．2030年には15〜20MWの風車が実現する見通しである．

日本の2021年末の風力発電の導入実績は，約460万kW，2500基である．ほとんどが陸上風力で，海沿いや山の上などに多く設置され，風況が良い北海道，東北，九州などに立地が集中している．

日本は，山間地が多く環境面の規制が厳しいため陸上風力の適地が限定され，洋上風力への期待が高まっている．2020年の官民による協議会において，2040年までに30〜40GWの風力発電の案件形成を行う目標が策定された．

風力発電は**エネルギー密度**が低く，発電量は風況に左右されて不安定である．日本の陸上風力の設備利用率は30％程度で，設備費用が高いために発電原価も高い．今後の

技術開発による風車の大型化，洋上風力の建設および保全コスト低減によるコストダウンが期待される。

3.4.5 地熱エネルギー

地熱発電(Geothermal Power)は地下の熱エネルギーを採り出し，発生した蒸気でタービンを回して発電するシステムである。生産井から採り出した蒸気と熱水を気水分離器で分離したあと，その蒸気でタービンを回し，熱水は還元井から地下に戻す**シングルフラッシュ方式**，分離した熱水をフラッシャ(**減圧気化器**)で減圧し再度熱水と蒸気に分離して，蒸気を一次蒸気と一緒にタービンに送る**ダブルフラッシュ方式**，生産井から蒸気のみが噴出する場合で気水分離器が必要なく，そのままタービンを回す**ドライスチーム方式**などがある。また温度が低く十分な蒸気が得られない場合で，熱水や蒸気を熱源として沸点の低い**二次媒体**(ペンタンやアンモニアなど)を加熱，蒸発させてタービンを回すバイナリー方式も実用化されている。

すでに，アメリカ，フィリピン，インドネシア，メキシコ，イタリア，ニュージーランドなどの諸国で，世界では合計約1 560万kWの発電設備が導入された。我が国は，世界有数の火山国であり，**地熱資源量**はアメリカ，インドネシアに次いで多く，発電出力にして2 347万kWのポテンシャルがあるが，開発地点の多くが国立公園内にあるなどの制約があり，約61万kWにとどまっている。近年，地熱資源探査技術の進歩や規制緩和により，各地で調査が進められている。

さらに，地熱エネルギーの利用を推進するため，**高温岩体発電**や**熱水利用発電**等の研究開発が進められている(**図3.2**参照)。

3.5 電力系統の構成

3.5.1 電力系統

電気の需要に応じ，良質の電気を供給するためには，多くの発送変配電設備，需要家設備が互いに密接な関係を保ちながら運転されなければならない。このように電気的に接続され，発電と消費が平衡を保ちつつ，総合的かつ有機的に運営されているとき，これらのシステムを総称して**電力系統**と呼ぶ。一般に，電力系統は図3.3に示す基本的な電力系統がいくつかの組合せで構成されている。

電力系統の構成に当たっては，負荷の大きさ，地域的分布，その特性などを調査し，将来を含めて最も経済的かつ安定的に電力が供給できるように電源の地点や規模に応じ

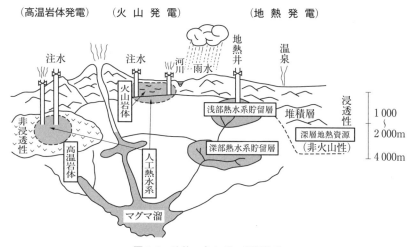

図 3.2 地熱エネルギー利用体系

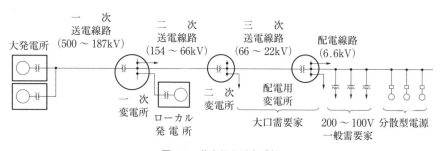

図 3.3 基本的な電力系統

て送変電設備の配置を決定していくが，電力設備建設に伴う立地・環境上の制約についても十分に考慮しなければならない。

電力系統構成上の具体的な考慮事項としては
① 平常時においては，系統の**安定度**が高く(3.5.8参照)，諸損失が少なく，系統の電圧，周波数の調整を行いやすいこと。
② 事故時を対象とすると，停電発生率が低く，異常電圧発生のおそれが少なく，**事故の波及防止**，復旧を実施しやすいこと。

などがあげられる。

3.5.2 電力系統の基本形

電力系統は極めて複雑であるが，次のように大別することができる。

① **放射状系統**[(1)] 図 3.4 に示すように，発変電所相互間が単一ルートの電線路で放射状に接続，運用されている系統をいう。この形態は事故時には負荷や電源の脱落する頻度は多いが，事故の波及は局所的である。

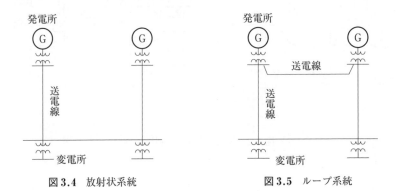

図 3.4　放射状系統　　　　図 3.5　ループ系統

② **ループ系統**[(2)] 図 3.5 に示すように，発変電所相互間が異なったルートの電線路で環状に接続，運用されている系統をいう。この形態は通常の信頼度は高いが，制御が複雑になり失敗すると広範囲停電の危険がある。

また，安定度は強くなるが，短絡容量が増大し，潮流調整がむずかしくなる。

③ 東京，大阪，名古屋などの大都市では外輪線を中核とした供給形態が採用されている。これは図 3.6 に示すように，各方面から集まってくる電源送電線を都市外周の一次変電所で受電し，これらを相互に輪状に連系して各電源の供給力を統合し，これを起点に都市内の需要に供給する方式である。都市外周に輪状にめぐらされた500kV 等の超高圧送電線を**外輪線**という。

外輪線による全系並列運転は，各系統間の需給不均衡をなくし，安定度，信頼度の向上に有効である。さらに系統規模の拡大に伴って 500kV 送電線による二重の外輪線で並列し，275kV 以下は 500kV 変電所単位のブロックに分割することにより，連系線の送電容量増大，既設系統の短絡容量の抑制を図っている。

---

(1) radial system
(2) roop system

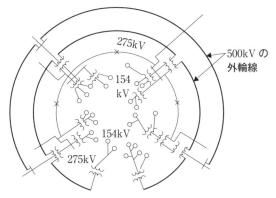

図 3.6 大都市周辺の外輪線モデル図

3.5.3 系統連系

系統連系とは，独立の電力系統が送電線によって連系され，大電力系統を構成することをいうが，狭義には一般送配電事業者相互間の電力系統の連系をいう。

一般送配電事業者間の系統連系を実施する場合の利点としては

① 設備事故や需要の想定外の変化に対し，相互電力融通能力の拡大により供給予備力の節減と供給信頼度の向上を図ることができる。
② スケールメリットから高効率の大容量発電ユニットを採用できる。
③ 電源の共同開発による立地点の有効活用とコスト低減が図れる。
④ 連系系統を総合した電源の経済運用が可能になる。

などがあげられる。

一方，系統連系の問題点としては

① 電力系統が拡大すると，安定度問題の発生，事故波及の拡大，短絡容量・誘導障害の増大が懸念される。したがって，事故の高速除去，事故時の系統分離などの系統保護対策，誘導障害防止対策を充実させる必要がある。
② 電圧・周波数の調整容量が増大し，調整方法も複雑となる。したがって，給電・通信設備，保護制御装置の充実が必要となってくる。

などがあげられる。

系統連系線には，両系統間に流れる通常の電力，負荷変動による脈動潮流，および事故時に流れる潮流などに見合う**連系容量**をもたせる必要があり，一般に両系統が大きくなるほど送電容量を大きくとる必要がある。

この系統連系の運用にあっては，2015年3月末までは**電力系統利用協議会（ESCJ）**に

よる送配電業務支援のもと，各電力会社の自主運営による広域運営がなされてきたが，東日本大震災後の需給ひっ迫時に浮き彫りとなった全国大での需給調整機能の強化や，広域的な系統計画の必要性といった我が国電力システムの課題に対応するため，現在は**電力広域的運営推進機関**がその管理を行っている。

現在，本州および九州の電力会社間は 500kV，275kV の架空送電線，本州と四国は橋梁添架の 500kV 電力ケーブルにより連系されている。また，50Hz 系と 60Hz 系は**周波数変換所**[1](佐久間 30万kW，新信濃 60万kW，東清水 30万kW，飛騨信濃 90万kW)，北海道と本州は直流ケーブル(直流±250kV，30万kW)と直流海底ケーブル(直流±250kV，60万kW)を介して**直流連系**されている。直流連系としては，さらに1999年に南福光直流連系設備(中部電力パワーグリッド-北陸電力送配電間 30万kW)や2000年には四国系統と関西系統を直流連系する紀伊水道直流連系設備(直流±250kV，140万kW)が運転を開始している。

我が国は，歴史的に 50Hz と 60Hz の電力系統が混在していた。戦後大幅に整理され，現在では，本州中央部などの一部の地域に両周波数が混在するだけとなっている(図 **3.7** 参照)。

なお，電力自由化の進展による地域を越えた電力取引の拡大や東日本大震災後の需給ひっ迫などにみられた全国大での広域的な電力融通の必要性に対応するため，東京中部間の周波数変換能力を2027年度に 90万kW 拡大して 300万kW とする工事や東北東京間の運用容量を 455万kW 増強して 1 028万kW とする工事が進められている。さらに，北海道エリアにおける今後の再生可能エネルギーの導入拡大と中長期的な供給力および調整力の安定的な確保の両立，ならびに北海道胆振東部地震後に発生したブラックアウトなどの発生リスクを低減させるため，北海道と本州間直流連系量を2027年度に 30万kW 増強(直流ケーブル ±250kV)する広域系統整備計画が電力広域的運営推進機関によって取りまとめられた(2021年 5月)。また，同機関によって，2050年カーボンニュートラル実現を見据えた将来の広域連系系統の具体的な絵姿を示す長期展望と，これを具体化する取組が**広域系統長期方針(広域連系系統のマスタープラン)** として取りまとめられた(2023年 3月)。

一般に，直流連系は交流連系に比べて次のような利点がある。
① 周波数の異なる系統間の連系ができる。
② ケーブルによる充電電流がないため，長距離送電が可能である。

---

[1] frequency converter, FC

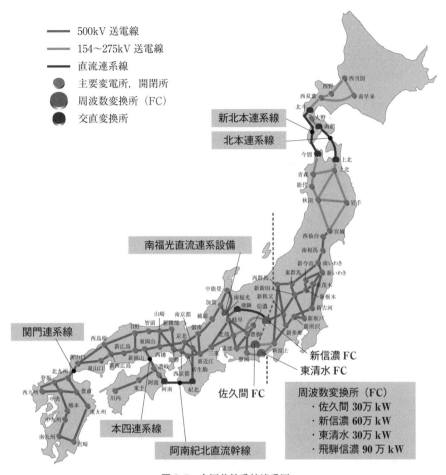

図 3.7　全国基幹系統連系図
出所：電気事業連合会電気事業の現状2012から作成

③　位相角による安定度問題がないため長距離大容量送電が可能である。
④　交流系統の短絡容量は連系によって増大しない。
⑤　潮流を急速かつ自由に制御できる。
⑥　交流系統の事故が他系統に波及しない。

一方，次のような課題もある。

①　変換設備が高価である。

② 交流系統の短絡容量が小さいと電圧・高調波不安定，軸ねじれ振動[1]の問題が発生する。
③ 多端子系統の構成では制御・保護が複雑になる。
④ 高調波対策が必要である。

3.5.4 送電電圧

一般に，送電電圧が高いほど電流と**送電損失**は小さくなり，送電容量を大きくすることができる．一方，がいし，変電機器などの**絶縁**に要する費用は大きくなる．これらの関係から送電容量と送電距離によって最も適当な電圧が見いだされるが，機器の標準化，連系の容易化のため送電電圧の統一化が行われている．

図 3.8 は電圧階級の採用状況の一例である．66kV および 77kV は地域ごとにいずれか一方が採用され，その上位電圧は，北海道，中国，四国，九州地方が 110kV，その他が 154kV となっている．これらを超える電圧のうち最高電圧である 500kV 送電については，電圧階級が全国統一され，北海道地方以外で導入済みである．さらに 1 000kV 設計 500kV 運用の送電線が一部で導入されている．一方，500kV を除く超高圧では，北海道地方が 187kV と 275kV，四国地方が 187kV，中国，九州地方が 220kV，その他の地方が 275kV となっている．また，高圧配電線路では 6.6kV が標準となっている．

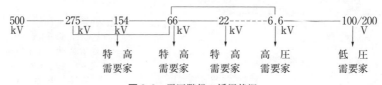

図 3.8 電圧階級の採用状況

3.5.5 送電容量と短絡容量

送電線の**送電容量**とは，設備の劣化や損傷を生じないで送電できる電力の限界値であり，一般的には，電線の許容最高温度に対する許容電流で定まるが，これは周囲温度や風速によって異なる．送電線のこう長が長くなると，安定度から送電容量が決まる場合が多く，こう長が長くなるほど送電容量が小さくなる．

短絡容量は，系統規模の拡大とともに増大するが，電力用機器の機械的強度や性能，

---

(1) sub-synchronous tortuous interaction

地絡電流による電位の上昇，誘導障害の面から過度に増大することは好ましくない。短絡容量を抑制する手段として，変圧器のインピーダンスの増加，上位電圧階級の導入による下位系統の分割，直流分割などの対策がある。

他方，安定度向上のためには低インピーダンス化が望ましく，電力系統を合理的かつ経済的に運用するためには系統の拡大が望ましい。その際には，大容量遮断器を開発し，採用するとともに系統電圧をより上位の電圧で連系することが必要となってくる。

3.5.6 電力損失

電力損失は，発電所の所内電力，送変配電設備における損失に大別できる。

a. 発電所所内電力 発電のために使用する動力，照明，電熱などを**所内電力**というが，水力では通常定格出力の1％以下である。火力発電所の場合，冷却水の循環，ボイラ給水，送風などのため2～3％程度の所内電力が必要であるが，さらに排煙脱硫装置の設置，石灰や灰の処理などの動力が必要になる場合もある。原子力発電所の所内率は3～6％程度である。

b. 送変配電設備の電力損失 送電線路，変電所，配電線路中で消費される銅損や鉄損，その他の電力損失であり，潮流，力率などによって変動する。大型変圧器では0.3％程度，柱上変圧器では2～3％の電力損失がある。

これまでに，送電線路の充実による**潮流改善**や過負荷の解消，電力用コンデンサの設置による**力率改善**，高圧配電線の3.3kVから6.6kVへの**電圧格上げ**などにより電力損失は急速に減少し，近年は5％程度で推移している。

3.5.7 電力系統の中性点接地方式

一般に，送配電線路においては，地絡故障時に，①異常電圧の発生を防止し，電線路や機器の絶縁を軽減する，②地絡リレーの動作を確実にする，③地絡電流を抑制して誘導障害を軽減する，などの目的のために**中性点接地方式**を採用する。

送電線路の中性点接地方式には，①直接接地方式，②抵抗接地方式，③補償リアクトル接地方式，④消弧リアクトル接地方式などがある。

異常電圧の抑制，リレー動作の確実性の面からみると中性点はなるべく低い抵抗で接地することが望ましいが，一方，通信線に対する**誘導障害**の防止の面から考えると，高抵抗で接地し，故障点の地絡電流を少なくするほうが望ましい。

187kV以上の系統では通信線の電磁誘導対策費の増分より送電線や変電機器の絶縁に要する費用が大きいので直接接地方式を採用しているが，154kV以下については絶

縁に要する費用が相対的に小さいため，高抵抗接地または消弧リアクトル接地を採用している。また，ケーブル系では零相充電電流を補償するため，補償リアクトル接地を採用する場合がある。

3.5.8　電力系統の安定度

　発電機相互や同期機相互間に通常若干の位相差が生じているが，長距離大電力送電によりこの位相角の開きが増加すると，同期を保って運転することができなくなり，脱調状態となる。このように電力系統には，電力を安定に送電できる限界があり，電力を安定に送電しうる度合いを**電力系統の安定度**という。

　安定度は潮流，系統のリアクタンスのほか，負荷特性，発電機の並入条件，電力系統構成，故障除去時間，再閉路方式などによって左右され，外乱の程度および時間領域から定態安定度，過渡安定度などに分類される。

　定態安定度は，突発的な変化を伴わず徐々に負荷変化する場合の安定度であり，時間的には10数秒を対象とする。

　過渡安定度は，故障などの突発的変化があった場合の安定度であり，時間的には数秒を対象とする。

　また，負荷の増加あるいは一部送電線の停止などによる電力潮流変化によって系統内の無効電力バランスが崩れ，系統全体または一部の電圧が低下し電圧維持が困難となる場合がある。この現象を**電圧不安定**といい，電圧不安定に至らず，系統電圧を安定に運転できる能力を**電圧安定性**という。

　安定度向上対策には以下のようなものがある。

① 系統のリアクタンスを低減させるため，上位電圧の導入，多ルート化，複導体の採用，発電機・変圧器のリアクタンス低減，直列コンデンサの使用，中間開閉所の設置などを行う。

② 発電機の超速応励磁方式，**PSS**[(1)]およびタービン高速バルブ制御を採用する。

③ 過渡安定度向上のため**制動抵抗器**(**SDR**)[(2)]を設置する。

④ 電力系統の中間に**静止型無効電力補償装置**(**SVC**)[(3)]を設置し，中間点の電圧を一定に維持する。

⑤ 高速度保護リレー方式や高速度遮断器を採用する。

---

(1)　Power System Stabilizer
(2)　System Damping Resistor
(3)　Static Var Compensator

⑥ 直流で分割し非同期連系とする。

3.5.9 電力系統の保護方式

電力系統に事故が発生したとき，これを直ちに検出し故障箇所を除去することは，公衆安全の確保，送電線や機器の損傷防止，事故拡大の防止，安定送電の確保などのために必要である。電力系統の保護継電方式は，系統事故時に生じる平常時と異なった状態を，変成器などを通じて検出して，リレーを動作させて遮断器を操作するものである。その機能としては事故発生の迅速・確実な識別，事故箇所の正確な選択，故障処理の鋭敏・確実な動作などが要求される。

1. 保護方式

電力系統に発生する事故の除去は，ほとんどの場合異なった二つの**保護方式**(**主保護**，**後備保護**)で行われる。主保護とは，ある事故に対してまず動作することが期待される第一の保護であり，事故が発生した保護範囲だけを選択遮断することを第一の目的としている。しかし，なんらかの原因で主保護動作に失敗した場合を考慮し，第二の保護，すなわち後備保護が設置される。

また，系統の重要度や構成によって，それぞれに適合した保護リレーを採用する必要がある。

送電線では，高速度でしかも故障検出の確実なPCM電流差動リレーが系統連系のための重要な送電線路などに用いられており，このほかにも距離リレー，過電流リレー，回線選択リレーなどが用いられている。

重要な発電所や変電所の母線事故は影響を及ぼす範囲が大きいので，母線事故を高速度で除去する必要があり，電流差動形，電圧差動形およびこれらの組合せによる母線保護リレーが用いられている。

系統が複雑になると事故点の迅速確実な検出が困難になり，事故の波及範囲も大きくなる。事故を選択遮断した場合でも大容量の電源が脱落したりすると，系統の電圧，周波数が低下し，次々に発電所が脱落するおそれがあるので，これを防止するための早期に系統を分離する方式が用いられる。一般に，**系統分離**は，後備保護に失敗した短絡や，地絡事故，脱調事故，あるいは一定以上の周波数低下が発生したとき，あらかじめ定められた分離点で自動遮断を行う。

2. 自動再閉路方式

送電線の事故は雷によるアーク事故が非常に多く，永久事故は少ない。このため線路の両端を開いて短時間無電圧の状態におけば，アークは消滅し絶縁が回復するので，そ

の後再び両端を閉路すれば元どおり送電できる。送電線ではこの原理を利用して**自動再閉路方式**が多く採用されている。

架空送電線の再閉路成功率は90％以上と非常に高く，自動再閉路方式は有効な事故復旧の自動化といえる。再閉路時間(無電圧時間ともいう)に応じて，0.4～1秒の**高速度再閉路方式**，10秒程度の**中速度再閉路方式**，1分程度の**低速度再閉路方式**に分けられる。

高速度再閉路方式については，再閉路が成功すれば当該送電線のインピーダンスは元どおりになり，安定度が向上する。この場合，再閉路時間は短いほど安定度向上に寄与する。一方では実運用上，再閉路失敗または不成立を考慮して送電限度を決めることが多い。また，三相再閉路のほかに，1線地絡時に故障相だけを遮断・再閉路する**単相再閉路**，2回線送電線の2回線同時事故時に異なった二相が健全であれば故障相のみを遮断・再閉路する**多相再閉路**があり，これらを行うと再閉路中の連系が保たれ信頼度を向上できる。高速度再閉路方式の再閉路時間はフラッシオーバ発生箇所の絶縁回復特性および安定度を考慮して定められる。

また，配電線においてもサービス向上の目的で停電時自動再閉路方式が採用され，再閉路時間は1分程度である。

3.5.10　配電方式と配電電圧

我が国の低圧配電線は基本的に，**電灯負荷用**に100/200V **単相3線式**(図3.9参照)，**動力負荷用**に**三相3線式**が採用されている。また，設備の利用率向上のため電灯と動力の両負荷に供用できる三相4線式(図3.10参照)が全国的に広く用いられている。このほか，都市部の中高層ビルや高負荷密度地域の繁華街などで**三相4線式400V級配電**が行われている例がある。

都市中心部の過密地域では，ビルの高層化などによる電力需要の増加に対処するため22(33)kV地中配電が行われている。このような場所では，受電容量が大容量化するとともに，停電に伴う影響が大きく，供給の高信頼性が要求されるため，**スポットネットワーク方式**や**常時予備切換え方式**などが採用されている。なお，これらの方式では，それぞれに適した遮断器と保護リレーが必要である。

また，郡部域などの電圧降下対策や，集中的な地域開発による需要増加対策として22(33)kV架空配電が行われている。この方式は，需要地点に22(33)kV/6.6kVの配電塔を設置して，既設6.6kV配電線を利用する**配電塔方式**である。

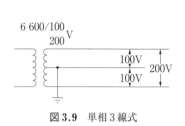

図3.9　単相3線式

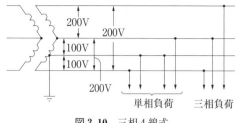

図3.10　三相4線式

3.5.11　発電設備の系統連系

太陽光発電などの**分散型電源**を無秩序に電力系統に連系すると，**供給信頼度**(停電など)，**電力品質**(電圧，周波数，力率など)，公衆や作業者の**安全確保**，電力供給設備や他の需要家設備の**保全**に悪影響を及ぼすおそれがある。これらを防止するため**電力品質確保に係る系統連系技術要件ガイドライン(資源エネルギー庁)**が定められている。

系統連系技術要件ガイドラインでは，電力系統に連系する発電設備の設置者ごとに，その電気容量(連系する発電設備の出力容量と受電電力の容量のいずれか大きいほうをいう)の大きさに応じて，50kW未満の場合は低圧配電線，2 000kW未満の場合は高圧配電線，1万kW未満の場合はスポットネットワーク配電線と連系できるものとし，それぞれについて技術要件を定めるとともに，特別高圧電線路と連系する場合の技術要件を定めている。その具体的内容としては，電気方式の適合性，適切な系統電圧維持のための力率の保持・制御のほか，発電設備の故障または系統事故時の事故除去，事故波及防止などのための保護協調，保護装置・保護リレーの設置，解列の方法，電圧変動，逆潮流の制限，自己負荷制限，短絡容量対策，連絡体制など必要な事項について標準的な指標を定めている。

具体的な連系にあたっては，発電設備側，系統側の実情に応じ，両者が誠意をもって協議していくことが重要である。

3.5.12　電力システム改革と送配電などの業務

発送電一貫体制のもとで電力系統の運用を担ってきた電力会社の送配電部門業務は，2020年4月の送配電部門の法的分離により，一般送配電事業者へ引き継がれた。また，送配電部門の中立性確保を目的として2015年9月には**電力取引監視等委員会(現在：電力・ガス取引監視等委員会)**が発足した。同委員会は，送配電部門の差別的取扱い・グループ内の取引規制等に係る立入検査，事業者への業務改善勧告，託送料金の審査実施，大臣への意見具申等を行う権限を有している。

一般送配電事業は安定供給確保のため，電圧・周波数の維持，送配電網の建設・維持，**最終保障サービス**（需要家が誰からも電気の供給を受けられなくなることのないよう，セーフティネットとして最終的な電気の供給を実施），**離島のユニバーサルサービス**（離島の需要家に対しても，他の地域と遜色ない料金水準で電気を供給）が義務付けられている。

3.5.13 電力系統の課題
1．再生可能エネルギーの大量導入

風力発電や太陽光発電等の**再生可能エネルギー**は，天候によって発電量が左右される。これら再生可能エネルギーの導入量が増加した場合，電力系統の周波数を安定させるために，変動する需要に対して供給力をいかにバランスさせるかが課題となる。また，これまでは変電所から需要家に向かって一方向に電力が流れてきたが，家庭における太陽光発電の導入が進むと，電気の使用量が少ないときには，需要家側から変電所に向けて逆方向に電力が流れ，**配電線の電圧が上昇**するといった課題が発生する。さらに，ベース供給力と再生可能エネルギーの合計発電量が需要を上回ることにより**余剰電力**が発生してしまうといった課題もある。これらの課題に対して再生可能エネルギーと余剰電力を吸収するための蓄電池や再生可能エネルギーの出力制御を行う**PCS**[1]等を通信ネットワーク技術で結び，最も効率的に制御する方策が検討されている。

このほか，電力需要が少ないエリアで再生可能エネルギー電源が大量に導入されることによる既存の**系統設備容量不足**の課題に対応するため，2021年1月よりノンファーム型接続が導入され，設備の増強に頼らず，既存設備を有効活用する取り組みが進められている。

2．マイクログリッドの導入

マイクログリッドとは1999年にアメリカの電力供給信頼性対策連合（CERTS）によって提唱されたもので

① 複数の小さな分散型電源と電力貯蔵装置，電力負荷がネットワークを形成する一つの集合体
② 集合体は系統からの独立運用も可能であるが，系統や他の「マイクログリッド」と適切に連系することも可能
③ 需要家のニーズに基づき，設計・設置・制御される

---

(1) Power Conditioning System

と広い概念で定義されている。日本では経済産業省によって「平常時は下位系統の潮流を把握し、災害等による大規模停電時には自立して電力を供給できるエネルギーシステム」として地域マイクログリッドが定義されており、主なメリットとして
① 災害時のエネルギー供給の確保によるレジリエンスの向上
② エネルギー利用の効率化
③ 地域のエネルギーを活用することによる地域産業の活性化
が挙げられており、全国各地で構築事業が進められている。

3.6 電力系統運用

3.6.1 給電業務

電気は、他の商品と異なり、電力系統を通じて生産と消費が同時に行われるため、発電・送電・変電・配電の全般にわたって、負荷の要求するところに従い細かく調整していかなければならない。すなわち、電力系統運用の目的は、変動する負荷に即応して発電力を確保するとともに電圧および周波数を規定値に維持し、しかも発電コスト、電力損失、貯水池運用などについて経済性を考慮しつつ、電力系統全体を合理的かつ安全に運用することである。

給電業務とは、需要家に常に低廉・良質な電気を安定して供給するため、電力系統を構成する発変電所・送配電線路などの設備を最も合理的にかつ安全に総合運用する業務をいい、給電指令業務と給電計画業務に分けられる。

1. 給電指令業務

給電指令業務とは、現在ある電力設備を直接運用する業務で、その内容の主なものは次の①～⑦のとおりである。
① 発変電所の合理的かつ経済的運転の指示
② 系統周波数および電圧の調整
③ 電力需給の調整
④ 主要電力系統の潮流の調整および一般送配電事業者間連系線潮流の監視制御
⑤ 送電系統を変更する場合の指示とそれに関連する機器操作の指示
⑥ 電力施設の保守点検作業の調整と作業停電の指示
⑦ 系統事故時における応急対策や復旧操作の指示

これら給電指令業務を遂行するためのすべての指令または指示事項を総称して給電指令といい、電力系統の安定供給を確保するため、電力広域的運営推進機関や各一般送配

電事業者により定められた規程や指令系統に従って伝達される。電力系統を安全かつ合理的に運用するため，通常，給電指令には強い権限が与えられている。

2．給電計画業務

給電計画業務とは，電力系統の運用に関する計画の策定を行う業務であって，その主な内容は次の①～⑥のとおりである。

① 電力需要の動向の検討と電力需給計画の策定
② 重要系統事故の調査と再発防止対策の検討
③ 電力設備の作業停電計画
④ 電力系統の諸特性調査，系統運用上の諸基準策定，給電組織検討など
⑤ 系統保護装置および給電設備に関する計画
⑥ 給電記録統計の作成，電力需給計画や系統運用計画の策定に必要な諸資料の整備，保管

給電業務としては，以上に述べた事項のほか，電力需要や系統運用に影響を及ぼす気象に関するものも含まれる。

3．給電指令機構

給電指令業務を的確に遂行するための指令機関を**給電指令所**または**給電所**(系統制御所または制御所と称される場合もある)という。

通常，全電力系統を統括する**中央給電指令所**と，地方ごとにその管内を統括し，発電所，変電所，特別高圧需要家などに直接指令や連絡を行う**地方給電所**がある。場合によっては，この中間に系統給電所を設けて，地方給電所の給電指令業務を統括するとともに重要発変電所や送電系統への指令業務を行う。

4．給電設備

給電設備には，給電指令室とこれに付属する諸設備のほか，給電用通信設備，情報伝送装置などが含まれる。

給電指令室は，給電指令業務の中枢部であり，ここには電力系統の状況を示す系統盤，給電概況盤，給電指令卓，電話指令卓，制御用計算機の表示端末装置，プリンタ，各種データの記録装置などが配置されている。このほか，気象状況把握のための気象盤，天気図などを受信する表示端末装置なども置かれている。

系統盤は，給電所が統轄すべき電力系統をモデル的に図示したものであり，これには主要発変電所の運転停止状況，主要開閉器の開閉状況，電力系統の潮流状況などが指示されるようになっている。これらは，主に現地からの直接伝送により明示される，いわゆるスーパビジョン(遠隔表示装置)である。

給電概況盤は，その都度の需給状況を数字で表示するもので，河川の流量，水力発電状況，貯水池状況，火力・原子力発電状況，他社との連系線潮流の状況，運転予備力などを表示する。

給電用通信設備は，給電業務を円滑に遂行する神経系統として重要であり，電力会社は通常固有の通信回線を有している。給電用通信設備は暴風雨時や非常災害時，系統事故時においても完全に通話が確保されるよう高い信頼性が要求される。

給電用通信回線としては，主に次の通信方式が使用される。

① 通信線方式　　光ファイバケーブル搬送・通信ケーブル搬送・電力線搬送
② 5無線方式　　多重無線(マイクロ波多重無線)

系統運用上重要な回線については，多重無線や光ファイバケーブル搬送などによる多ルート構成とし，信頼度の向上を図っている。

5．給電業務の自動化

電力系統の拡大に伴う給電関係業務の増大と信頼性向上に対処するため，**給電業務の自動化**が図られている。給電業務の自動化は，制御用計算機を使用して給電所が運用を担当する電力系統および関連系統の発変電所から母線電圧，線路潮流，遮断器の開閉状態などの情報をオンラインで収集し，系統監視，操作指令，記録統計，運用統計などを自動化するものである。

また，一層の省力化を図るため発変電所の集中制御化，給電運用と発変電所運転業務の一体化などの系統運用のシステム化，階層化が進められている。

3.6.2　給電業務と気象

給電業務は**気象条件**と密接な関係を有しており，需要側では，天候の変化による照明負荷の増減や気温の冷暖による冷暖房用負荷や電熱負荷の増減がある。一方，発電側では，降雨，融雪など河川流量の変化による水力発電出力の変動や，日射量の変化による太陽光発電出力の変動など気象条件に大きく影響されるので，それに即応した貯水池の運用や火力発電の運転を行わなければならない。

また，環境対策のために特定地域の火力発電所の出力を抑制したり，気象条件の悪いときに良質燃料を使用する場合もある。

さらに，台風，洪水，高潮，豪雪などの災害による電気事故を防止するため，気象状況を把握しながら適切な給電運用を行わなければならない。電力設備では雷が事故の原因となることが多く，例えば，雷雲発生を予知してあらかじめその方面の送電線の潮流をほかに移しておくなどの措置がとられることがある。

このように**電力需給予想**や**系統運用**を行うためには，気象状況を知ることが必要である。このため中央給電指令所には，気象台・測候所などからの天気図・気象予報を受信する表示端末装置を設置して気象状況の把握に努めており，独自の気象レーダや雷撃位置標定装置をもっている電力会社もある。

3.6.3 需給・周波数調整の必要性

1. 周波数制御の必要性

電力系統の周波数は，負荷（需要，送電ロスを含む）と発電（供給）のバランスで決まり，負荷が発電を上回る場合には周波数は低下し，発電が負荷を上回る場合は周波数が上昇する。

需要は，時々刻々と変動するものであること，また，太陽光発電や風力発電は，天候により発電出力が変動する特徴があることから，需給バランスをコントロールすることで周波数をある一定の範囲内に調整する必要がある。

周波数が規定値を超えると電気使用者側では，

① 工場の精密機械・コンピュータなどの誤動作
② 高速度回転機を使用する紡績・製紙工場などの品質低下
③ 周波数低下による電動機などの効率低下と損失増加

などの問題が発生する可能性がある。一方で，電力供給ならびに送電線管理の面では，

① 発電機タービン動翼の共振，発電機補機の能力低下などによる運転停止
② 電力会社間連系線の過負荷

などの問題が発生する可能性がある。それゆえ，**周波数偏差**はこれらの問題が生じない範囲とする必要があることから，電気事業法第26条において**標準周波数**（50Hz または60Hz）の維持に関する努力義務が定められている。

2. 負荷変動と周波数制御

周波数変動の原因となる**負荷変動**は，変動周期によって次の三つの成分に大別することができる。

① 日間周期変化を持つもので，工場の始業・終業・昼休み，事務所・デパートなどの冷暖房，夕方からの照明器具の点灯などによって生じる負荷変動によるもの
② 数分～十数分ぐらいの比較的短時間内の間に頻繁に起きるもので，圧延機，電気炉，その他一般負荷の不規則な変動によるもの
③ 予期しえない複雑な原因から生じる偶発的短時間変動

これらによる周波数変動対策として，①の変動に対しては，中央給電指令所などで前

日までに**予想負荷曲線**を作成し，各発電所の運転計画スケジュールにより対処する。なお，当日，天候その他の理由で予想からの乖離がある場合には，貯水池式・調整池式水力発電所や火力発電所に指令を行い供給力の調整を行う。②の負荷変動に対しては，常に周波数計を用いて周波数偏差Δfを検出し，中央給電指令所の計算機システムにより変動分に応じた発電出力調整指令を，出力調整対象の発電機(主に，火力機・水力機)に秒オーダーで送信することで，周波数の安定化制御を行う。③の変動は，電力系統内の火力・水力発電所の発電機の内，周波数(≒発電機の回転数)の変化に応じて周波数が下がった場合に出力を上昇させ，周波数が上がった場合に出力を低下させる機能であるガバナフリー運転機能を有する発電機により，周波数調整を行う。

3. 電力系統の周波数特性

電力系統の負荷変動と周波数変化の関係を**電力系統の周波数特性**と呼ぶ。系統周波数をΔf〔Hz〕変化させるために必要な電力がΔP〔MW〕であるとき，$K=\Delta P/\Delta f$〔MW/Hz〕を**系統周波数特性定数**と呼び，〔MW/0.1Hz〕もしくは，総需要の百分率で表した〔%MW/0.1Hz〕などの単位が用いられる。この定数は，電源の種類・構成，負荷の種類などにより異なる値となる。

4. 負荷周波数制御(LFC)[1]

時々刻々と変動する需要に対して，**負荷周波数制御**や**経済負荷配分制御**(EDC)[2]などの需給制御技術によって，常に需要と供給がバランスするように発電機の出力調整・制御が行われ，周波数の変動が抑えられている。

LFCとは，定常時における電力系統の需給バランスをとるため，系統周波数や連系線潮流の変化を検出して，発電機の出力を変化させる制御のことをいう。なお，AFC[3]と呼ぶこともある。LFCは，需要変動の内の主に数分から20分周期程度の変動成分を吸収している。

現状，LFCは水力発電機・火力発電機の制御によって行われているが，蓄電池等による応答性の向上や調整力の確保なども期待されている。

5. 周波数制御発電所

周波数変動に応じて出力調整を行う発電所を**周波数制御発電所**という。周波数制御発電所としては，一般的に次のような条件を具備している必要がある。

① 必要とする調整能力〔kW, kW·h〕を有する，
② 出力調整が容易で負荷変動に対する応答性が高く，かつ広い出力範囲において高

---

(1) Load Frequency Control　(2) Economic Dispatching Control
(3) Automatic Frequency Control

効率運転が可能である．

(3) 出力調整により水利上または送電系統上に支障がない．

我が国では，揚水発電所，比較的大容量の貯水池式または調整池式水力発電所と大容量火力発電所が，周波数制御発電所として利用されている．

6. 負荷周波数制御の方式

負荷周波数制御方式は，大きく次の4種類に大別される．

a. 定周波数制御（FFC）[1] 連系線潮流とは無関係に系統周波数のみを検出し，基準値からの偏差を規定値内に収めるように発電量を制御する方式である．単独系統または，極端に系統容量の大きい系統と小さい系統の連系系統に採用するのに適している．

b. 定連系線電力制御（FTC）[2] 連系系統において，系統周波数に無関係に連系線潮流のみを検出し，基準値からの偏差を無くすように発電量を制御する方式で，一般的に連系系統内の比較的小さい系統が主系統との連系線潮流を制御する場合に適している．

c. 選択周波数制御（SFC）[3] 連系系統において，周波数と連系線潮流の両方を考慮して発電量を制御する方式である．この方式は，FFCによって発せられる制御信号が，連系線潮流の基準値から偏差をさらに大きくするような信号であれば，信号が発電所に送信することを阻止し，偏差を是正するような信号であれば通過させる方式で，選択阻止制御（Selective Blocking Control）とも呼ばれる．この制御は，いわばFFCへ消極的に連系線潮流の制御を加味したもので，原則として系統変動はその変動の原因を持つ系統内で制御することになる．

d. 周波数バイアス連系線電力制御（TBC）[4] この方式も，連系系統において，周波数と連系線潮流の両方を考慮して制御するものである．制御の方法は，周波数偏差を Δf，連系線潮流偏差を ΔP とすると，この両者を検出し，$K \cdot \Delta f + \Delta P$ の大きさによって自系統内の発電量を制御するものである．図3.11において，$K \cdot \Delta f + \Delta P$ の直線を**制御特性直線**と呼び，K を**バイアス整定値**と呼ぶ．いま，K_a を自系統（仮にA系統）の系統周波数特性定数に等しくとっておくと，他系統（仮にB系統）内に変動の原因があれば，周波数および連系線潮流は，図において X_0 より制御 K_a 特性直線上を X_1 の点に移ることになるので，$K_a \cdot \Delta f_1 + \Delta P_1 = 0$ であって，制御は行われない．しかし，自系統内に変動の原因があれば，図において X_0 より X_2 の点に移り，$K_a \cdot \Delta f_1 + \Delta P_1 \neq 0$ となるため，自系統の発電量を調整・制御し，周波数および連系線潮流が共に規定値内になる

---

(1) Flat Frequency Control　　(2) Flat Tie line Control
(3) Selective Frequency Control　　(4) Tie line Bias Control

ように調整する。この制御方式では，周波数および連系線潮流の変動はその変動の原因を持つ系統で制御することになる。

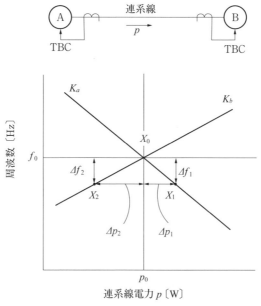

図 3.11 TBC の動作特性

以上のように四つの方式があり，我が国では 50Hz 系統では大容量系統である東京電力パワーグリッド，交流連系のない北海道電力ネットワークにおいて FFC 方式が採用され，東北電力ネットワークでは TBC 方式が採用されている。60Hz 系統では，単独系統である沖縄電力では FFC 方式が採用され，中部電力パワーグリッド・関西電力送配電・北陸電力送配電・中国電力ネットワーク・四国電力送配電・九州電力送配電では TBC 方式が採用されている。

3.6.4 電圧調整

1. 電圧調整の必要性

電力系統においては，負荷変化等の影響を受け，潮流が変動すると共に，系統内の電圧も変動する。一般に，1日の内でも重負荷時に電圧が低下し，軽負荷時には上昇する傾向がある。

電気機器(電力設備を含む)には，正常な機能維持のための「**定格電圧**」と「**運転許容範**

囲電圧」があり，これらを前提として機器の設計が行われているため，許容限界を逸脱した電圧で使用すると，安定に運転できなくなることや，過熱・焼損するなどの支障が発生するおそれがある。例えば，供給電圧が規定値より低下した場合には，蛍光灯の光度が低下することや，電動機の出力や効率が低下する等の支障をきたす。逆に，供給電圧が規定値よりも上昇した場合には，蛍光灯の寿命が短くなる等の支障をきたす（図 3.12 参照）。

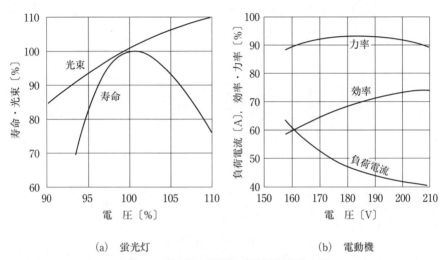

(a) 蛍光灯　　　　　　　　　　　(b) 電動機

図 3.12　蛍光灯，電動機の電圧変化特性の例

出所：日本電気技術者協会電気技術解説講座

そこで，供給電圧が適正に維持され，機器機能に支障を与えないよう，電気事業法第26条において 100V 供給の場合は 101±6 V，200V 供給の場合は 202±20V に電圧を維持する努力義務が定められている。

2．電圧調整の方法

電力系統において**無効電力**を消費するものは，誘導性負荷，送電線や変圧器のリアクタンス，分路リアクトル，発電機の進相運転などであり，無効電力の供給源としては，送電線の静電容量，電力用コンデンサ，発電機の遅相運転などである。この無効電力の消費・供給のバランスが崩れると系統電圧は上昇または下降する。このバランスは，電力系統の各所で崩れるため，電圧や無効電力を調整する機器を電力系統の各所に適正配置することが望ましい。そのため，電圧を適正範囲に維持するために，調整対象系統の周辺に設置された電圧制御機器を適宜適切に制御する必要がある。

最も理想的な無効電力調整方法は，無効電力バランスが崩れた地点ごとに必要とされる無効電力を調整することである。しかしながら，実運用上，全ての地点で，これを実現することは困難であることから，以下の点を考慮の上，有効な方法を選定することが重要である。

① 電力系統の同期安定度に悪影響を及ぼさないこと，
② ランニングコストが安価なものを選定すること，
③ 無効電力潮流による電力損失を極力少なくするために，調整対象箇所近傍を設置点に選定すること，
④ 制御し易く，効果的なものを選定すること。

電圧を調整する機器としては以下のものがある。

a. 発電機　発電機の励磁電流を増加させると遅相無効電力が増加して，端子電圧が上昇し，逆に励磁電流を減少させ進相運転させると端子電圧が低下する。進相運転を行う際には，電機子鉄心端部が過熱することや，発電機の安定運転に悪影響を及ぼすことがあるため，発電機の運転可能曲線内で運転する必要がある。

b. 電力用コンデンサ(SC)[1]　比較的，低ランニングコストで保守が容易であるので，無効電力を発生させる機器として，超高圧変電所から負荷端に至るまで広く普及している。一方で，機器単機容量ごとに開閉器による離散的な開閉制御となるため制御時に一定の電圧変動を伴うことや，周波数および電圧低下時に機器容量が低下することなどの欠点もある。なお，機器単機容量を決定する際には，制御時の電圧変動幅が許容範囲内になるように考慮する必要がある。

c. 分路リアクトル(ShR)[2]　電力用コンデンサと同様，比較的，低ランニングコストで保守が容易であるので，無効電力を吸収する機器として，超高圧変電所から負荷端に至るまで広く普及している。需要家の電力用コンデンサや太陽光発電設備が多く連系している系統や，ケーブル送配電系統において軽負荷帯に無効電力が余剰状態となり，系統電圧が高くなる場合に，これを抑制するために本装置を設置するなどの対策が必要となる。また，超高圧ケーブルなど，無効電力発生量が大きい設備に対しては，当該接続母線あるいはケーブルに直結して直接補償する方式が採用されている。

d. 同期調相機(RC)[3]　励磁調整により，進みまたは遅れの無効電力を連続的に調整でき，系統の電圧安定性を向上できる点でも有効であることから，以前は，一次および二次変電所に設置されていた。しかしながら，電力用コンデンサに比べて，ランニ

---

(1) Static Condenser　(2) Shunt Reactor　(3) Rotary Condenser

ングコストが高い(運転損失も大きい)こと等の欠点があるため，近年では採用されていない。

e. 負荷時タップ切換器付変圧器(LRT)[(1)]　電圧変動に応じて変圧器に負荷をかけた状態で，巻線のタップを切り換える装置を**負荷時タップ切換器**と呼び，負荷時タップ切換器とその駆動装置および付属装置を含めたものを負荷時タップ切換装置と呼ぶ。変圧器とこの装置を組み合わせたものが負荷時タップ切換器付変圧器である。電圧調整方式には，外部回路に直接接続された巻線の負荷電流が，負荷時タップ切換器を通過するように結線された直接式と，直列変圧器の励磁巻線を流れる電流が負荷時タップ切換器を通過するように結線された間接式とがある。また，タップ切換を変圧器の高圧側で行うものと，低圧側で行うものがある。タップ切換時に変圧器のタップ間に流れる循環電流を制限する方法としして，抵抗式とリアクトル式があり，現在は抵抗式が多く用いられている。

f. 静止型無効電力補償装置(SVC)[(2)]　無効電力制御を行う静止型無効電力補償装置は，受電端電圧の安定化，同期安定度の向上，負荷変動による電圧フリッカの補償などの目的で使用される。その構成としては，サイリスタを用いてリアクトル電流の位相制御やコンデンサの開閉制御を行う他励式と自励式変換装置を用いて無効電力の制御を行う自励式があり，以下の特長を有している。
① 進相から遅相まで高速で連続制御できる。
② 一種の電圧源のように働くので，電圧不安定現象防止に有効である。

g. 電圧調整器(SVR)[(3)]　長い配電線路は，抵抗分が大きいことから，電圧降下が発生する。この電圧降下や太陽光発電による電圧上昇を補償するため，この電圧調整器により変圧比をステップ状に制御することで，電圧制御を実施する。

h. サイリスタ式自動電圧調整器(TVR)[(4)]　SVR は，機械式接点を用いてタップを切換えることから，タップ切換動作間隔が長く，太陽光発電の影響による電圧変動を抑制することが困難になりつつあり，半導体であるサイリスタを使用してタップを切換えるサイリスタ式自動電圧調整器(TVR)が導入されてきている。SVR のようにタップ切換え時にアークが発生して接点が消耗することがない。それゆえ，タップ切換回数に制限がないことや，SVR に比べて短時間かつ短い間隔でのタップ切換が可能である。

---

(1) Load Ratio control Transforme　(2) Static Var Compensator
(3) Step Voltage Regulator　(4) Thyristor type step Voltage Regulator

3.6.5 電圧の品質
1. フリッカ

製鐵用アーク炉などの負荷を，短絡容量の小さい系統に接続した場合，無効電力の変動により母線電圧が連続的に短い周期で不規則に変動する。これを**電圧フリッカ**と呼ぶ。この場合，同じ変電所から供給される一般需要家の電灯，蛍光灯などの照明，テレビなどにちらつきを生じ，見ている人に不快感を与える場合がある。フリッカは，電気溶接機，電動機の始動電流によっても発生するが，アーク炉によるものが著しい。

フリッカ防止には，次のような対策がある。

① 短絡容量の大きい系統から供給する。または，一段電圧階級の高い系統から供給する。

② 一般負荷と分離するため，専用変圧器または専用線で供給する。

③ アーク炉の電流変動を抑制するため，直列リアクトルまたは可飽和リアクトルを挿入する。

④ 静止型無効電力補償装置を設置し，アーク炉の無効電力変動分を吸収する。

これらの対策は，コストと効果を考慮する必要があることから，発生者と供給者の間で十分な調整が必要である(図 **3.13** 参照)。

2. 高調波

ダイオードおよびサイリスタを用いた非線形負荷は，各種次数の**高調波電流**を発生する。この種の機器の増加に伴い，配電系統をはじめ電力系統に与える高調波の影響およびその低減対策が必要となる場合がある。

電気設備および機器に及ぼす高調波の影響は，以下のように分類される。

① 機器への高調波電流の流入による異音，過熱，振動，焼損など

② 機器への高調波電圧の印加による誤制御，誤動作など

具体的な例としては，以下のものがある。

① 電力用コンデンサ設備などの異音，過熱，振動

② モータのうなり，エレベータの振動

③ 各種制御用機器の制御信号のずれによる誤制御

このような影響が生じる場合があることから，配電系統の 6.6kV 母線における高調波電圧総合ひずみ率の管理目標値を 5 %，特別高圧系統の高調波電圧総合ひずみ率の管理目標値を 3 % とし，これを維持するため，ガイドラインによる**高調波電流抑制のための技術要件**が定められている。

高調波電流の抑制対策は，機器から発生する高調波電流そのものを低減する方法と，

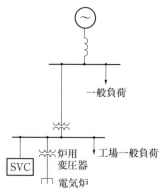

図 3.13 フリッカ防止法の一例

機器から発生した高調波電流を需要家内の設備に分流させ，外部に流出する量を低減する方法の2種類がある。

具体的には，前者においては高調波発生源である**電力変換装置の多パルス化**，後者においては**受動フィルタ**，**アクティブフィルタ**などの需要家構内への設置といった方法がある。

3．瞬時電圧低下

瞬時電圧低下（以下，**瞬低**と呼ぶ）とは，電圧が低下し，短時間で復帰する現象である。送電線などの電力系統設備は，落雷や風氷雪あるいは地震などの自然現象，火災やクレーン接触などの人為的災害に常にさらされている。設備の事故を防止するための防護対策は可能な限り講じられているものの，系統事故を皆無にすることは不可能である。

落雷などにより電力系統に事故が発生すると，事故点を中心に電圧が低下し，事故発生設備を電力系統から切り離すまで継続する。これが瞬低であり，事故発生設備と共に系統から切り離された範囲の停電とは区別される。また，系統事故を発生原因とした瞬低では，事故様相や保護リレーの方式などにより，電圧低下率や瞬低継続時間に違いが現れる。

瞬低が発生すると，電力系統に接続する機器が異常動作，停止，照明のちらつき・消灯といった影響を受ける場合がある。特に，エレクトロニクス技術の進展に伴い，瞬低に敏感な機器が増加している。

瞬低に対する対策としては，**無停電電源装置（UPS）**[1]設置などの対策がある。

---

(1) Uninterruptible Power Supply

3.6.6 電力系統の経済運用

電力系統の運用に当たっては，電圧，周波数の制御などにより良質な電力を安定して供給しなければならないが，一方，電力系統を経済的に運用することも同時に必要である。**経済運用**とは，電源の運転経費のうち可変部分の少ないものから優先的に使用する，電力損失を減少させるように電力系統の構成を行うなど，電力供給にあたってコストを最小にするように運用することである。

3.7 電気施設の保守管理

3.7.1 概　　説

かつて電気施設の保守管理は，**事後保全**[1]，すなわち故障したものを修復するという考えであったが，次第に**予防保全**[2]の考えが定着してきた。当初の予防保全は，バスタブ曲線の概念に基づいて一定期間使用したところで，細密点検(オーバーホール)や部品取替えを行い，故障を未然に防ぐ**時間基準保全**[3]であった。しかし劣化の進行度や故障の発生度合いは，使用環境や頻度に大きく依存するため一定期間での交換が必ずしも効率的ではない場合も多いことが解ってきた。このため機械故障診断技術を応用した**状態基準保全**[4]の考え方が普及してきた。状態基準保全は，設備診断技術を用いて状態を監視し，故障しそうな部位から交換していく手法である。

これらの保全方法は，一概に優劣を比較するものではなく，いちいち状態を診断するより，時間基準で適当な時期に部品交換するほうが経済的な場合や，事後保全で十分な場合もある。したがって対象とする設備の重要性，故障発生時の影響度合い，コストなどを総合的に判断して保全内容を決定することが必要である。

また近年では，**リスクベースメンテナンス**[5]の考え方が注目されている。ここでいうリスクとは，故障の発生確率と故障による影響の大きさの積として定義される。このリスクを基準に，補修や更新の重要度，緊急性を評価し優先順位をつけてメンテナンスを行う手法である。

3.7.2 水力発電所の保守

水力発電所の保守業務は，運転に支障を生じないよう各機器の状態を定期的な巡視，

---

(1)　Breakdown Maintenance　　(2)　PM: Preventive Maintenance
(3)　TBM: Time Based Maintenance　　(4)　CBM: Condition Based Maintenance
(5)　RBM: Risk Based Maintenance

点検により監視し，その結果に応じて適切な修理，補修，更新などを行う。発電所が事故を起こした場合，制御所の運転員から連絡を受けた保守員が保安停止や原因調査を行い，その結果により必要な機器調整や補修を実施して事故復旧させる。

水力発電所は，地点によって落差，使用水量，さらには運転状況が大きく異なり，また機器の容量，型式，製造年などもまちまちであるため，それぞれの実態に応じた保守方法が必要となる。

保守業務では，機器故障や発電に支障のある劣化などが発生する前に調整，部品取替え，機能回復などを行う予防保全を主として実施しているため，通常，計画的に機器の運転を停止して，点検や補修を行う。機器の点検周期，点検項目や点検を行う条件などを**保安規程**やマニュアルなどに定めている。長期間の停止を必要とする主機の分解を伴うオーバーホールの周期は，かつては最長10年ごとなどと一定期間内に定める**時間基準保全**が多かったが，最近は機器の状態を個別に把握することで延伸化を図る状態基準保全を行う方向にある。

水力発電所には，主機を運転するためのポンプや電動機といった補機類があり，また冷却水，圧縮空気，操作用油圧，潤滑油などの配管，タンク，弁類，計器などが所内に張り巡らされている。これらを良好な状態に保つために**巡視点検**を日常的に実施する必要がある。巡視点検の周期は，有人か無人か，また**揚水発電所**などの重要設備であるか等によって個々に定めている。集中制御の高度化により多くのデータが制御所で得られるようになってきたため巡視の頻度は減少している。少ない機会のなかで機器の状態を的確に把握するため保守員には高度な技術，技能が要求され，自らの五感を駆使して計器類の指示，動作状況，機器の振動，異音，異臭などから機器の状態を判断し，異常の兆候の早期発見に努めなければならない。

巡視点検を補完するものとして，発電所の画像送信のための**工業用テレビジョン(ITV)**やデータ収集，分析のためのハンディターミナルなどが用いられる。

定期点検には機器を分解しないで，一般的な内外部点検と測定を主として行う普通点検と，機器を分解して行う細密点検がある。細密点検では主機を長期停止して，摩耗・損傷している摺動部やパッキン類の取換えを行うと同時に，ランナやガイドベーンなどの壊食・摩耗部分の修理や取換えなど機能回復処置を行う。細密点検後には，性能確認のため有水試験を含む諸試験を実施する。

3.7.3 火力発電所の保守

設備の機能を十分に発揮するため設備の整備や改良などを行い，故障を未然に防止し，

安定で効率的な運転を確保するために，機器の状態にかかわらず日常的，定期的に保守することが必要である。日常点検では，補機類の潤滑油の補給，計器類の点検と清掃，フィルタやストレーナ類の清掃などを実施する。

巡視により不具合箇所が発見された場合，故障に至る前に適切な処置を施す必要がある。弁グランド部や配管フランジ部からの漏水，漏油，発電機ブラシの摩耗，配線端子の緩み，制御用計器類の故障などの補修を実施する。

火力発電所が無事故で高効率運転を維持するためには，常時，機器の状態を監視すると同時に各機器の特徴，事故事例，運転記録などから異常を診断し，履歴データや余寿命評価による劣化診断を行い，経済的，効果的な予防保全が必要である。

近年では，**非破壊検査**による**余寿命評価手法**や**劣化診断技術**，各種の検査・作業用ロボットが開発されており，設備の保守管理に活用されている。

発電設備の稼働によって生じる各部の腐食，損傷，強度低下，機能低下などに対して検査し，設備の維持，保安を確保するために，ボイラ，タービンには電気事業法に基づき定期事業者検査が義務付けられている。定期事業者検査に必要なユニット停止期間は，設備構成や分解点検範囲などによって異なるが，おおよそボイラで30～60日程度，タービンで40～80日程度を要する。検査工程の遅延は電力需給計画に大きな影響を与えるので，工程管理には十分注意しなければならない。

定期事業者検査の検査間隔は，原則としてボイラは2年に1回，タービンは4年に1回実施することとなっているが，ボイラは，適切な運転管理，検査，設備対策が実施されていることと，余寿命検査の結果，適切な残存寿命があるなどの条件を満足すれば，検査間隔を4年まで延長することが可能である。

3.7.4 原子力発電所の保守

原子力発電所の安全性や電力安定供給の信頼性を維持するためには，原子力事業者が構築物，系統および機器に対して適切に保守管理を行うことが必要であるが，この原子力事業者による保守管理が適切に行われていることの国による確認行為も重要である。

原子力事業者は，「原子力安全のためのマネジメントシステム規程（JEAC4 111）」[1]及び「**原子力発電所の保守管理規程（JEAC4 209）**」に基づき，構築物，系統および機器について安全上の機能，重要度に応じた設備の保全を実施するとともに，**原子炉等規制法**に基づき，原子力発電所の運転の際に実施すべき事項，事業者が実施する検査，従業員の保

---

(1) Japan Electric Association Code：電気技術規程

安教育の実施方針など，原子力発電所の保安のために必要な基本的事項や必要な措置を記載した保安規定を制定し，原子力規制委員会の認可を受けて運用している。

一方，福島第一原子力発電所事故後，原子力発電所の安全性向上を図る観点から，原子炉等規制法は数度改正されている。原子力事業者が行う保守や保安活動に係るものとしては，検査制度，**安全性向上評価制度**および**運転期間延長認可制度**，が挙げられる。

検査制度は，2020年4月から新たな制度として**原子力規制検査制度**が導入されている。この制度は，2016年1月に行われた**国際原子力機関**[1]による**総合規制評価サービス**[2]において，より効率的な検査制度への改善等が指摘・勧告されたことを受け，2016年5月から検討を開始した。原子力規制委員会は，検査制度を米国のような国が事業者の保安活動全般を監視・評価する制度に移行する方針を示し議論を重ねた。その結果，原子力発電所の安全性向上を目的とし，より規範的でなく，パフォーマンスに基づく，リスク情報を活用した検査（パフォーマンスベース，リスクインフォームドの検査）とすること，国の検査官は自由に原子力事業者が行う補修・改造工事をはじめとする様々な保安活動やそれに係る情報にアクセスすることが保証される（フリーアクセス）制度となった。

原子力規制検査においては，原子力事業者は自ら検査対象，内容並びにその具体的な方法を定め検査を実施し，その妥当性を国に説明する。なお，事業者検査は，設備の新設や改造・修理等に伴い工事を実施した際に行う**使用前事業者検査**と，技術基準規則への適合状況を定期的に確認する**定期事業者検査**に大別される。

安全性向上評価制度は，原子力事業者の「最新の知見を踏まえつつ施設の安全性向上に資する設備の設置等の必要な措置を講ずる責務」を果たすための取組みと位置付けられた。原子力事業者は，安全規制によって法令への適合性が確認された範囲の設計や保安措置に関する最新の状況，安全性向上のために自主的に講じた措置およびその反映に係る具体的な計画，その調査分析などを行うこととなっている。福島第一原子力発電所事故以前に要求されていた**定期安全レビュー**は，安全性向上に係る実施状況に関する中長期的評価として安全性向上評価制度の一部と位置づけられ，経年劣化やプラント設計，他プラント等の知見の活用等に関して中長期的な観点から評価を実施する。なお，安全性向上評価は5年毎の実施を求められているが，定期安全レビューに係る部分については10年毎の実施要求となっている。

運転期間延長認可制度とは，**2012年の原子炉等規制法改正**で導入されたプラント寿命を40年とし，その期間満了までに特別点検や延長期間の劣化評価，施設管理方針等につ

---

(1) IAEA: International Atomic Energy Agency
(2) IRRS: Integrated Regulatory Review Service

いて認可を受けた場合のみ，一回だけ最長20年運転期間を延長することが出来る制度である。この制度は，2023年5月の法令の一部改正により審査などで停止した期間を除くこととされた。これによって，福島第一原子力発電所事故以前からの，運転開始後30年を経過する原子力発電所に対して以降10年毎に機器・構造物の**劣化評価**(高経年化技術評価)の実施および長期施設管理方針の策定を義務付けていた高経年化対策制度，さらには**安全性向上評価制度**と相まって，原子力発電所の運転が運転開始から実質60年を超えても安全性を維持・向上させながら運転継続することが出来るようになった。

第4章

電気料金と電力市場

4.1 総説

電気は経済社会活動の源であり,およそ全ての国民がその利用者であることからその供給を担う電気事業は極めて公益性が高い事業である。このため,電気事業は,電気の使用者の利益を保護し,および電気事業の健全な発達を図るとともに,電気工作物の工事,維持および運用を規制することによって,公共の安全を確保し,および環境の保全を図ることを目的として,電気事業法によって規制されている。

本章では,電気料金に関する規制や電気料金制度,また,電気料金制度と関連する電力市場について説明する。

4.2 電気料金制度の変遷

電気事業は,発電所や送配電線といった膨大な固定資産を必要とする設備集約産業であり,資本回収に長期間を要することから,安定的な電力供給を実現するには事業そのものが安定的に運営される必要がある。このためには,事業者として一定の投資予見性,投資回収可能性が判断できることが必要である。

このため,戦後の電気事業再編成以降,国は,いわゆる一般電気事業者といわれる電力会社に対して,全国に地域的な市場独占を認める一方で,独占の弊害を防止するために,供給区域内の一般の電気の使用者に対して差別なく電気を供給する義務を課すとともに,電気料金の規制(認可制)を行ってきた。また,電気料金規制においては,電気の使用者の利益保護と電気事業の健全な発展の観点から,**総括原価方式**,すなわち,事業に必要な原価や費用を電気料金によって適切に回収できるよう電気料金水準が維持される仕組みが構築された。

その後，1990年代後半から世界の潮流となった規制緩和の進展の中で，電気事業も他の産業分野と同様に競争原理を導入することでより効率的な電力供給を通じて電気の使用者の利益を向上させる取り組みの一環として，小売部門における競争原理の導入（部分自由化）や電気料金制度の見直し（料金引き下げ時の届け出制，選択約款の導入等）が行われた。

2011年に発生した東日本大震災を契機として，需要家への多様な選択肢の提供や多様な供給力の最大活用の観点から，電気事業制度の抜本的な見直しが行われた。これが電力システム改革と呼ばれるものである。具体的には，小売電気事業者の登録制度への移行，2016年4月からの小売部門の全面自由化が実施されるとともに，送配電部門の法的分離による分社化（2020年4月）が行われている。

電力小売部門の全面自由化に伴い，2016年4月以降は旧一般電気事業者の小売部門（みなし小売電気事業者）に対する供給義務や電気料金規制は原則として撤廃されたが，需要家保護の観点から，みなし小売電気事業者に対しては，競争が進展するまでの当分の間，経過措置として，従来の規制に準ずる国の規制が残されることとなった。これにより，電気料金についても，国の認可を受けた供給条件による電気の供給義務（後述する**特定小売供給約款**に基づく電気の供給）が課されている。当該経過措置については，2020年3月に解除される予定であったが，後述するように当面継続することとなっている。

4.3 電気料金制度

2016年4月以降，小売電気事業者は，原則として全ての需要家に対して，各事業者の販売戦略に基づき，例えば**時間帯別料金**をより詳細に設定するなど，需要家の特性を考慮した電気料金メニューを自由に設定できることとなった。

他方で，需要家保護の観点から当分の間残された一般家庭等の低圧需要家がどの小売電気事業者からも電気供給を受けられない事態を避けるため，みなし小売電気事業者については，国の規制料金による電気の供給も併せて行うことが義務付けられている。

4.3.1 小売全面自由化後の電気料金メニュー

小売電気事業者は，基本的には供給コストを反映するものの，自由競争下における需要家獲得を目指して，自らの創意・工夫により，例えば電気の使用量の多寡や使う時間帯等に応じた電気料金メニューを設定している。また，電気以外の様々なサービス，例

えば電気通信サービスなどとの組み合わせでメニューを提供している場合もある。

4.3.2 特定小売供給約款

特定小売供給約款は，みなし小売電気事業者が当分の間経過措置として，国の認可を得て供給区域内の低圧需要家に電気を供給する場合の供給条件であり，契約の申込み，契約種別および料金，料金の算定および支払い，供給の方法などについて定めたものである。

料金その他の供給条件は，基本的に小売全面自由化前の電気供給約款と同じであり，**みなし小売電気事業者**が**特定小売供給約款**を設定することで，経過措置期間において低圧需要家は，従来の電気供給約款と料金体系を変えずに契約を継続することが可能となる。

なお，電気料金の算定は，電気事業法および経済産業省令(みなし小売電気事業者特定小売供給約款料金算定規則)に定められたルールに基づいて行われる。また，約款の設定・変更にあたっては，国の認可を受ける必要があるが，電気事業法において以下の通り認可基準が定められている。

① 料金が能率的な経営の下における適正な原価に適正な利潤を加えたものであること。
② 料金が供給の種類により定率または定額をもって明確に定められていること。
③ みなし小売電気事業者および電気の使用者の責任に関する事項ならびに電気計器その他の用品および配線工事その他の工事に関する費用の負担の方法が適正かつ明確に定められていること。
④ 特定の者に対して不当な差別的取扱いをするものでないこと。

本措置は完全自由化後の経過措置として位置付けられており，当初想定では，2020年3月末をもって撤廃され，同年4月以降も「電気の使用者の利益を保護する必要性が特に高いと認められるものとして経済産業大臣が指定する」供給区域(指定旧供給区域)に対し，引き続き存続することとなっていたが，結局2019年7月，全ての供給区域を指定旧供給区域とし，2020年4月以降も引き続き経過措置を存続することとなった。

1．需要区分・契約種別

特定小売供給約款では，多様な需要家を対象として，負荷の特性や電気の使用形態，需要規模，使用期間などの違いに応じて個々の需要家をいくつかのグループに区分して料金を設定している。

表 4.1 は，一例として中国電力株式会社の契約種別と料金率を示したものである。需

表4.1 電気料金の例

需要区分	契約種別	区分		単位	単価(円)
電灯需要	定額電灯	需要家料金		1契約	104.50
		電灯料金(1灯当たり)		10Wまで	115.50
				20Wまで	209.47
				40Wまで	397.42
				60Wまで	585.37
				100Wまで	961.26
				100W超過 50Wまでごとに	480.70
		小型機器料金		50VAまで	376.73
				100VAまで	668.72
				100VA超過 50VAまでごとに	334.37
	従量電灯A	最低料金(最初の15kWhまで)		1契約	712.67
		電力料金(1kWhあたり)		15kWh超過 120kWhまで	32.83
				120kWh超過 300kWhまで	39.51
				300kWh超分	41.63
	従量電灯B	基本料金		1契約	431.90
		電力料金(1kWhあたり)		120kWhまで	30.14
				120kWh超過 300kWhまで	36.23
				300kWh超分	38.10
	臨時電灯				
	公衆街路灯				
電力需要	低圧電力				
	臨時電力				
	農事用電力				

要全体を電灯需要(電灯やテレビ等の単相の電気機器を使用する需要)と電力需要(電動機などの三相の電気機器を使用する需要)に区分したうえで,それぞれの需要区分を需要規模や使用期間などの差異に応じて複数の契約種別に区分している。

2. 料金制

表4.1に示すように,**特定小売供給約款**では,契約種別の需要特性などに応じて,定

額料金制(毎月の料金は一定)，最低料金制(使用量に比例して課金，ただし一定の使用量までは固定料金)，**二部料金制**(契約高に比例する基本料金と使用量に比例する電力量料金で構成)のいずれかが採用されている．

従量電灯A・Bは，一般的な家庭向けの契約種別であるが，みなし小売電気事業者によって最低料金制を採用している会社(表4.1に例示した中国電力株式会社の従量電灯A等)と二部料金制(アンペア契約制)を採用している会社(東北電力株式会社の従量電灯B等)がある．従量電灯A・Bの電力量料金では，三段階の逓減料金制(三段階料金制度)が採用されている．この制度は，高福祉社会の実現や省エネルギー推進等の社会的な要請に対して料金制度面からの対応を図るため1974年に導入されたものであり，第1段階はナショナル・ミニマム(国が保障すべき最低生活水準)を考慮した低廉な料金，第2段階は平均的な料金，第3段階では割高な料金となっている．

低圧電力では，**二部料金制**が採用されているが，電力量料金では，夏季需要の抑制効果を期待して，夏季(7～9月)とその他季(10～6月)別に料金単価を設定する季節別料金制が採用(北海道電力株式会社を除く)されており，夏季はその他季より約10パーセント高い料金率が設定されている．

4.3.3　電気最終保障供給約款・離島供給約款

2016年4月以降，それまで一般電気事業者に課されている供給義務が無くなったことに伴い，経過措置により特定小売供給約款に基づく電気の供給を受けることができる低圧の需要家以外の需要家であって，だれからも電気の供給を受けることができないものに対しては，一般送配電事業者(旧一般電気事業者の送配電部門)が**最終保障サービス**を供給することとなった．なお，2023年7月現在，最終保障サービスを受ける需要家の数は，全国で約1万4千件となっている．

また，電力の供給コストが高い離島についても，一般送配電事業者がユニバーサルサービスの担い手となり，同じ供給区域内の本土と遜色ない料金水準で電力が供給される．

1．電気最終保障供給約款

本土の高圧需要家および特別高圧需要家が，どの小売電気事業者からも電気の供給を受けることができない場合に，一般送配電事業者が最終的に電気の供給を保障する際の供給条件を定めたものが**電気最終保障供給約款**である．

2．離島供給約款

離島の需要家に対する供給条件を定めたもので，一般送配電事業者が，供給区域内の本土における電気の供給条件を参考に設定する．

なお，離島は主要系統に接続しておらず，また，本土に比べ発電所の規模が小さく使用する燃料が割高な重油に限られるなど，発電コストが構造的に高くならざるを得ないことを踏まえ，当該増分コストについては，後述の託送料金に反映し，託送サービスの利用者が広く負担する仕組みになっている。

4.4 電気料金の算定（特定小売供給約款の料金）

特定小売供給約款の料金の算定にあたっては，初めに電気料金の算定期間（原価算定期間）における供給計画（電力の需要および電力設備の開発・運用に関する計画）や経営効率化計画などの前提計画が採択され，これらの計画を前提に原価算定期間における総原価（総括原価）が算定される。総括原価は，後述の個別原価計算によって需要種別（特定需要・非特定需要）ごとに配分されたあと，電気の使用条件の差異などを勘案して契約種別ごとの料金が定められる。

特定小売供給約款の料金は，「原価主義の原則」「公正報酬の原則」「電気の使用者に対する公平の原則」の「電気料金の三原則」に基づき算定される。
① 原価主義の原則　料金は，能率的な経営の下における適正な原価に適正な利潤を加えたものでなければならない。
② 公正報酬の原則　設備投資などに必要な資金の調達コストを賄うとともに事業の実施に伴うリスクを補償するための事業報酬は，公正なものでなければならない。
③ 電気の使用者に対する公平の原則　電気事業の公益性という特質上，特定の需要家に対して差別的な扱いをすることなく，需要家に対する料金は，供給原価に見合って公平に設定されなければならない。

また，**特定小売供給約款料金**の認可にあたっては，国が定める審査要領（みなし小売電気事業者特定小売供給約款料金審査要領）に従って国の審査が行われ，料金認可後は，定期的評価や部門別収支により事後的に検証が行われる。

4.4.1　前提計画の決定

特定小売供給約款料金の算定にあたり，総括原価の算定対象期間（原価算定期間）における前提計画（供給計画や経営効率化計画，資金計画等）が策定される。

前提計画のうち，特に供給計画の需要見通しは，供給力の確保や料金収入の見通しに大きな影響を与えることから，電気料金の算定にあたって重要な計画である。

なお，原価算定期間について経済産業省令では，「4月1日または10月1日を始期と

する1年間を単位とした将来の合理的な期間」とされており，通常1～3年の期間が設定されている。

4.4.2 総括原価

特定小売供給約款の料金には「総括原価方式」が採用されており，発電・販売などに係る電気事業の運営に必要な費用(営業費)に，電気事業の運営に伴う資金調達に必要な費用(事業報酬)を加え，電気料金収入以外の収入(控除収益)を差し引いた額を総括原価として算定し，原価算定期間の総括原価と料金収入が一致するように料金などが定められる。

なお，送配電部門の法的分離が2020年4月から実施されたことに伴い，後述する託送料金については，送配電会社が当該部門における総括原価を算定し，また，2023年4月から始まったレベニューキャップ制度に基づく新しい認可制度の下で運用されており，当該託送料金の変動がそのまま小売料金に反映される仕組みとなっている。本節では，小売料金における託送料金を除く部分の算定方法について記載する。なお，図4.1に算定フローを図示したものを示す。

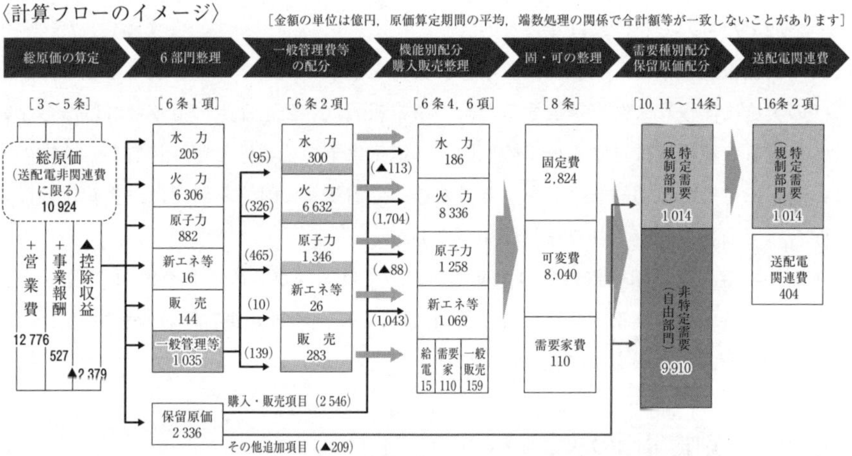

〈計算フローのイメージ〉　　［金額の単位は億円，原価算定期間の平均，端数処理の関係で合計額等が一致しないことがあります］

図4.1　料金計算フローイメージ

出所：電力・ガス取引等監視委員会料金制度専門会合第41回会合資料9-15(中国電力株式会社資料)より抜粋。※数字は資料提出当時のもの。

1. 営業費

営業費は，電気を発電し，その電気を需要家に販売するために必要な費用で，人件費，

燃料費，購入電力料，修繕費，減価償却費，公租公課，その他経費（委託費，消耗品費，廃棄物処理費等）といった費用が含まれる。

　営業費の算定にあたっては，電気事業の運営に真に必要な費用であるとともに，効率化努力を最大限反映した費用を算定している。

2. 事業報酬

事業報酬は，発電設備など，電気事業を運営する上で必要な設備を建設・維持するための資金を調達することに伴って生じる支払利息や配当金などを賄う資金調達コストに相当するものであり，一般企業の「利益」とは異なる概念である。

　事業報酬の具体的な算定方法は，経済産業省令に定められており，電気事業の運営に必要な事業資産の価値（レートベース）に，銀行の利率や株式の配当率等を参考に定めた事業報酬率を乗じて得た額から，一般送配電事業の運営に必要なレートベースに一般送配電事業の事業報酬率を乗じて得た額を差し引いて算定する。

 a. **レートベース** レートベースとは，電気事業の能率的な経営のために必要かつ有効であると認められる事業資産の価値であり，特定固定資産（附帯事業に係る共用固定資産，貸付設備等を除く電気事業固定資産）や建設中の資産，核燃料資産，特定投資（エネルギーの安定的確保を図るための研究開発，資源開発等を目的とした投資），運転資本，繰延償却資産で構成され，過大な予備設備や貸付設備，事業外設備等は含まない（一般送配電事業の運営に必要なレートベースには，核燃料資産は含まない）。

 b. **事業報酬率** 事業報酬率は，事業者が事業資産を保有し，合理的な発展を遂げるために必要な資金を調達することができる程度の率であり，自己資本報酬率および他人資本報酬率を3対7で加重平均して得た値である。

3. 控除収益

電気事業では，他社販売電源料，託送収益（発電所内の送電設備等の使用によって発生する収益）や電気事業雑収益（違約金や延滞利息等），預金利息等，電気料金収入以外の収入があり，これらを**控除収益**という。

4.4.3　個別原価計算

　原価算定期間の総括原価を，その機能や性質に応じて，特定需要（特定小売供給約款の適用対象需要）と非特定需要（特別高圧需要，高圧需要および特定需要を除く低圧需要）に配賦するプロセスを個別原価計算といい，電気事業法および経済産業省令（みなし小売電気事業者特定小売供給約款料金算定規則）に基づいて算定される。

個別原価計算の主な算定プロセスは以下のとおりである。

- a. **総括原価を6部門に配分**　総括原価を，水力発電，火力発電，原子力発電，新エネルギー等発電，販売，一般管理等の各部門に配分する。
- b. **一般管理等に整理された費用を残りの5部門に配分**　費目ごとに，各部門に直接整理可能な額は直接整理し，それにより難い額は代表的な物量や金額の比率（コストドライバー）で分配（帰属）し，あるいは他の費目で整理済のコストドライバーで配分する（配賦）。
- c. **5部門に整理された費用（需要家費を除く）を，電気の販売量に関わらず固定される費用（固定費）と電気の販売量に応じて変化する費用（可変費）に配分する。
- d. **固定費，可変費，および需要家費を，需要種別（特定需要・非特定需要別）に配分**　固定費は主に最大需要電力(kW)の比率に応じて，可変費は発受電量(kWh)の比率に応じて，需要家費は契約口数の比率に応じて配分する。
- e. **送配電関連費の算定**　原価算定期間における特定需要の想定需要に，特定小売供給約款の認可申請時に公表されている託送供給等約款を適用して，送配電関連費（託送料金相当額）を算定する。
- f. **特定需要原価等の算定**　特定需要の送配電非関連費にe.で算定した送配電関連費を加えて，特定需要の総原価を算定する。

4.4.4　料金率の決定

特定小売供給約款の個々の需要家に適用される**料金率**（料金単価）は，契約種別ごとの電気の使用形態や電気の使用期間，電気の計量方法などによる料金原価等の差異を勘案して，契約種別ごとに設定される。

また，原価算定期間の想定需要に料金率を適用して算定した料金収入が，個別原価計算によって特定需要に配分された料金原価に一致するように定められる。

4.4.5　電気料金の事後評価

設定された電気料金の適正性は，電気料金認可時における国の審査といった事前規制のほか，料金の妥当性に係る事業者の評価・説明や部門別収支の算定・公表といった事後評価を適切に行うことによって確保する仕組みとなっている。

- a. **定期的評価**　みなし小売電気事業者は，原価算定期間内は，毎年度，決算発表時などに，決算実績や収支見通しを説明するとともに，利益の使途や料金改定時に計画した効率化の進捗状況等を説明する。また，原価算定期間終了後は，

行政が引き続き当該料金を採用する妥当性について評価を実施することとなっている。
b. **部門別収支** 自由化部門の赤字を規制部門が負担することがないことを確認するため，みなし小売電気事業者は，電気事業法および経済産業省令（みなし小売電気事業者部門別収支計算規則）に基づき，毎年度，部門別収支計算書を作成して経済産業大臣に提出するとともに，算定結果を公表することとなっている。

4.5 電気料金の構成

電気料金は，総括原価に基づいて計算された料金（基本料金や電力量料金など）に加えて，**燃料費調整額**および**再生可能エネルギー発電促進賦課金**によって構成される。

a. **燃料費調整額** 燃料価格や為替レートの変動等経済情勢の変化をできる限り迅速に電気料金に反映することを目的に，1996年1月から導入された燃料費調整制度による調整額である。

火力発電の燃料である原油・LNG・石炭の価格変動に応じて，毎月自動的に電気料金を調整するもので，3か月ごとの平均燃料価格が，現行料金の前提となった基準燃料価格を上回る場合はプラス調整を，下回る場合はマイナス調整を行う。

b. **再生可能エネルギー発電促進賦課金** 従来の発電に比べ発電コストの高い再生可能エネルギーの開発促進を目的として2012年7月から導入された「**再生可能エネルギーの固定価格買取制度**」（FIT制度）に基づき，再生可能エネルギー電気の買取りに要する増分費用を，全国一律の単価で，需要家が電気の使用量に応じて負担するものが，再生可能エネルギー発電促進賦課金である。

ただし，売上高当たりの使用電力量が法令で定める基準を超える事業で，当該事業にかかる年間の使用電力量が法令で定める基準を超える事業所については，本賦課金の一部が免除される。

4.6 電気料金収入と電力コスト

4.6.1 電気料金収入

一般電気事業者の電気料金収入は，表 4.2 に示すように，東京電力グループを除く9社の合計で2019年度は約12.7兆円になっている。このうち，約30% が電灯料金収入，

約45％が電力料金収入である．この表において地帯間販売電力料とは，他の一般電気事業者に対する電気の販売収入をいい，他社販売電力量とは，一般電気事業者以外の電気事業者に対する電気の販売や卸電力市場取引を通じた電気の販売収入などをいう．

表4.2　一般電気事業者の収支状況(2015年度の9電力合計)

	項　目	金額〔億円〕	構成比〔％〕
収入	電灯料	37 751	29.8
	電力料	56 810	44.8
	小　計	94 561	74.5
	地帯間販売電力料	749	0.6
	他社販売電力料	6 899	5.4
	その他収入	24 651	19.4
	収入合計	126 860	100.0
支出	人件費	9 290	7.5
	燃料費	15 339	12.4
	修繕費	9 382	7.6
	支払利息	1 212	1.0
	減価償却費	10 116	8.2
	公租公課	5 644	4.6
	地帯間購入電力料	745	0.6
	他社購入電力料	39 032	31.6
	渇水準備金引当(または取崩(貸方))	△23	△0
	原子力発電工事償却準備金引当(または取崩(貸方))	△863	△0.7
	法人税等(含む調整額)	1 654	1.3
	その他費用	32 173	26
	支出合計	123 703	100.0
差引		3 157	―

注：東京電力グループを除く9電力会社の合計値
出所：電気事業便覧(2021年版)より

1990年代から始まった規制緩和，電力自由化の進展などにより，電気料金は継続的に低下していたが，東日本大震災以降は，原子力発電所の停止や，資源価格の高騰，さらには再生可能エネルギーの導入拡大に伴う**再生可能エネルギー発電促進賦課金**の増大もあって電気料金収入は増加している．

なお，2021年より，会計基準の適用変更にともない，再生可能エネルギー発電促進賦課金は電気事業者の収入には含めず計上することとなったため，電気料金収入の伸びの

変化要素となっている．

4.6.2 電力コスト

図 4.2 は，電力コストの構成比の推移を示したものである．この図にあるように，電力コストは設備投資に伴う減価償却や資金調達に伴う支払利息などの資本費，設備の保安工事などに伴う修繕費，発電に必要な燃料費などから構成される．

電気事業の全面自由化前には，供給義務が課された電力会社にとって安定供給が重要課題であったため，電力需要の増大に対応した設備投資や設備の予防保全に経営資源の重点を置いてきた．このため，コストに占める資本費や修繕費の比率が近年と比較すると相対的に高い傾向にあった．自由化後は競争力を高める観点から投資をできる限り抑制する事業運営に切り替えており，全コストに占める資本費等の比率は低下してきている．他方で**再生可能エネルギーの固定価格買取制度**によって，電力会社（2017年からは一般送配電事業者）の買取義務が課されたことから，最近は他社購入電力料が一貫して増大してきており，その傾向が構成比にも表れている．

燃料費は，燃料価格と燃料使用量によって変動するが，石油ショック後には急激な燃料価格の上昇により全コストの三分の一以上を燃料費が占めることとなった．それ以降，原子力や石炭など，石油代替電源の開発に伴い比率が低下してきたが，2011年の東日本大震災後は原子力発電の運転停止に伴う火力発電の比率上昇を受けて，全コストに占める燃料費の比率が再び高まった．その後は原子力発電の再稼働や再生可能エネルギーの増加に伴い比率が低下傾向にある．

4.7 電力市場

2000年ころからの我が国の全体の規制緩和の流れの中で，1997年5月に閣議決定された「経済構造の変革と創造のための行動計画」において「電気事業については2001年までに国際的に遜色のないコスト水準を目指し，我が国の電気事業のあり方全般について見直しを行う．」とされた．

その後さらに2003年に電気事業法が改正され，供給システムの安定性の確保とお客さまの選択肢の拡大に資する制度が整備され，2004年4月からは，高圧（6 000V）で受電する契約電力 500kW 以上の需要家，2005年4月からは，全ての高圧の需要家（原則 50kW 以上）へと段階的に拡大されてきた．この過程で，2005年に日本初の**卸電力取引所**において**スポット市場**（前日市場）・**先渡市場**が開設され，その後2009年には**時間前市場**が順

128   第4章　電気料金と電力市場

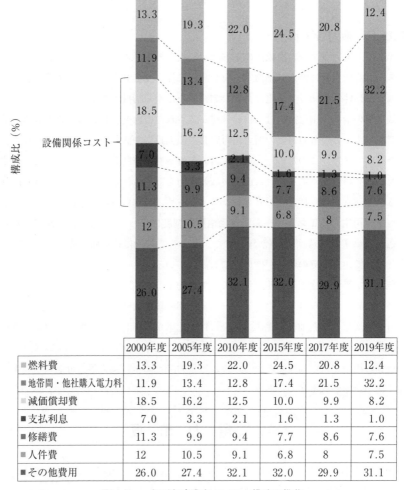

	2000年度	2005年度	2010年度	2015年度	2017年度	2019年度
■燃料費	13.3	19.3	22.0	24.5	20.8	12.4
■地帯間・他社購入電力料	11.9	13.4	12.8	17.4	21.5	32.2
■減価償却費	18.5	16.2	12.5	10.0	9.9	8.2
■支払利息	7.0	3.3	2.1	1.6	1.3	1.0
■修繕費	11.3	9.9	9.4	7.7	8.6	7.6
■人件費	12	10.5	9.1	6.8	8	7.5
■その他費用	26.0	27.4	32.1	32.0	29.9	31.1

図4.2　一般電気事業者のコスト構造の推移
注：2015年度までは10電力2017年度以降は東京電力グループを除く9電力の合計
出所：電気事業便覧(2021年版)より

次開設された。

　そして2011年3月の東日本大震災以降進められてきた我が国の電力システム改革においては，発電部門や小売部門における競争を一層促進することで電力供給の効率化を図ることを旨として，市場メカニズムの活用を基本とする構造改革が進展しており，2015

年には電力の広域的運用を中立的な立場から推進する**電力広域的運営推進機関**が設立されている。

2015年からは低圧需要家にも全面的に自由化が進み，多くの小売電気事業者が市場参入してきており，2023年7月現在では約730社が小売電気事業者として登録されている。

現在はこれらに加え，電気事業者などが的確に市場で競争的に電力調達できるよう，さまざまな市場が整備されている。具体的には，ベースロード市場，需給調整市場，容量市場，非化石価値取引市場などであり，それぞれ徐々に運用が開始されてきている。本節では，これらの最近の電力市場の目的や仕組み等について記載する。

4.7.1 ベースロード市場

2019年7月から始まった**ベースロード市場**は，電力自由化により新規参入した小売電気事業者が，低廉で安定的に発電できる電源として，原子力，石炭火力，一般水力(流れ込み式)，地熱などのいわゆるベースロードを担ってきた電源に対するアクセスを改善し，小売競争を促すことを目的として創設された。市場は日本卸電力取引所が運用している。

ベースロード市場は，旧一般電気事業者などが保有するベースロード電源の電気(kWh)の一定の供出を制度的に求め，電力自由化により新規参入した小売電気事業者が年間固定価格で購入可能とする市場である。

ベースロード市場は，1年間の契約で日本卸電力取引所における単一価格オークション形式で行われていたが，2024年からは，2年間契約も可能な長期商品が追加されるとともに，約定価格を燃料費調整で事後精算するスキームも導入されることになっている。

4.7.2 需給調整市場

一般送配電事業者は，需給バランス調整・周波数制御の役割を担っているが，自身では基本的には発電設備などを持たず，調整力を調達することが必要になる。このため，競争環境における調達を可能とする目的で**需給調整市場**が創設されている。一般送配電事業者10社で設立されている**送配電網協議会**が共同で2021年4月から「電力需給調整力取引所」を運営している。

需給調整市場には複数商品が存在し，それぞれ役割や要件が異なっており，市場の動向や準備期間を踏まえ**三次調整力**から順次開設され，2024年4月からは全面的に需給調整市場での調達が予定されている。それまでの間は，各一般送配電事業者は，公募形式により必要な調整力をエリア内で調達(調整力公募)しており，需給調整市場との大きな

違いは，電源そのものを調達するという考え方に基づいて行われている（例えば電源Ⅰ公募など）が，2024年4月以降は，これらは完全に需給調整市場に移行して全国大での調達が行われている．

a. **一次調整力**　電源脱落時や数秒から数分程度の負荷変動に対応するための調整力であり，同期発電機の調速機（ガバナ）が系統周波数の変化に追従して発電出力を増減するガバナフリー（GF）機能に相当する．主な要件として応動時間（一般送配電事業者から指令を受けて出力を変化するのに要する時間）10秒以内，継続時間（一般送配電事業者からの指令値を継続して出力することが可能な時間）5分以上が求められ，2024年の取引開始が予定されている．

b. **二次調整力①**　数分から十数分程度の需要予測が困難な負荷変動に対応するための調整力であり，系統周波数を一定に保つよう，一般送配電事業者の中央給電指令所で周波数および連系線潮流の偏差から，偏差を解消する発電出力を計算し制御する負荷周波数制御（LFC）機能に相当する．主な要件として応動時間5分以内，継続時間30分以上が求められ，一次調整力と同様，2024年から運用が開始される．

c. **二次調整力②**　十数分から数時間程度の比較的長時間の負荷変動に対応するための調整力であり，需要予測にあわせ種類の異なる発電機の経済性を考慮して発電を制御する機能（経済負荷配分制御（EDC））に相当する．主な要件は応動時間5分以内，継続時間30分以上で二次調整力①と同様であり，2024年から運用が開始される．

d. **三次調整力①**　ゲートクローズ（実需給の1時間前）以降に生じる需要予測誤差および再生可能エネルギーの出力予測誤差や，その他電源がトラブル等によって計画外停止する場合などにより生じた需給差を調整するもの．主な要件は応動時間15分以内で継続時間は3時間（商品ブロック時間）とされている．2022年4月から既に運用が開始されている．

e. **三次調整力②**　実需給の前日からゲートクローズまでの再生可能エネルギーの予測誤差に対応するための調整力であり，調達量は過去の予測誤差実績の統計的処理を行った最大値としている．主な要件は応動時間45分以内，継続時間3時間（商品ブロック時間）とされている．2021年4月に初めて需給調整市場として開設された．

4.7.3 容量市場

容量市場とは，将来の設備容量（発電する能力，kW 価値）を確保することで，市場を通じて安定的な供給力を確保することを目的としている。電力自由化の中で競争が進展していくと，将来の投資予見性が確保しにくくなり，適切なタイミングでの電源の新設・リプレース等が十分にされない状態となるおそれがあることから，諸外国での制度例も参考に2024年度から取引が開始されている。

具体的には，市場運営者である**電力広域的運営推進機関**が，実需の4年前に将来必要な供給力を全国一括で募集し，シングルプライスで落札者を決定する。決定された価格（約定価格）に落札量を乗じた額が容量確保契約金額となり，これを全ての小売電気事業者および一般送配電事業者から容量拠出金という形で電力広域的運営推進機関が徴収する。落札者である発電事業者は，電力広域的運営推進機関と，平常時，需給ひっ迫のおそれがあるときの供給要件などを定めた契約を締結し，これに反する場合（例えば設備トラブルで稼働できなかったなど）容量確保契約金額の一部が支払われないといったペナルティが課される。

2024年から取引をするため，その4年前の2020年から，既に3回の入札が行われており，結果は次のとおりである。2021年度以降は，連系線容量を勘案し地域ごとの価格となっている。

- 2020年度（実需2024年度）　約定量1億6769万kW，約定価格　14 137円/kW，
- 2021年度（実需2025年度）　約定量1億6534万kW，約定価格（エリアプライス）
  北海道エリア：5 242円/kW，北海道・九州エリア以外：3 495円/kW，九州エリア：5 242円/kW
- 2022年度（実需2026年度）　約定量1億6271万kW，約定価格（エリアプライス）
  北海道：8 749円/kW，東北：5 833円/kW，東京：5 834円/kW，
  中部/北陸/関西/中国/四国5 832円/kW，九州：8 748円/kW

なお，実際の実需年度までに，さらに追加が必要とされた場合は追加オークションが計画される。また，容量市場では単年度ごとの供給力確保となっていることから，さらに長期的な脱炭素投資には容量市場で対応できないため，2023年度からは，容量市場の特別オークションとして**長期脱炭素電源オークション**の第1回目の入札が行われている。長期脱炭素電源オークションは，長期脱炭素電源の固定費回収の確実性を高め，事業者の長期的な予見性を高めるため，毎年一定量の脱炭素に向けた改修や新規設置などを対象に，マルチプライスで原則20年間の容量収入を確保するものである。

4.7.4 非化石価値取引市場

再生可能エネルギーや原子力など,非化石発電方式による電気の非化石価値を示す証書を取引するために創設された市場であり,日本卸電力取引所に開設され2018年から取引を開始している。

発電事業者と小売電気事業者が非化石証書を売買する場で,小売電気事業者における**エネルギー供給構造高度化法**の目標達成(一定割合以上の非化石由来の電気を利用する目標を達成する際に本証書を活用することができる)ニーズに応えるとともに,非化石エネルギーの投資促進にも資するものとして運用されてきた。

更に需要家のカーボンフリー電気ニーズの高まりなどを背景として,当該市場は再エネ価値取引市場と高度化法義務達成市場に細分化されている。

a. **再エネ価値取引市場** 自社の使用エネルギーを全て再生可能エネルギーにするという目標(RE100)を達成する需要家ニーズ等に応えるため,これまで小売電気事業者に限られていた非化石証書の買い取りを,需要家も直接行えるよう,FIT(再生可能エネルギー固定価格買取)電源由来の非化石証書を対象に取引する場として創設され,2021年から取引が開始されている。

b. **高度化法義務達成市場** 引き続き小売電気事業者の高度化法目標達成ニーズにも対応するため,非FIT電源由来の非化石証書を対象に取引する場として創設された。

4.8 託送料金

電気事業の抜本的な改革により,発電事業および小売電気事業については全面的な自由化が行われたが,送配電事業については,全ての発電事業者および小売電気事業者等が利用する共通のインフラとして,引き続き独占的事業が認められるとともに,国の認可による料金設定が行われている。

託送料金は,一般送配電事業者が,送配電設備を利用して電力小売託送サービスを行う場合の料金をいう。

一般送配電事業者が提供する電力小売託送サービスは,以下のとおりである。

a. **接続供給** 一般送配電事業者が,小売電気事業者などから受電した電気を,送配電設備を通じて同時に別の場所の同じ小売電気事業者などに供給することをいう(需要の変動に伴う不足分の補給なども含む)。

b. **振替供給** 一般送配電事業者が,小売電気事業者などから受電した電気を,

送配電設備を通じて同時にその受電した場所以外の会社間連系点において小売電気事業者などに供給することをいう。

 c. **発電量調整供給** 一般送配電事業者が，発電事業者などから電気を受電し，送配電設備を通じて同時にその受電した場所において発電事業者などからあらかじめ通知された量の電気を供給することをいう(発電の変動に伴う不足分の補給なども含む)．

 d. **需要抑制量調整供給** 一般送配電事業者が，ネガワット事業者などから電気を受電し，送配電設備を通じて同時にその受電した場所においてネガワット事業者などからあらかじめ通知された量の電気を供給することをいう(需要抑制量の変動に伴う不足分の供給等も含む)．

4.8.1 託送料金の算定

 a. **接続送電サービス料金** 接続送電サービス料金は，接続供給に係る料金をいう．接続送電サービス料金の算定にあたっては，電気料金と同様に，電気事業法や経済産業省令(一般送配電事業託送供給等約款料金算定規則)に基づき，初めに料金の算定期間(原価算定期間)における供給計画や経営効率化計画などの前提計画が策定され，これらの計画を前提に原価算定期間における総括原価が算定され，個別原価計算によって需要種別(低圧需要・高圧需要・特別高圧需要)ごとに配分されたあと，電気の使用条件の差異などを勘案してメニューごとの料金率が定められる．

 b. **インバランス料金** 電気の安定供給および品質の維持のためには，常に需要と供給が一致することが必要である．このため，発電事業者や小売電気事業者には電気の発電や使用について30分単位で計画値と実績値を一致させること(30分計画値同時同量)が求められている．

 インバランス料金は，発電事業者や小売電気事業者などが30分計画値同時同量を達成できない場合に，一般送配電事業者が差分の電気をこれらの事業者に供給または買取する際の料金のことを言い，日本卸電力取引所の取引価格をもとに，当該時間帯の需給状況などを反映して，30分ごとにインバランス料金単価を設定することとなっている．

 インバランス料金については，2022年4月からは，より合理的な料金でのインバランス料金精算をするため，調整力の限界的な電力量価格や，需給ひっ迫時の補正などを勘案するとともに，インバランス料金の価格や需給状況に関する情報がタイムリーに公表されるように制度改正されている．

4.8.2　託送料金に関する規制とレベニューキャップ制度

　託送料金については，2022年度までは，総括原価方式による認可制となっていた。また，料金を引き下げる場合でその他の電気の使用者の利益を阻害するおそれがないと見込まれる場合には経済産業大臣への届け出により供給条件を変更することができた。託送料金の設定後は，経済産業省令（電気事業託送供給等収支計算規則）に基づいて算定された託送供給等収支や，託送料金原価の想定単価と実績単価との乖離のチェック等による事後的な検証が行われていた。

　一方で，今後，再エネ主力電源化やレジリエンス強化などに対応するために，多額の更新投資が見込まれる送配電設備の運営にあたって，設備投資を計画的・機動的に行い，かつ確実に費用を回収しつつ，一般送配電事業者の費用を極力抑制する仕組みとして，2023年4月から**レベニューキャップ**制度が導入されている。

　レベニューキャップ制度は，一般送配電事業者が，今後5年間の規制期間での事業計画を策定し，その間必要となる費用の見積り等を申請し，国による審査を経て，託送料金の収入上限を決定する仕組みである。費用の内訳のうち，災害対応など，予見困難な需要や費用の増減は，規制期間中または事後に収入上限の調整を実施する。一般送配電事業者は，承認された収入の見通し（収入上限＝レベニューキャップ）を踏まえて設定した託送料金を託送供給等約款に規定し，経済産業大臣の認可を受けることとなる。

　レベニューキャップ制度では，送配電設備の次世代化や託送業務の品質の維持・向上に向け，あらかじめ事業計画において規制期間における目標を設定し，当該目標に対する達成状況に応じて翌期収入上限の上乗せまたは削減が与えられる。こうしたインセンティブが組み込まれている制度を通じて，一般送配電事業者の創意工夫や技術革新等に対する取り組みを促す効果も期待されている。

第5章

電気関係法規

5.1 総　　説

　電気の供給, 利用などに関し, その重要性や潜在する危険性などを踏まえながら, 適切な事業運営, 保安確保, 適正取引, 地球環境問題などの課題に対応するため, さまざまな法規が制定されている。これらの法規を本章では次のように大別し, 主な法規について概説する。

1. 電気事業の運営に関する法規

　電気は国民生活に不可欠のエネルギーであり, 低廉で安定な供給を確保することが必要であることから, 電気の利用者の利益を保護するとともに電気事業の健全な発達を図るための規制が電気事業法によって行われている。

2. 電気施設などの保安, 環境影響評価に関する法規

　電気工作物や電気用品などは感電, 火災などの危険性を内包していること, 他の施設などに対する電気的, 磁気的な障害を及ぼす恐れがあること, および周辺環境の保全を図る必要があることから, 保安と環境保全にかかわる規制が電気事業法などによって行われている。

3. 電気の計量, 規格, 標準に関する法規

　電気の供給, 使用に際しては, 電気を適正かつ正確に計量することが必要であるとともに, 電気に係る鉱工業製品の種類, 形状, 寸法, 性能などを標準化することが必要であることから, 計量法, 産業標準化法が定められている。

4. エネルギー政策に関する法規

　電気をはじめとするエネルギーは, 国民生活の安定向上, 国民経済の維持発展に不可欠であることから, 我が国のエネルギー需給に関する施策の基本方針にかかわる法律を始め, 電源開発, 新エネルギーや再生可能エネルギーの利用促進, 脱炭素社会の実現な

どを図るための法律がある。

表 5.1　電気関係法規

分　類	本章で概説する主な法律
1. 電気事業の運営に関する法規	電気事業法
2. 電気施設などの保安，環境影響評価に関する法規	電気事業法，環境影響評価法，電気工事士法，電気工事業の業務の適正化に関する法律，電気用品安全法
3. 電気の計量，規格，標準に関する法規	計量法，産業標準化法
4. エネルギー政策に関する法規	エネルギー政策基本法，原子力基本法，原子炉等規制法，発電用施設周辺地域整備法，非化石エネルギーの開発及び導入の開発及び促進に関する法律，エネルギーの合理化及び非化石エネルギーへの転換等に関する法律，再生可能エネルギー電気の利用の促進に関する特別措置法，脱炭素成長型経済構造への円滑な移行の推進に関する法律

5.2　電気事業の運営に関する法規

5.2.1　電気事業制度改革の背景と経緯

　電気事業の運営に関する規制は，電気事業の運営を適正かつ合理的なものとすることによって電気の使用者の利益を保護するとともに電気事業の健全な発達を図ることを目的として，電気事業法によって行われている。

　この目的を達成するため，従前は一般電気事業者による地域独占が認められ，それを適正なものとする観点からの規制が行われてきた。しかしながら，2011年3月の東日本大震災の発生とこれに伴う原子力事故を契機に「電力システム改革」が進められた。

　その後の数次の電気事業法改正を経て，現在では電気事業は小売電気事業，一般送配電事業，送電事業，配電事業，特定送配電事業，発電事業，特定卸供給事業の7つの事業に類別されており，それぞれの事業を担う事業者が適切に役割を果たすことによって低廉で安定な電力供給を目指す体系に転換された。

1.　電力システム改革(2013年～15年)

　2011年3月の東日本大震災の発生とこれに伴う原子力事故によって，我が国の電力供給システムの脆弱性が顕在化した。具体的には，首都圏などで発生した電力不足に対して，電力に余剰がある他地域の電気事業者から電力の融通を行おうとしても電力系統が不十分であったことなどから行えず，首都圏で計画停電を実施せざるを得ない状況にな

るなどの問題が生じた。

　これを受け，「電力システムに関する改革方針」が閣議決定（2013年4月2日）され，（1）広域系統運用の拡大，（2）小売り及び発電の全面自由化，（3）法的分離の方針による送配電部門の中立性の一層の確保，という3段階による電気事業法の改正が進められることとなった。

　　（1）　広域系統運用の拡大（2013年法改正）　　全国で10区域に分かれた供給区域内での電力供給の確保に重点が置かれた電力供給システムの弱点を解消するため，「**広域的運営推進機関**」が設置されることとなった。これにより全国規模で電源を効率的に運用し，緊急時には弾力的に電力融通を行える最適な電力需給構造を構築することとなった。

　　（2）　小売り及び発電の全面自由化（2014年法改正）　　本改正以前は一般家庭などの需要家は地域独占の電気事業者からしか電力供給を受けられなかったが，自由にさまざまな供給先や料金メニューを選びたいという需要家が増加していた。

　また，当時は地域独占の電気事業者には電力供給義務が課せられていたため，事業者が電源整備のために必要とする投資を安定的に回収することを保証する料金制度となっていた。このような料金制度では料金設定に柔軟性がなく，電力需要のピーク時に高い料金を設定をすることによって節電を促すことができなかったため，そのような料金設定の仕組みの必要性が指摘されていた。さらに，原子力発電所の長期停止や燃料高騰などによる電気料金の上昇を事業者間の適正な競争によって最大限抑制する仕組みを取り入れる重要性も指摘されていた。

　このような観点から，電力小売りの地域独占が廃止されることとなり，本改正によって発電設備や送配電設備を持っていなくても**小売電気事業者**として経済産業大臣の登録を受ければ電気の小売供給を行うことができることとなった（2016年4月1日，電力小売全面自由化）。併せて，電気事業者の電力の卸取引の機会拡大を図るとともに，適正な価格で取引できるよう，卸電力取引所が指定されることとなった。

　また，本改正では発電した電気を小売電気事業者などに供給する**発電事業**についても届出制による新規参入が認められることとなるとともに，新たな事業類型として**一般送配電事業**，**送電事業**，**特定送配電事業**が設けられた。

　　（3）　法的分離の方針による送配電部門の中立性の一層の確保（2015年法改正）
電力小売全面自由化の目的は，さまざまな事業者が参入することによって適正な競争が行われ電気料金が抑制されることであるが，そのためには送配電事業が小売電気事業者などを選別することなく中立性を確保して公平に運営されることが必要である。しかし

ながら，2014年の法改正では一般送配電事業者が他の事業を兼業することは禁止されておらず，従前の地域独占の電気事業者が引き続き発電から小売まで一貫して行う体制を維持することが可能な仕組みとなっていたため，一般送配電事業者の中立性が確保されず，小売電気事業の適正な競争が確保されないのではないかとの懸念が指摘された。このため，一般送配電事業と小売電気事業または発電事業を営む事業者は別の主体でなければならないとする措置（法的分離）が定められ，一般送配電事業者の中立性を確保することとなった。

また，同年改正では，電力の小売全面自由化に向け，行政による電力市場の監視機能を強化することを目的として「電力・ガス取引監視等委員会」が設置された。

2. 電力インフラ・システム強靱化（2020年法改正）

2018年の北海道胆振東部地震をきっかけにした北海道全域の大規模停電（ブラックアウト）や2019年の台風15号，19号によって生じた長期間の停電など，自然災害の激甚化によって電力供給へ大きな影響が生じた。

このため，災害に強い電力インフラ・システムの構築（電力レジリエンス強化）に向け，2020年に「強靱かつ持続可能な電気供給体制の確立を図るための電気事業法等の一部を改正する法律」，いわゆる「**エネルギー供給強靱化法**」によって電気事業法の改正が行われた。具体的には，（1）災害時の関係機関の連携強化，（2）災害に備えた送配電網の強靱化，（3）災害に強い次世代型電力網の構築に向けた制度整備，が行われた。

また，「エネルギー供給強靱化法」によって「電気事業者による再生可能エネルギー電気の調達に関する特別措置法（再エネ特措法）」も併せて改正され，「**再生可能エネルギー電気の利用の促進に関する特別措置法**」として再生可能エネルギーの電源利用の新たな推進策が規定された（5.5.7参照）。

　（1）　**災害時の関係機関の連携強化**　　災害時には，早期復旧に向け，他の電気事業者や関係機関の協力を得ることが必要であるが，電気事業者ごとに復旧手順が異なったり，電気事業者と地方自治体などの関係機関との間であらかじめ必要な取り決めがされていなかったりしたことなどから，効率的な復旧ができない事例があった。

このため，一般送配電事業者に対し，①災害時に関係機関との連携を円滑にするため，災害時連携計画をあらかじめ作成しておくこと，②災害に備えて資金を拠出して積み立てておき，被災した際には積立資金から交付される相互扶助制度（広域的運営推進機関が運営）に加入すること，③災害復旧時に戸別の通電状況などの情報提供を自治体に行うこと，が義務付けられた。

　（2）　**災害に備えた送配電網の強靱化**　　地震などによって発電所が停止した場合

などには大規模停電を避けるために他の一般送配電事業者の供給地域から電力を融通することが必要になる場合があるが，そのためには地域間で大電力を送電できる地域間連系線をあらかじめ整備しておく必要がある。このため，広域的に電力系統の整備を推進する機関である「**広域的運営推進機関**」の新たな業務として「将来の新たな電源の設置の可能性を見通した広域の系統整備計画を策定すること」が追加された。そして一般送配電事業者には，同計画に基づき送電網を整備するとともに，長期的観点から既存設備を計画的に更新することが義務付けられた。

（3） 災害に強い次世代型電力網の構築に向けた制度整備(新たな事業類型など)

「エネルギー供給強靭化法」による電気事業法の改正によって，新たな事業類型として**配電事業**が定義された。配電事業者は，再生可能エネルギーなどの分散型電源を含む配電網を自ら保有するか，または一般送配電事業者から借用または譲渡された配電網によって配電事業を行うものである。災害発生時などには一般送配電事業者の送配電網から切り離して独立したネットワークとして運用することができるので停電などの影響を受けずに済む可能性のある次世代型電力網を構築するものと位置づけられた。

この他に**特定卸供給事業**が新たな事業類型として定義された。特定卸供給事業者は再生可能エネルギーなどの分散型電源を設置している発電事業者以外の企業や一般家庭などからの電力を束ねて小売電気事業者や一般送配電事業者などに卸供給を行う事業者（アグリゲーター）である。特定卸供給事業者は，電力需給のひっ迫時や災害発生後の復旧時に，分散型電源設置者に対して出力増強を依頼するとともに，需要家に対しては電力需要抑制を要請する機能(デマンドレスポンス機能)を果たすことが期待されている。また，特定卸供給事業者は，気象条件などによって需要を上回る電力が再生可能エネルギーから供給されることが予想される場合には，需要家に対して工場の稼働増加や蓄電などによって電力需要を増やすよう要請することができるので，再生可能エネルギー電気の有効利用を図ることができると期待されている。

この他，「エネルギー供給強靭化法」による改正では，分散型電源と配電網が設置されている山間地などで，これらを主要な電力系統から切り離し，独立した電力系統にする**指定区域供給制度**が設けられた。これは，現状では山間地などへの電力供給が困難となるような災害が発生した場合でも，あらかじめ当該地域において電力系統が独立していれば，主要な電力系統の被災状況にかかわらず独自に電力供給を維持することが期待されるため，電気の安定供給を向上させることができる仕組みとして新たに導入されたものである。

3. 脱炭素社会の実現に向けた電力供給体制の確立（2023年改正）

国際エネルギー情勢の混乱，国内の電力需給ひっ迫などへの対応に加え，脱炭素社会の実現が求められていることから，脱炭素電源の利用促進と電気の安定供給を図る観点から，「脱炭素社会の実現に向けた電気供給体制の確立を図るための電気事業法等の一部を改正する法律」，いわゆる「GX脱炭素電源法」により電気事業法などの改正が行われた。

電気事業法については，再生エネルギー導入に資する電力系統整備を進めるための環境整備として，経済産業大臣が特に重要と認定する送電線の整備計画に交付金を交付する仕組みが設けられた。また，安全確保を大前提に原子力発電の運転期間を最長60年とした上で，原子力事業者があらかじめ予想できない理由で停止した期間は60年の運転期間のカウントから除く新たな規定が設けられた。

5.2.2 電気事業法に基づく電気事業の類型

前項で述べた電気事業制度改革を経て，現在，我が国の電気事業は，電気事業法によって発電から小売までの段階で7つの事業に類別されている。また，同法に基づき，電気事業の広域的運営を担う広域的運営推進機関，電気の供給などに関する取引が適正に行われていることを監視する電力・ガス取引監視等委員会，および電力の卸取引市場である卸電力取引所が設置されている。電気事業の類型を図5.1に示す。

1. 電気事業の類型

電気事業は，電気事業法により以下の7つの事業に定義されている（法第2条）。

（1）**小売電気事業** 小売電気事業は，一般の需要に応じて電気を供給する事業であり，自ら発電所や送配電設備を所有していなくても経済産業大臣の登録を受ければ事業を営むことができるが，需要を賄うために必要な供給力を確保することを義務付けられている。2024年4月現在で729事業者が登録を受けている。

（2）**一般送配電事業** 一般送配電事業は，大臣の許可を受けて自らが維持・運用する送電用および配電用の電気工作物により地域独占の供給区域内で託送供給[1]および電力量調整供給[2]を行う事業である。2015年の法改正により大手電力会社10社から法的分

---

(1) 託送供給：振替供給および接続供給をいう。
　　振替供給：他の者から受電した者が，同時に，受電した場所以外の場所で，当該他の者に受電した電気の量に相当する電気を供給すること。
　　接続供給：小売事業を営む他の者から受電した者が，同時に，受電した場所以外の場所で，当該他の者に対して，小売供給のために必要とする量の電気を供給すること
(2) 電力量調整供給：発電設備を運用する者または特定卸供給事業者から受電した場所において，それらの者があらかじめ申し出た量の電気をそれらの者に供給すること。

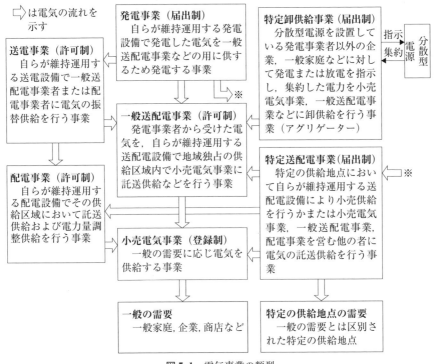

図5.1 電気事業の類型

離された各社の旧送配電部門が地域独占の一般送配電事業者10社[(1)]として許可を受けている。

（3） **送電事業**　送電事業は，自らが維持・運用する送電用の電気工作物により一般送配電事業者または配電事業者に振替供給を行う事業であり，大臣の許可を受ける必要がある。2024年4月現在，3社が許可を受けている。

（4） **配電事業**　配電事業は，自らが維持・運用する配電用の電気工作物によりその供給区域において託送供給および電力量調整供給を行う事業であり，大臣の許可を受ける必要がある。

配電事業は，特定の地域に存在する分散型電源の活用を促進する観点や自然災害に対する耐性(電力レジリエンス)を強化する観点から，地域において配電網を運営し，緊急

---

(1) 一般送配電事業者10社：北海道電力ネットワーク，東北電力ネットワーク，東京電力パワーグリッド，中部電力パワーグリッド，北陸電力送配電，関西電力送配電，中国電力ネットワーク，四国電力送配電，九州電力送配電，沖縄電力

時には独立したネットワークとして運用ができる次世代型電力網を構築するものとして「エネルギー供給強靭化法」による電気事業法改正(22年施行)によって新たに規定された。(5.2.1参照)

（5）特定送配電事業　　特定送配電事業は，特定の供給地点において自らが維持運用する送配電設備により小売供給を行うかまたは小売電気事業，一般送配電事業，配電事業を営む他の者に電気の託送供給を行う事業である。届出制であり，2024年4月現在，38社が届出している。

なお，特定送配電事業者が小売供給を行おうとする場合には経済産業大臣の登録を受けなければならない。2024年4月現在，35事業者が登録を受けている。

（6）発電事業　　発電事業は，自らが維持・運用する発電用の電気工作物を用いて小売電気事業，一般送配電事業，配電事業または特定送配電事業に用いる電気を発電する事業であり，供給する電力の合計が1万kWを超えるなどの条件に該当するものである。届出制であり，2024年4月現在，1133事業者が届出ている。

（7）特定卸供給事業

特定卸供給事業は，発電用または蓄電用の電気工作物を維持・運用する者(発電事業者以外の企業，一般家庭など)に対して発電または放電を指示し，それらから1MWを超えて集約した電力を小売電気事業，一般送配電事業，配電事業または特定送配電事業に卸供給を行う事業(アグリゲーター)である。本事業も「エネルギー供給強靭化法」による電気事業法改正(22年施行)で新たに規定された事業である。届出制であり，2024年4月現在，68事業者が届出ている。

2. 関係する制度・組織

（1）特定供給　　電気事業(発電事業を除く)に該当しない形(電気事業の類型に含まれない形)で個別の使用者に電気の供給を行う事業を営もうとする場合には，個別の電力供給によって電力供給秩序が混乱することを防止する観点から，電気の供給の相手方および供給する場所ごとに経済産業大臣の許可(特定供給の許可)が必要とされている(法第27条の33)。

発電事業は電気事業であるが，電気を使用者に直接，供給することは認められていないため，発電事業を営む者が使用者に直接，電力を供給するためには特定供給の許可を受ける必要がある。なお，専ら一つの建物内の需要に応じて供給する場合や発電事業に該当しない規模で小売電気事業などに電気を供給する場合には許可は不要である。

（2）広域的運営推進機関　　広域的運営推進機関は，2015年に法人として設置された(名称：電力広域的運営推進機関)。電力需給がひっ迫した場合に全国規模で電力融

通を行えるよう，全ての電気事業に関する電力需給の状況の監視などを行い，必要な場合に電力融通を電気事業者に指示する（法第28条の4）。電気事業者は推進機関に会員として加入することを義務付けられている（法第28条の11）。

(3) **電力・ガス取引監視等委員会** 電力・ガス取引監視等委員会は，経済産業省に置かれ，電力の卸供給，小売供給および送配電にかかわる取引において健全な競争が行われるよう，電気事業法などに基づき，監査，報告徴収，立入検査などによって監視を行う。経済産業大臣は，電気事業法に基づき，許可，登録，命令などを行う場合には委員会の意見を聴かなければならない。また，委員会は必要があると認めるときは電気事業者に対し必要な勧告ができることとなっている（法第60条の2他）。

(4) **卸電力取引所** 卸電力取引所は，経済産業大臣の指定を受け，電気事業者向けに卸電力取引の市場を開設することなどを業務としている（法第97条他）。

5.2.3 電気事業規制

電気事業の運営を適正かつ合理的なものとするため，電気事業法によってそれぞれの電気事業に対して規制が行われている。

1. 小売電気事業にかかわる規制

(1) **事業の登録** 電力の小売供給は，地域独占の制度（供給地域において一社が独占して小売供給を行うしくみ）が廃止され全面自由化されたが，需要に応じ電力を安定供給することや需要家の利益を保護することが必要であるため，小売電気事業を営もうとする者は，経済産業大臣の審査を受け，登録を受けることが義務づけられている（法第2条の2）。

経済産業大臣は，登録を行うに当たり，必要な供給能力を確保できる見込みがあるか，苦情等処理体制が適切かどうかなどの要件に合致しているか審査したうえで，問題がなければ登録を行うこととなっている（法第2条の4，2条の5）。

(2) **小売電気事業者の義務** 小売電気事業者には，供給能力の確保，苦情などに対する適切かつ迅速な処理，契約締結前の説明，契約締結時の書面交付などが義務づけられている。また，小売供給契約の媒介，取り次ぎなどを行う事業者にも，説明義務および書面交付義務を課している（法第2条の12〜16）。その上で経済産業大臣は，小売電気事業者に対し必要があるときは業務改善命令を出すことができる（法第2条の17）。

2. 一般送配電事業にかかわる規制

(1) **事業の許可** 小売供給の全面自由化後においても，送配電網については，複数の事業者による二重投資などの弊害を防止する観点から一般送配電事業者による地

域独占が認められているが,一般送配電事業を営もうとする者は,経済産業大臣の許可を受けなければならない(法第3条)。許可の基準としては,その供給区域の需要に適合していること,経理的および技術的能力があること,計画が確実であることなどのほか,事業の開始により設備が著しく過剰とならないこと,公共の利益の増進のため必要かつ適切であることなどが定められている(法第5条)。

(2) 一般送配電事業者の義務

a. 供給義務 一般送配電事業者は,正当な理由がなければ,その供給区域における託送供給や電力量調整供給を拒んではならないことが想定されている。また,**最終保障供給義務**[1]および**離島供給義務**[2]が課されており,発電設備保有者からの接続要請に応じる義務も課されている。最終保障供給,離島供給に係る苦情などに対しては,適切かつ迅速に処理しなければならない(法第17条)。

b. 約款 一般送配電事業者は,託送供給および電力量調整供給にかかわる料金その他の供給条件について,**託送供給等約款**を定め,経済産業大臣の認可を受ける必要がある(法第18条)。経済産業大臣は,必要があれば,託送供給等約款の変更の認可を申請すべきことを命じることができ,変更の認可の申請がされないときは,供給条件を変更することができる(法第19条)。

また,一般送配電事業者は,最終保障供給,離島供給にかかわる料金その他の供給条件について約款を定め,経済産業大臣に届け出なければならない。経済産業大臣は,必要があれば,一般送配電事業者に対し,それらの約款を変更するよう命ずることができる(法第20条,21条)。

c. 指定区域供給の申請と指定 一般送配電事業者は,供給区域内の一部区域において,分散型電源などを活用することによって配電網を主要な電力系統から切り離し,独立させて運用することを経済産業大臣に申請することができる。経済産業大臣は,その運用が安定供給やコスト面から見て効率的であると認めた場合,当該区域を指定区域として指定(指定区域供給制度)することができる(法第20条の2)。指定区域供給制度は,災害に強い次世代型電力網の構築に向けた制度整備として2020年に「エネルギー供給強靭化法」によって規定された。(5.2.1参照)

d. 兼業の制限 一般送配電事業者は,経済産業大臣の認可を受けなければ小

---

(1) 最終保障供給義務:一般送配電事業者の供給区域内で小売事業者の撤退などがあった場合において,需要に応じて電気を供給することを保障する義務

(2) 離島供給義務:供給区域内に離島がある場合に,需要に応じて電気を供給することを保障する義務

売電気事業，発電事業または特定卸供給事業を営んではならないこととなっている（法第22条の2）。また，一般送配電事業者の取締役などは，親会社や子会社等に当たる小売電気事業者，発電事業者または特定卸供給事業者の役員を兼ねてはならない（法第22条の3）。これらにより法的分離による送配電部門の中立性の一層の確保が図られた（2015年法改正）。

　　e.　禁止行為　　一般送配電事業者は，業務に関して知り得た情報を目的外に利用したり，特定の電気を供給する事業者に対し不当に差別的な取扱いをしたりしてはならず，違反行為があったときは，経済産業大臣は，当該行為の停止等を命ずることができる（法第23条）。なお，経済産業大臣から認定電気使用者情報利用者等協会として認定を受けた団体[1]への情報提供は認められている（法第37条の3）。

　　f.　電圧および周波数の維持　　一般送配電事業者は，電圧および周波数を経済産業省令で定める値に維持するよう努めなければならない。具体的には，電圧は標準電圧に応じて101±6ボルト又は202±20ボルトを超えない値，周波数は一般送配電事業者が供給する電気の周波数，50ヘルツまたは60ヘルツである（法第26条，施行規則第38条）。

　　g.　災害などの緊急時への備えおよび対応　　2020年の法改正により，一般送配電事業者は，事故により電気の供給に支障が生じる場合に備えた対策を講じておく（法第26条の2）とともに，電気工作物の設置時期や耐用年数などを記載した台帳を作成し，長期的な観点から計画的に設備更新を行うことが義務付けられた（法第26条の3）。また，一般送配電事業者は，災害時に関係機関との連携を円滑に行うために災害時連携計画をあらかじめ作成し，広域的運営推進機関を通じて経済産業大臣に届出ておかなければならない（法第33条の2）。

　さらに，経済産業大臣からの求めがあった場合，一般送配電事業者は，災害時に関係行政機関または地方公共団体の長に対して必要な情報提供を行わなければならない（法第34条）。

　　h.　会計整理　　一般送配電事業者は，毎事業年度終了後に財務諸表を取りまとめ，経済産業大臣に提出しなければならない（法第27条の2）。

3.　送電事業にかかわる規制

　（1）事業の許可　　送電事業を営もうとする者は経済産業大臣の許可を受けなければならない（法第27条の4）。

　一般送配電事業の需要に適合すること，経理的基礎および技術的能力があること，送

---

(1)　2022年6月30日付で一般社団法人電力データ管理協会が認定された。

電事業の計画が確実であることなどのほか，事業の開始により電気の使用者の利益が阻害されないこと，公共の利益の増進のため必要かつ適切であることなどの許可の基準に適合しなければ許可されない(法第27条の6)。

（2）**送電事業者の義務**　送電事業者は，一般送配電事業者または配電事業者に振替供給を行う契約をしているときは，正当な理由がなければ，振替供給を拒んではならず，また一般送配電事業者と同様に発電設備保有者からの接続要請に応じる義務が課されている(法第27条の10)。

一般送配電事業者などに対する振替供給条件については，経済産業大臣に届け出なければならない。また，一般送配電事業と同様の兼業の制限がなされている。会計整理，禁止行為，業務改善命令についても一般送配電事業者と同様の規制がなされている。

4. 配電事業にかかわる規制

（1）**事業の許可**　配電事業を営もうとする者は経済産業大臣の許可を受けなければならない(法第27条の12の2)。配電事業が供給区域の需要に適合すること，経理的・技術的基礎があること，事業の計画が確実であることなど許可の基準に適合しなければ許可されない(法第27条の12の4)。

（2）**配電事業者の義務**　配電事業者には，その供給区域における託送供給義務，電力量調整供給義務，小売電気事業などとの兼業の制限，禁止行為，電圧および周波数の維持など，一般送配電事業者と同等の法的義務が課せられている。

5. 特定送配電事業にかかわる規制

（1）**事業の届出**　特定送配電事業を営もうとする者は，供給地点，事業に用いる電気工作物に関する事項などを事業開始の20日前までに経済産業大臣に届け出なければならない。経済産業大臣は，電気の使用者の利益が著しく阻害されるおそれがあると認めるときは，その届出の内容を変更し，または中止すべきことを命ずることができる(法第27条の13)。

なお，特定送配電事業者が小売供給を行おうとするときは，別途，経済産業大臣の登録を受けることが必要である。

（2）**特定送配電事業者の義務**　特定送配電事業者は，小売電気事業者または一般送配電事業者または配電事業者と託送供給を行う契約をしているときは，正当な理由がなければ託送供給を拒んではならないという託送供給義務が課されている(法第27条の14)。

電圧維持義務，周波数維持義務などについては，一般送配電事業者と同様に課せられている(法第27条の26)。

6. 発電事業にかかわる規制

（1） 事業の届出　発電事業を営もうとする者は，経済産業大臣に届け出なければならない（法第27条の27）。発電事業は，小売電気事業，一般送配電事業，配電事業または特定送配電事業に用いるための接続最大電力が合計1万kWを超えるものであって出力が1 000kW以上の発電設備などを用いること，これらの事業に用いる接続最大電力が合計出力の5割超であること，電気事業の用に供する年間の電力量が発電量の5割超であることの条件を満たす必要がある（施行規則第3条の4）。

（2） 発電事業者の義務　発電事業者は，一般送配電事業者および配電事業者に電気を供給するための発電義務がある（法第27条の28）。

（3） 発電用原子炉の運転期間の延長にかかわる認可　2023年改正（GX脱炭素電源法）により，原子力発電事業者（原子力発電工作物を発電事業に用いる発電事業者）が発電用原子炉を運転できる期間は，最初に使用前検査に合格してから40年と規定された。

運転期間の延長は，安定供給確保，脱炭素社会への貢献，自主的な安全性向上対策や防災対策の向上の観点から経済産業大臣の審査を受け，認可された場合に認められる。その際，延長できる期間は20年で運転期間は最長60年となるが，事業者が予見しがたい事情で停止した期間（発電用原子炉の安全規制にかかわる制度・運用の変更や仮処分命令などによる期間）は算入しないので20年を超えて延長できる。延長認可に当たっては，原子炉等規制法に基づく原子力規制委員会による安全性確認が大前提である（法第27条の29の2）[1]。

7. 特定卸供給事業にかかわる規制

（1） 事業の届出　特定卸供給事業を営もうとする者は，特定卸供給に必要な電力の供給能力の確保ができることを示す事項や事業開始の予定年月日などを事業開始の30日前までに経済産業大臣に届け出なければならない。経済産業大臣は，電気の使用者の利益の保護または一般送配電事業者などの電気の供給に支障を及ぼす恐れがあると認めるときは，その届出の内容を変更し，または中止すべきことを命ずることができる（法第27条の30）。

（2） 特定卸供給事業者の義務　特定卸供給事業者は，一般送配電事業者または配電事業者に電気の特定卸供給を行うことを契約しているときは，正当な理由がなければ，特定卸供給を拒んではならないという義務が課されている（法第27条の31）。

---

(1) 本規定（法第27条の29の2）の施行日は，2025年6月6日である。

8. 特定供給にかかわる規制

（1） 特定供給の許可　電気事業（発電事業を除く）を営む場合，もっぱら一つの建物内の需要に応じ電気を供給する場合，小売電気事業などのために電気を供給する場合を除き，電気を供給する事業を営もうとする場合には，供給の相手方と供給する場所ごとに経済産業大臣の許可（特定供給の許可）を受ける必要がある（法第27条の33第1項）。

特定供給の場合は許可を必要とするが，電気事業ではないため特定送配電事業の場合に課せられる託送供給義務などの義務は課せられない。

（2） 許可の条件　特定供給は，電気を供給する者が供給の相手方と親会社と子会社の関係にあるなど密接な関係があること，供給する場所が一般送配電事業者または配電事業者の供給区域内にある場合には供給区域内の電気の使用者の利益が阻害されるおそれがないことのいずれにも合致していなければ許可してはならないこととなっている（法第27条の33第3項）。

5.2.4 電気事業の広域的運営にかかわる規制

1. 電気事業者等の相互協調の義務

電気事業者および発電用の自家用電気工作物を設置する者は，電源開発や電気の供給，電気工作物の運用などの業務を行う際に，広域的運営を行うことによって電気の安定供給の確保に努めなければならず，相互に協調しなければならないことが定められている（法第28条）。

これは，国民生活および国民経済に不可欠なエネルギーである電力を安定供給するとともに，大規模災害が発生した場合に迅速かつ的確に対応するためには事業者間で日頃から協力関係を構築しておくことがますます重要になっていることを踏まえたものである。

2. 特定自家用電気工作物設置者の届出義務

出力1 000kW以上の発電用または蓄電用の自家用電気工作物（太陽電池発電設備および風力発電設備を除く）の設置者は，その発電設備を系統に接続したときは，その旨を特定自家用電気工作物設置者として経済産業大臣に届出ることが義務づけられている（法第28条の3，施行規則第45条の27）。この規定が設けられたのは，東日本大震災後の電力需給ひっ迫時に電気事業者以外の自家用電源を活用することが困難であったことを踏まえたものであり，電力需給ひっ迫に備えて経済産業大臣があらかじめ特定自家用電気工作物設置者を把握しておくための措置である。

電力需給がひっ迫した場合には，経済産業大臣は特定自家用電気工作物設置者に対し

て小売電気事業者に電力を供給するなどの措置をとるよう勧告できることとなっている(法第31条)。

3. 広域的運営推進機関の役割

（1）目　的　　2015年に経済産業大臣の認可を得て設立された電力広域的運営推進機関(以下「推進機関」という。)は，電気の需給状況の監視を行うとともに，電気の需給の状況が悪化した小売電気事業者，一般送配電事業者などに電気を供給するよう，他の電気事業者に指示することなどを業務としており，電気事業者の相互の協調による広域的運営を推進することを目的としている(法第28条の4)。

全ての電気事業者は，推進機関にその会員として加入しなければならないこととなっている(法第28条の11)。

（2）主な業務　　推進機関が担う主な業務は以下のとおりである(法第28条の40)。

a. 需給の監視と必要な指示　　推進機関は，電気の需給状況をリアルタイムで監視し，電気の需給状況が悪化した際には会員である電気事業者に対して供給力を増強することや供給区域を超えた電力融通を行うことなどの必要な指示を行う。

b. 送配電等業務指針の作成　　推進機関は，**送配電等業務**(一般送配電事業者，送電事業者および配電事業者が行う託送供給の業務や変電，送電および配電に係る業務)を実施する際に事業者が守らなければならない基本的な事項を定めた**送配電等業務指針**を経済産業大臣の認可を得て作成する。

c. 供給計画に関する検討と意見具申　　電気事業者は，毎年度，供給計画を作成し，推進機関を経由して経済産業大臣に届出る義務がある。推進機関は，提出された供給計画を取りまとめ，電力の広域的運営を進める観点から意見があるときは経済産業大臣に具申する(法第29条)。

d. 災害時連携計画に関する検討と意見具申　　一般送配電事業者は，災害に備え，あらかじめ災害時連携計画を作成し，推進機関を通じて経済産業大臣に届出る義務がある。その際，推進機関は提出された災害時連携計画について検討し，意見があるときは経済産業大臣に具申する(法第33条の2)。

e. 電源設置の促進　　推進機関は，電気事業者から提出された供給計画を踏まえ，中長期的な我が国全体の需給見通しや電源の設置計画を把握し，電力の供給能力が不十分な場合，入札により電源建設者を募集するなど電源設置の促進のための業務を行う。

f. 広域系統整備計画の策定および広域系統整備交付金の交付　　再生可能エネルギー電源などを最大限に活用するためには，一般送配電事業者間を結ぶ基幹送電線(基幹系統)を効果的に整備することが必要である。このため推進機関は，変電用，送電用

および配電用の電気工作物の整備・更新に関する計画(広域系統整備計画)を策定し、経済産業大臣に届出ることとなっている。また、推進機関は、卸電力取引所からの納付金を原資として、系統整備のために必要な資金を交付金として事業者に交付する。

　　g.　送配電等業務の円滑な実施，電気の安定供給に必要な指導　　推進機関は，送配電等業務指針に従っていない事業者に対して必要な指導，勧告などを行う。

　　h.　情報提供業務など　　推進機関は，送配電等業務に関する電気供給事業者からの苦情の処理，紛争の解決を行う他，送配電等業務に関する情報提供や連絡調整を行う。

4.　電気事業者による供給計画の届出義務

　電気事業を広域的に運営していくためには，電気事業者相互の協調が不可欠であると同時に，長期的な電力需要見通しを踏まえた計画的な電源開発が必要である。このため，推進機関の業務で述べたとおり，電気事業者は，毎年度，電気の供給ならびに電気工作物の設置および運用についての計画(供給計画)を作成し，推進機関を通じて経済産業大臣に届出る義務がある。経済産業大臣は，必要があれば計画変更を勧告できる(法第29条)。

5.　災害などに対応するための規制

　　(1)　経済産業大臣による供給命令など　　経済産業大臣は，災害・事故などによって電力の安定供給に支障が生ずる恐れがある場合であって特に必要があると認めるときは，電気事業者に対し，電気の供給，振替供給などの必要な措置をとることを命ずること(供給命令)ができる(法第31条)。

　さらに必要がある場合，経済産業大臣は，特定自家用電気工作物設置者に対しても，小売電気事業者に電気を供給することなどの措置をとるよう勧告することができ，勧告を受けた者が，正当な理由がなく，勧告に従わなかったときは，その旨を公表することができる(法第31条)。

　　(2)　一般送配電事業者による災害時連携計画の作成義務　　一般送配電事業者は，災害や事故によって電気の安定供給に支障が生じる場合に備え，相互の連携に関する計画(災害時連携計画)を共同して作成し，推進機関を経由して経済産業大臣に届出なければならない(法第33条の2)。

　　(3)　一般送配電事業者などに対する情報の提供の求めなど　　経済産業大臣は，緊急事態の防止や災害復旧のために，関係行政機関や地方公共団体が必要とする戸別の通電状況などの情報を提供するよう，一般送配電事業者または配電事業者に求めることができる。求めを受けた一般送配電事業者などは，正当な理由がない限り，速やかに情

報提供しなければならない(法第34条)。

6. 電気の使用制限など

経済産業大臣は，発送変電設備の事故や災害などの理由で電力需給がひっ迫し，その事態を放置すればさらに社会経済に混乱をもたらす恐れがあると認めるときは，電気の使用者に対しても電気の使用を制限すべきことを命令または勧告することができる(法第34条の2)。

5.3 電気施設などの保安，環境影響評価に関する法規

5.3.1 電気施設などの保安規制体系

電気工作物や電気用品などは感電，火災などの危険性を内包していること，他の施設などに対する電気的，磁気的な障害を及ぼす恐れがあることなどから関係法令による保安規制が行われている。保安規制の対象となる電気設備などは，大規模な発電設備，高圧送電設備から一般家庭の屋内配線，電気製品に至るまで多種多様であり，それらを扱う人も電気の専門家から一般人までさまざまである。

このため，電気の保安規制は，**電気事業法**，**電気工事士法**，**電気工事業の業務の適正化に関する法律(電気工事業法)**および**電気用品安全法**によって，電気工作物などの多種多様な実態に応じた規制が行われている。

表5.2 電気保安関係法規の目的と規制対象

法　律	目　的	規制対象
電気事業法	公共の安全の確保および環境の保全	電気工作物の工事，維持，運用
電気工事士法	一般用電気工作物等(注)および500kW未満の需要設備に係る電気工事の欠陥による災害の防止	電気工事の作業に従事できる者の資格，義務
電気工事業の業務の適正化に関する法律	一般用電気工作物等および自家用電気工作物の保安の確保	電気工事業を営もうとする者の業務
電気用品安全法	電気用品による危険および障害の発生の防止	電気用品の製造・販売など

(注)　一般用電気工作物等：図5.2参照

5.3.2 電気事業法による保安規制および環境影響評価

電気事業法は，電気事業の適正かつ合理的な運営を図ることに加え，電気工作物の工事，維持，運用を規制することによって公共の安全の確保と環境保全を図ることを目的

としており,以下に述べる規制が行われている。

1. 電気工作物の定義

電気事業法では,電気工作物をその用途や出力,設置場所などに応じて一般用電気工作物と事業用電気工作物に分けて定義し,それらの実情に応じた保安規制が行われている。

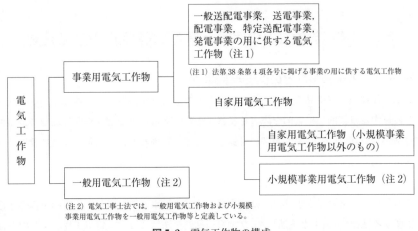

図 5.2 電気工作物の構成

（1）**電気工作物**　電気事業法において電気工作物とは,「発電,変電,蓄電,送電若しくは配電又は電気の使用のために設置する機械,器具,ダム,水路,貯水池,電線路その他の工作物をいう」と定義されている(法第2条18号)。ただし,船舶,車両または航空機に設置されるものその他の政令で定めるもの(電圧30V未満の独立した電気回路など)は除かれる(施行令第1条)。

電気工作物は,一般家庭などで使用される一般用電気工作物と電気事業などで使用される事業用電気工作物に分類されている。

（2）**一般用電気工作物**　一般用電気工作物は,電気事業法では次の条件に適合するものと定義されている(法第38条第1項)。

　　a. 電気を使用するための電気工作物であって,低圧受電電線路(600kV以下の電圧で受電するもの)以外の電線路で構外の電気工作物と接続されていないもの
　　b. 出力が省令で定める出力未満の小規模発電設備であって,低圧受電電線路以外

---

(1) 小規模発電設備：低圧の電気にかかわる発電用の電気工作物であって経済産業省令で定めるもの(表5.3参照)

5.3 電気施設などの保安，環境影響評価に関する法規　153

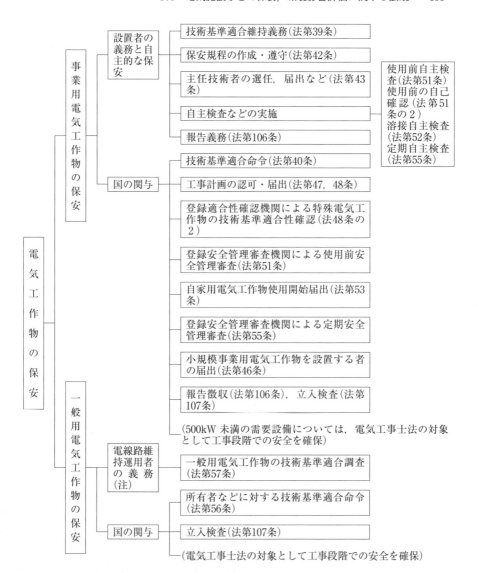

(注)　**電線路維持運用者**：電気を供給する電線路を維持運用する一般送配電事業者，配電事業者，特定送配電事業者など

図 5.3　電気事業法による電気保安の体系

の電線路で構外の電気工作物と接続されていないもの
 c. a, b の場合でも，次の条件に該当するものでないこと
  ① 小規模発電設備以外の発電用の電気工作物の設置場所と同一構内に設置する電気工作物
  ② 爆発性または引火性の物が存在するため，電気工作物による事故が発生するおそれが多い場所であって経済産業省令で定めるものに設置する電気工作物

（3） **事業用電気工作物**　事業用電気工作物は，一般用電気工作物以外の電気工作物と定義されている（法第38条第2項）。

（4） **小規模事業用電気工作物**　小規模発電設備のうち一般用電気工作物以外のものは事業用電気工作物であり，小規模事業用電気工作物と定義されている（法第38条第3項）。具体的には，小規模発電設備のうち，出力 10kW 以上 50kW 未満の太陽電池発電設備および出力 20kW 未満の風力発電設備は小規模事業用電気工作物である。（表 5.3 参照）

表 5.3　小規模発電設備の電気工作物としての区分

小規模発電設備		電気工作物としての区分
風力発電設備	20kW 未満のもの	小規模事業用電気工作物
太陽電池発電設備	10kW 以上 50kW 未満のもの	
	10kW 未満のもの	一般用電気工作物
水力発電設備	20kW 未満のもの	
内燃力発電設備	10kW 未満のもの	
燃料電池発電設備		
スターリングエンジン発電設備		

（5） **自家用電気工作物**　自家用電気工作物は，一般送配電事業，送電事業，配電事業，特定送配電事業または一定の要件に該当する発電事業に用いられる電気工作物および一般用電気工作物を除く電気工作物と定義されている（法第38条第4項）。具体的には，自家用電気工作物は，事業用電気工作物のうち，これらの電気事業に用いられるもの以外のものであり，工場・ビルなどの 600V を超えて受電する需要設備，小売電気事業用接続最大電力が 200万kW 以下の発電設備，小規模事業用電気工作物などである。

2．事業用電気工作物の保安規制

電気事業法による保安規制は，設置者に対して事業用電気工作物を技術基準に適合するよう維持することを義務付けており，そのために保安規程を作成すること，主任技術者を選任すること，自主検査を実施することなどの自主的な保安への取り組みを設置者

に求めている。国は，安全確保上重要な場合に限り，工事計画の届出を求めるなどの必要な関与をする体制になっている。保安規制で具体的に求められる事項は，それぞれの事業用電気工作物の実態などを踏まえ規定されている。

(1) 技術基準

a. 技術基準への適合義務(設置者の義務)　事業用電気工作物の設置者は，保安確保のため，事業用電気工作物を技術基準に適合するよう維持することを義務付けられている(法第39条)。

技術基準は，人体に危害を及ぼさないこと，物件に損傷を与えないこと，他の電気設備などに電気的，磁気的な障害を与えないようにすることなどの観点から主務大臣[1]が発する命令で定められている(6.1.1参照)。

b. 技術基準適合命令(国の関与)　主務大臣は，事業用電気工作物が技術基準に適合していないと認めるときは，設置者に対し，技術基準に適合するように修理などを命令したり使用を制限したりすることができる(法第40条)。

(2) 保安規程および主任技術者(自主的な保安)　設置者は，事業用電気工作物の保安確保のために必要となる組織体制や設備の点検などに関する事項を定めた保安規程を作成するとともに，資格を有する主任技術者を選任し，保安規程に基づいて電気工作物の工事・維持・運用に関する保安の監督をさせなければならない。

a. 保安規程の作成と遵守義務　事業用電気工作物の設置者は，電気工作物を技術基準に適合するよう維持する義務を果たすため，保安を一体的に確保するために必要な組織ごとに，その体制，巡視・点検や事故時などの対応などを定めた保安規程を作成し，使用の開始前に主務大臣に届け出なければならず，設置者および従業者はこれを遵守しなければならない。主務大臣は，必要があると認めるときは保安規程の変更を命ずることができる(法第42条)。

保安規程に定めなければならない事項は，①一般送配電事業，送電事業，配電事業または一定の要件に該当する発電事業に用いられる事業用電気工作物と②それ以外の事業用電気工作物の場合に分けて主務省令で規定されている(施行規則第50条)。具体的には，事業用電気工作物の工事，維持，運用に関する保安確保のための体制，主任技術者の権限と組織上の位置付け，保安教育に関することなどについて定めることが求められている。

---

(1)　主務大臣は，原子力発電工作物(原子力を原動力とする発電用の電気工作物)については原子力規制委員会および経済産業大臣，それ以外の電気工作物については経済産業大臣。

保安規程は，設置者が事業用電気工作物の規模や種類などに応じた適切な自主保安体制を確立するために定めるものであり，主任技術者の選任とともに自主保安の要となるものである．

b. 主任技術者の選任

① **主任技術者の選任義務**　事業用電気工作物の設置者は，事業用電気工作物の工事，維持，運用に関する保安の監督を行わせるため，主任技術者免状の交付を受けている者のうちから主任技術者を選任しなければならない(法第43条第1項)．なお，自家用電気工作物の設置者については，主務大臣の許可を受ければ主任技術者の免状の交付を受けていない者を主任技術者に選任できることとなっている(同第2項)．(⑥自家用電気工作物における主任技術者の選任の特例参照)

設置者は，主任技術者を選任または解任したときは遅滞なく主務大臣に届出なければならない(同第3項)．

② **主任技術者免状の種類と監督の範囲**　主任技術者免状は，**電気主任技術者免状**(第1種，第2種，第3種)，**ダム水路主任技術者免状**(第1種，第2種)および**ボイラー・タービン主任技術者免状**(第1種，第2種)があり，それぞれの免状の交付を受けた人が監督できる範囲は表5.4のように経済産業省令で定められている(施行規則第56条)．

③ **主任技術者を選任すべき事業場**　事業用電気工作物の主任技術者は，事業場または設備ごとに定められた免状の交付を受けた者から選任すべきことが主務省令で定められている．このうち，電気主任技術者を選任すべき事業場は次のとおりである(施行規則第52条，原子力発電工作物の保安に関する命令第6条)．

i) 水力発電所(小型のものを除く)，火力発電所(小型のものを除く)，原子力発電所，燃料電池発電所，蓄電所(1)，変電所，送電線路または需要設備の設置工事のための事業場

ii) 原子力発電所

iii) 発電所(原子力発電所を除く)，蓄電所，変電所，需要設備または送電線路もしくは配電線路を管理する事業場を直接統括する事業場

④ **主任技術者の兼任**　主任技術者は上記の事業場または設備ごとに選任することが原則であるが，経済産業大臣または所轄産業保安監督部長の承認を受けた場合には，

---

(1) 蓄電所：構外から伝送される電力を構内に施設した電力貯蔵装置等で貯蔵し，その電力と同一の使用電圧および周波数でさらに構外に伝送する所(同一の構内において発電設備，変電設備または需要設備と電気的に接続されているものを除く．)として2022年の技術基準省令改正により新たに定義された(電気設備に関する技術基準を定める省令第1条)．

表 5.4 主任技術者免状の種類と監督できる範囲(施行規則第56条)

免状の種類		保安の監督ができる範囲
電気主任技術者	第一種	事業用電気工作物の工事，維持および運用(注)
	第二種	電圧17万ボルト未満の事業用電気工作物の工事，維持および運用(注)
	第三種	電圧5万ボルト未満の事業用電気工作物(出力5千キロワット以上の発電所または蓄電所を除く。)の工事，維持および運用の保安の監督(注)
ダム水路主任技術者	第一種	水力設備(小型のものなどを除く)の工事，維持および運用(電気的設備に係るものを除く)
	第二種	水力設備(小型のもの，ダム，導水路などを除く)，高さ70m未満のダムならびに圧力588キロパスカル未満の導水路などの工事維持および運用(電気的設備に係るものを除く)
ボイラー・タービン主任技術者	第一種	火力設備(小型のものなどを除く)，原子力設備，燃料電池設備の工事，維持，運用(電気的設備にかかわるものを除く)
	第二種	火力設備(汽力を原動力とし圧力5880キロパスカル以上のものなどを除く)および圧力5880キロパスカル未満の原子力設備，燃料電池設備の工事，維持，運用(電気的設備に係るものを除く)

注：第一種ダム水路主任技術者または第一種ボイラー・タービン主任技術者の監督に係るものを除く

1人の主任技術者に2以上の事業場または設備の主任技術者を兼任させることができる(施行規則第52条)。

電気主任技術者の兼任の承認は，兼任させようとする事業場または設備が，電気主任技術者が常時勤務する事業場または設備と同一の設置者またはその親会社もしくは子会社などが設置した事業場または設備の場合であって，電気主任技術者が常時勤務する事業場から2時間以内に到達できるところにあることなどの要件に適合する場合に行われる。

⑤ **主任技術者の職務および権限** 主任技術者は，電気工作物の保安確保のために必要な指揮を行う権限を与えられており，自主的な保安確保のための要としての位置づけと役割を与えられている。

主任技術者の職務は，事業用電気工作物の工事，維持，運用に関する保安の監督であり，具体的には保安規程に定められた職務を誠実に行わなければならない(法第43条第4項)。一方，事業用電気工作物の設置者および工事，維持，運用に従事する者は，保安規程を遵守するとともに，主任技術者が保安のために行う指示に従わなければならない(同第5項)。

⑥ **自家用電気工作物における主任技術者の選任の特例**　自家用電気工作物は事業用電気工作物のうち電気事業に用いられるもの以外のものであり，ビルや工場などの小規模な需要設備などが含まれ，保安上支障がない場合，主任技術者の選任に当たり以下の特例が認められている．

ⅰ) **許可主任技術者の選任**

自家用電気工作物については，主務大臣の許可を受けて，主任技術者免状の交付を受けていない者を主任技術者として選任することができる（法43条第2項）．

許可は，その事業場の規模および選任されようとする者の知識，経験からして，保安上支障がないと認められる場合に限り行われる．

ⅱ) **保安管理業務外部委託承認**

主任技術者は設置者の従業員などの中から選任することが原則であるが，自家用電気工作物は，中小企業の工場，事務所ビルに設置された需要設備など多種多様であり，その設置者のなかには主任技術者の雇用が容易でない者も多い．このため，7 000V以下で受電する需要設備を管理する事業場を直接統括する事業場など施行規則に規定された事業場においては，自家用電気工作物の工事，維持，運用に関する保安の監督にかかわる業務（**保安管理業務**）を，一定の要件を満たす個人事業者または法人に委託できる制度があり，保安上の支障がないものとして経済産業大臣（産業保安監督部長）の承認を受けた場合には電気主任技術者を従業員などから選任しないことができる（施行規則第52条第2項）．

委託契約が可能な個人事業者（**電気管理技術者**）と法人（**電気保安法人**）に関する要件としては，保安管理業務に従事する者（保安業務従事者）は電気主任技術者免状の交付を受けていること，実務に従事した期間が一定期間以上（例えば，第3種電気主任技術者免状の交付を受けている者の場合5年以上[1]）であることなどが定められている．

保安管理業務外部委託の承認を受けた設置者は，事業場の電気工作物の保安を確保するため，委託契約の相手方である電気管理技術者や電気保安法人が保安に関して提示する意見を尊重し，必要な対応をしなければならない．

経済産業大臣（産業保安監督部長）は，承認を受けた保安管理業務外部委託の相手方が委託契約によらないで保安管理業務を行ったなどの一定の条件に該当するにいたったときは，その承認を取り消すことができる．

ⅲ) **外部選任**

---

(1) 2021年の改正により，第二種または第三種電気主任技術者の免状の交付を受けた者であって自家用電気工作物の保安管理業務に係る講習を修了した者は3年に短縮された．

主任技術者を従業員などから選任できない場合には，上述の保安管理業務外部委託承認を受ける以外に，①設置者が主任技術者の意見を尊重すること，②従業員は主任技術者の保安の指示に従うこと，③主任技術者は保安の監督の職務を誠実に行うこと，の要件の下で，労働者派遣法に基づく派遣労働者として常時勤務する者を主任技術者に選任することが認められている。

また，設置者から自家用電気工作物の保安の監督にかかわる業務を受託している者またはその役員もしくは従業員であって常時勤務する者を主任技術者として選任することができる。その際，業務受託者が公共施設の指定管理者である場合など，当該自家用電気工作物の維持・管理の主体として技術基準適合義務を果たすことが明らかな場合は，受託者を設置者とみなし，その受託者が「みなし設置者」として電気主任技術者の選任を行うことを認めることとされている。

⑦　**主任技術者制度の解釈および運用**　以上の「主任技術者の選任」に係る制度の詳細については，「主任技術者制度の解釈及び運用」が内規として経済産業省により定められ運用されており，実務に際してはこれを参照する必要がある。

c. 主任技術者免状の取得

①　**主任技術者免状の取得**　主任技術者は，上述の通り，電気工作物の工事・維持・運用に関する保安の監督という重要な職務と権限を担っているが，経済産業大臣から主任技術者の免状の交付を受けることができるのは，次のいずれか一つに該当する者である(法第44条第2項)。

i) 主任技術者免状の種類ごとに経済産業省令で定める学歴または資格及び実務の経験を有する者

ii) 電気主任技術者免状については，上記の他，**電気主任技術者国家試験**に合格した者

②　**学歴または資格および実務経験による電気主任技術者免状の取得**　電気主任技術者免状を取得するために必要な学歴または資格および実務経験は，「電気事業法の規定に基づく主任技術者の資格等に関する省令」に規定されている。

経済産業大臣の認定を受けた学校（認定校）などの電気工学に関する学科において，同省令に定める科目を修めて卒業した者が，電気工作物の工事，維持または運用の実務経験を所定の年数経験し，認定申請すると免状を取得することができる。また，第3種または第2種電気主任技術者免状を取得している者が，取得後さらに所定の実務経験を積み，認定申請すると上位の免状を取得することができる（同省令第1条第1項）。

なお，取得単位が所定単位に満たないで卒業した者でも，一部の科目については，二

科目を限度として不足している単位に該当する電気主任技術者試験(一次試験)の科目に合格すると所定の学科を修めた者とみなされる(同省令第1条第2項)．

③　**電気主任技術者国家試験合格による免状取得**　電気主任技術者試験は，主任技術者免状の種類ごとに事業用電気工作物の工事，維持または運用の保安に関して必要な知識および技能について行われる．第3種電気主任技術者試験は年2回実施され，令和5年度からは筆記方式(問題用紙とマークシートを用いて行う試験方式)に加えて，パソコンを用いて行うCBT方式(Computer Based Testing)が導入された．

試験の方法は，第1種および第2種電気主任技術者試験は一次筆記試験(第一次試験)と二次筆記試験(第二次試験)があるが，第二次試験は，第一次試験に合格した者のみが受験できることになっている．第3種電気主任技術者試験は，第一次試験のみで，第一次試験に合格すると免状交付の資格が得られる．試験の実施事務は，経済産業大臣が指定する指定試験機関が行っている(法第45条)．

④　**主任技術者免状を受けられない者**　経済産業大臣は，次の各号のいずれかに該当する者に対しては，主任技術者免状の交付を行わないことができる(法第44条第3項)．

i)　主任技術者免状の返納を命ぜられ，その日から一年を経過しない者

ii)　電気事業法または同法に基づく命令の規定に違反し，罰金以上の刑に処せられ，その執行を終わり，または執行を受けることがなくなつた日から二年を経過しない者

⑤　**主任技術者免状の返納**　経済産業大臣は，主任技術者免状の交付を受けている者が電気事業法または同法に基づく命令の規定に違反したときは，その主任技術者免状の返納を命ずることができる(法第44条第4項)．

(3)　工事計画及び検査(国の関与と自主的な保安)　安全確保の観点から重要なものとして主務省令で定める事業用電気工作物については，a. 設置の仕事または変更の工事に着手する前，b. 使用を開始する前，c. 使用開始後，の各段階において，安全確保の重要性に応じて，主務大臣の認可や検査を受けることまたは設置者が自主検査や自己確認を行うことが求められている．

a.　設置の工事または変更の工事に着手する前の規制

①　**工事計画の認可(国の関与)**　事業用電気工作物の設置者は，電気工作物の設置または変更の工事を行おうとする場合，その工事が主務省令で定める公共の安全の確保上特に重要なものに該当するときは，その工事の計画について主務大臣の認可を受けなければならない．認可を受けた工事計画を途中で変更しようとする場合も，工事計画の変更認可を受ける必要がある(法第47条第1項，第2項)．

i) 認可を要する工事の範囲　　工事計画の認可を受けなければならない範囲は，主務省令で電気工作物の設置の工事(新たに発電所，変電所または送電線を建設する工事)と変更の工事とに分けて定められている(施行規則別表第2(第62条，第65条関係))．

このうち設置の工事について認可を要するものは，原子力発電所または特殊な発電所(温度差発電など)にかかわる工事計画である(施行規則第62条)[1]．その他のものは工事計画の届出が必要かまたは手続きが不要になっている．なお，原子力発電所については，原子炉等規制法の規定に基づき原子力規制委員会の認可を受けた工事計画については，以下に述べる電気事業法の認可の要件のうち技術基準(人体への危害等に係る要件に限る)に適合しているものとみなすこととなっている(法第112条の3)．

また，認可を受けた工事計画については，その計画を変更しようとする場合，工事計画の変更認可申請を行い，改めて認可を受けなければならない(法第47条第2項)．

ii) 認可の要件　　以下の要件のいずれにも適合していれば主務大臣は認可しなければならない(法第47条第3項各号)．

(1) 電気工作物が技術基準に適合しないものでないこと，

(2) 一般送配電事業用の電気工作物の場合は，電気の円滑な供給を確保するため技術上適切なものであること，

(3) 特定対象事業(環境影響評価法第2条第4項に規定する対象事業)にかかわるものにあっては，評価書に従っているものであること，

(4) 環境影響評価法に規定する第2種事業(特定対象事業を除く)にかかわるものにあっては，同法第4条第3項第2号の措置(環境影響評価の手続の必要がないことを都道府県知事らに通知すること)がとられたものであること．

② **工事計画の届出(国の関与)**　　事業用電気工作物の設置者は，届出の対象になるものとして主務省令で定められた電気工作物の設置または変更の工事をしようとするときは，工事計画を事前に主務大臣に届出をしなければならない(法第48条第1項，施行規則第65条)．

なお，大気汚染防止法に定められている煤煙発生施設，煤煙処理施設，一般粉じん発生施設や，騒音規制法，振動規制法などにより特定施設として指定されている空気圧縮機などにかかわる工事計画も事前届出が必要である．

主務大臣は届出のあった工事計画が審査の要件に合致しているかどうか審査を行うが，

---

(1) 工事計画の認可を要するものは，施行規則別表第二に，出力20kW以上の発電所であって水力発電所，火力発電所，燃料電池発電所，太陽電池発電所，風力発電所の設置の工事以外のものと規定されている．

工事計画に関し主務大臣から変更命令や廃止命令がなければ，届出が受理された日から30日を経過したのちに工事を開始することができる。

届出された工事計画の審査の要件は，上述の認可の要件(法第47条第3項各号)と同様であるが，水力発電にかかわる工事計画については，発電水力の有効な利用を確保するために技術上適切なものであることが要件に加えられている。また，原子炉等規制法の適用を受ける工事計画の届出に係る審査を受けたものについては，電気事業法の技術基準のうち人体への危害等にかかわる要件に適合しているとみなされる(法第112条の3)。

③ **特殊電気工作物の技術基準適合性確認(国の関与)**　事業用電気工作物であって荷重および外力に対して安全な構造が特に必要なものとして経済産業省令で定めるもの(特殊電気工作物)について工事計画の届出をする者は，当該特殊電気工作物が技術基準に適合することについて**登録適合性確認機関の確認**(適合性確認)をあらかじめ受けなければならない(法第48条の2)。特殊電気工作物は，風力発電設備における事故の多発を踏まえ，風力発電設備のうち風車および風車を支持する工作物と定められている(施行規則第67条の2)。この規定は，保安高度化，災害対策の強化等を目的とする2022年の電気事業法改正により新たに設けられた。

b. 使用を開始する前の規制

① **使用前検査(国の関与)**　認可を受けたかまたは届出を行って設置または変更の工事を行った事業用電気工作物のうち，公共の安全の確保上特に重要なものとして省令で定められたものについては，設置者は，その工事について主務大臣の検査を受け，これに合格した後でなければ使用してはならないこととなっている(法第49条第1項)。

使用前検査の対象となる電気工作物は，工事計画認可の対象となる原子力発電所などの発電所である(施行規則第68条)。

使用前検査に合格するためには，事業用電気工作物が，認可を受けた工事計画または届出をした工事計画に従って行われていることおよび技術基準に適合しないものではないことのいずれにも合致していなければならない(法第49条第2項)。

なお，原子力発電所については，原子炉等規制法に基づく原子力規制検査により原子力規制委員会の確認を受けた場合には，使用前検査の合格要件のうち技術基準(人体に影響を及ぼし，または物件に損傷を与えないようにすることにかかわる部分)に適合しているものとみなされる(法第112条の3第3項)。

② **使用前安全管理検査(国の関与と自主的な保安)**
i) **使用前自主検査の実施**(自主的な保安)　工事計画の届出をして設置または変更の工事を行う事業用電気工作物については，使用前検査の対象となる原子力発電にかか

5.3 電気施設などの保安，環境影響評価に関する法規

わるものなど特殊なものを除き，設置者は使用開始前に自主検査(使用前自主検査)を行い，その結果を記録し保存することが義務付けられている(法第51条第1項)。

使用前自主検査では，工事が工事計画に従って行われたものであること，技術基準に適合するものであることのいずれにも適合していることを確認しなければならない(法第51条第2項)。

使用前自主検査の実施時期は，工事がすべて完了したときであるが，高さ15m以上のダムについては，定められた工事の工程により実施することとされている(施行規則第73条の3)。また，使用前自主検査は，電気工作物の各部の損傷，変形などの状況，機能，作動の状況などについて行うこととなっている(施行規則第73条の4)。

使用前自主検査を行った場合，①検査年月日，②検査の対象，③検査の方法，④検査の結果，⑤検査を実施した者の氏名，⑥検査の結果に基づいて補修などの措置を講じたときはその内容，⑦検査の実施に係る組織，⑧検査の実施に係る工程管理，⑨検査において協力した事業者がある場合は，当該事業者の管理に関する事項，⑩検査記録の管理に関する事項，⑪検査に係る教育訓練に関する事項について記録しなければならない(施行規則第73条の5)。

なお，原子炉等規制法およびこれに基づく命令の規定による検査を受けるべき原子力発電工作物(原子力を原動力とする発電用の電気工作物)については，使用前自主検査は適用されない(法第112条の3第4項)。

ⅱ) **使用前安全管理審査**の受審(国の関与)　使用前自主検査を行う事業用電気工作物の設置者は，使用前自主検査の実施にかかわる体制(組織，検査の方法，工程管理，協力会社の管理，検査記録の管理，教育訓練)について，省令で定める時期に**登録安全管理審査機関の審査**(使用前安全管理審査)を受けなければならない(法第51条第3項)。

主務大臣は，使用前安全管理審査の結果に基づき，設置者の使用前自主検査の実施体制について総合的な評定を行う(法第51条第6項)。次回の使用前安全管理審査を受ける時期は，評定結果に応じ，主務省令で定める時期に行う(法第51条第3項，施行規則第73条の6)。

なお，使用前安全管理審査についても，原子炉等規制法およびこれに基づく命令の規定による検査を受けるべき原子力発電工作物には適用されない(法第112条の3第4項)。

③　**小規模事業用電気工作物を設置する者の届出**(国の関与)　小規模事業用電気工作物(出力10kW以上50kW未満の太陽電池発電設備および出力20kW未満の風力発電設備。「表5.3　小規模発電設備の電気工作物としての区分」を参照。)を設置する者は，使用を開始する前に，氏名，名称，住所，設置場所など省令で定める事項を添えて使用

を開始することを届け出なければならない（法第46条，施行規則第57条，58条）。

この規定は保安高度化，災害対策の強化などを目的とする2022年の電気事業改正によって新たに規定された。この改正により出力10kW以上50kW未満の太陽電池発電設備および出力20kW未満の風力発電設備は小規模事業用電気工作物として，使用開始前に省令で定める基礎情報を届け出ることが義務付けられるとともに，次に述べる設置者による使用前の自己確認の対象に加えられ，自主保安の強化が図られた。

④ **設置者による事業用電気工作物の自己確認（自主的な保安）**　定型的であるため工事計画の認可や事前届出は不要とされている事業用電気工作物のうち，公共の安全の確保上重要なものを設置する者は，使用前に当該電気工作物の各部の損傷，変形，機能，作動の状況などについて技術基準に適合していることを自ら確認（自己確認）し，その結果を主務大臣に届出なければならない（法第51条の2）。

自己確認を行うべき事業用電気工作物は，①一定の要件を満たす燃料電池発電所で出力500kW以上2000kW未満のもの，②太陽電池発電所，発電設備で出力10kW以上2000kW未満のもの，③風力発電所，発電設備で出力500kW未満のもの，④出力20kW未満の新型の発電所（水力，火力，燃料電池，太陽電池または風力発電所以外のもの）である（施行規則第74条，別表第6）。このうち，出力10kW以上50kW未満の太陽電池発電設備および出力20kW未満の風力発電設備は，上述の通り2022年法改正により小規模事業用電気工作物として新たに分類され，設置者に使用前の自己確認が義務づけられた。

⑤ **溶接自主検査（自主的な保安）**　発電用のボイラー，タービンその他主務省令で定められている機械器具であって，耐圧部分について溶接をするもの（輸入したものを含む）を設置する者は，その溶接について主務省令に従って，使用の開始前に自主検査を行い，技術基準に適合していることを確認し，その結果を記録しておかなければならない（法第52条）。

設置者が保存した溶接自主検査の実施状況および結果は，国または登録安全管理審査機関（使用前安全管理審査および定期安全管理審査において溶接自主検査について確認した場合）が事後確認することになっている（電気関係報告規則第2条の表第9号）。

なお，溶接自主検査についても，原子炉等規制法およびこれに基づく命令の規定による検査を受けるべき原子力発電工作物には適用されない（法第112条の3第4項）。

c. 使用開始後の規制

① **定期検査（国の関与）**　特定重要電気工作物（発電用のボイラー，タービンその他の電気工作物のうち，公共の安全確保上重要なものとして省令で定めたもの）につい

ては，設置者は省令で定めた時期ごとに主務大臣が行う検査を受けなければならない(法第54条)．対象となる設備は，原則として原子力発電所に属するものとされ，火力発電所などに属する対象設備は定期自主検査の対象である(法第55条)．

なお，定期検査についても，原子炉等規制法およびこれに基づく命令の規定による検査を受けるべき原子力発電工作物には適用されない(法第112条の3第4項)．

② **定期安全管理検査**(国の関与と自主的な保安)

i) **定期自主検査**の実施(自主的な保安)　主務省令で定める特定電気工作物(発電用のボイラー，タービンなどで一定以上の圧力が加えられる部分があるものなど)を設置する者は定期的な自主検査を行い，技術基準に適合していることを確認し，結果を記録し保存しなければならない(法第55条第1項，第2項，施行規則第94条)．定期自主検査はそれぞれの設備の運転が開始された日以降一定の周期で実施することが定められている(法第55条第1項，施行規則第94条の2)．

なお，定期自主検査についても，原子炉等規制法およびこれに基づく命令の規定による検査を受けるべき原子力発電工作物には適用されない(法第112条の3第4項)．

ii) **定期安全管理審査**の受審(国の関与)　定期自主検査の場合も使用前自主検査の場合と同様に，その体制について登録安全管理審査機関などによる審査を受けなければならない(法第55条第4項)．この審査は，定期自主検査の組織，検査の方法，工程管理などについて電気工作物の安全管理上の観点から行われる．また，その時期は，使用前安全管理審査の場合と同様に，過去の審査における評定結果に応じ，主務省令で定める時期に行う(法第55条第5項，施行規則第94条の5)．

なお，定期安全管理審査についても，原子炉等規制法およびこれに基づく命令の規定による検査を受けるべき原子力発電工作物には適用されない(法第112条の3第4項)．

③ **自家用電気工作物の使用開始届**(国の関与)　自家用電気工作物を設置する者は，工事計画の認可または届出を行った場合などを除き，その自家用電気工作物の使用の開始後，遅滞なく，その旨を経済産業大臣に届出なければならない(法第53条)．

④ **保安等に関する報告徴収**(国の関与，設置者の義務)　主務大臣は，電気事業者などに対して，電気事業法の施行に必要な限度において，事業の運営，会計の整理，調査業務，検査業務および試験業務に関することなどについて報告または資料の提出をさせることができることになっている(法第106条，施行令第45条)．

この規定に基づき報告すべき事項などは，電気関係報告規則に定められており，このうち保安に関するものとしては，定期的に報告しなければならない電気保安年報，一般用電気工作物調査年報，自家用発電所運転半期報，溶接自主検査年報と，事故の発生の

都度報告しなければならない事故報告などがある(電気関係報告第2条)。

電気事故が発生した場合に報告すべき事項としては,感電などの人身事故,火災事故のほかに,主要電気工作物の破損事故,電気供給支障事故がある。(同規制第3条)。

このほか,電気事業者または自家用電気工作物を設置する者は,公害防止などに関する届け出をする必要がある(同規制第4条)。

自家用電気工作物の設置者は,発電所などの出力または送電線路などの電圧を変更した場合や廃止した場合は,遅滞なく,その旨を産業保安監督部長に報告しなければならない(同規則第5条)。

⑤ **立入検査(国の関与)** 主務大臣は,電気事業者などに対して,電気事業法の施行に必要な限度において,その職員に電気事業者,自家用電気工作物の設置者などの事業場などに立ち入り,電気工作物,帳簿,書類その他の物件を検査をさせることができる(法第107条)。

d. 原子力発電工作物への電気事業法の検査の適用除外 既に述べたとおり,法第51条(使用前安全管理検査),第52条(溶接自主検査),第54条(定期検査)および第55条(定期安全管理検査)の規定は,原子炉等規制法およびこれに基づく命令の規定による検査を受けるべき原子力発電工作物に対しては適用されない(法112条の3第4項)。

電気事業法の適用が除外されているのは,原子力安全規制が原子力安全規制委員会に一元化されたことに伴い,これらの原子力発電工作物に対する検査は原子炉等規制法に基づいて行われることになったためである。

(4) 認定高度保安実施設置者に対する特例措置(自主的な保安)

a. 認定高度保安実施設置者 保安高度化,災害対策の強化などを目的とする2022年の電気事業法改正により,新たに認定高度保安実施設置者にかかわる制度が創設された(法第55条の3～13,2024年4月1日施行)。この制度は事業用電気工作物(原子力発電を除き経済産業省令で定めるもの)の保安を一体的に確保することが必要な組織ごとに,高度な保安を確保する能力があると認められた設置者を認定高度保安実施設置者として認定するものである(法第55条の3)。

認定を受けた設置者に対しては保安規程の届出などの行政手続きを簡略化する特例措置が適用され,設置者はより一層自主的な保安に取り組むことができる。

認定の基準は,保安確保のための組織が業務遂行能力を持続的に向上させる仕組みを持っていること,保安確保の方法が高度な情報通信技術を活用したものであることなど,経営,リスク管理,スマート保安技術の活用などの要件を満たすこととされている。

認定は,5年以上10年以内において政令で定める期間ごとに更新を受ける必要がある

(法第55条の6)。

　b．特例措置　認定高度保安実施設置者には，以下の行政手続を簡略化する特例措置が適用される。

　① 保安規程にかかわる特例　保安規程を定めたときまたは変更したときに届出をする必要がない(法第55条の10)。

　② 主任技術者にかかわる特例　主任技術者の選任または解任について届出をする必要がない(法第55条の11)。

　③ 使用前安全管理検査にかかわる特例　使用前安全管理審査を受ける必要がない(法第55条の12)。

　④ 定期安全管理検査にかかわる特例　定期自主検査を定期に行う必要がない(ただし，省令で定める検査を行うことは必要)(法第55条の13第1項)。
定期安全管理審査を受ける必要がない(第55条の13第2項)

　3． 事業用電気工作物にかかわる環境影響評価
　事業用電気工作物の環境影響評価は，環境影響評価法の規定に基づき，発電所について行われることとなっているが，同法の規定によらない発電所固有の手続きが電気事業法に定められている[(1)]。

　（1） **環境影響評価の対象範囲**　環境影響評価法第2条第2項に規定する**第一種事業**または**第二種事業**に該当する事業用電気工作物は，環境影響評価法施行令別表第1の5に規定される発電所であり，その設置または変更の工事を行おうとする者は，環境影響評価法および電気事業法に基づく環境影響評価を行わなければならない(法第46条の2から46条の23)。

　表5.5に，環境影響評価の対象となる発電所における第一種事業および第二種事業の規模を示す。

　（2） **計画段階環境配慮書に対する経済産業大臣意見**　環境影響評価法に基づき，事業者は対象の第一種事業の計画段階において，事業の目的，内容，事業実施想定区域，計画段階配慮事項ごとに調査，予測，評価した結果をとりまとめた計画段階環境配慮書を主務大臣(発電所については経済産業大臣)に送付しなければならない。経済産業大臣は，環境大臣の意見を勘案し，意見を述べることができる(環境影響評価法第3条の2，3条の3)。

　（3） **第二種事業についての簡易な環境影響評価**　環境影響評価法の規定では，

---

(1) 詳細は「発電所に係る環境影響評価の手引」(経済産業省産業保安グループ電力安全課)令和6年2月に解説されている。

表5.5 発電所における第一種事業及び第二種事業の規模

事業の種類	第一種事業	第二種事業
水力発電所	3万kW以上のもの 2.25万kW以上3万kW未満のもの（大規模ダムの新築，大規模堰の新築，大規模堰の改築のいずれかが伴う場合）	2.25万kW以上3万kW未満のもの（左記以外の場合）
火力発電所	15万kW以上のもの	11.25万kW以上15万kW未満のもの
地熱発電所	1万kW以上のもの	0.75万kW以上1万kW未満のもの
原子力発電所	すべてのもの	―
太陽電池発電所	4万kW以上のもの	3万kW以上4万kW未満のもの
風力発電所	5万kW以上のもの	3.75万kW以上5万kW未満のもの

（環境影響評価法施行令（平成9年政令第346号）別表第1の5の項参照）

第一種事業については環境影響評価を必ず実施することとなっているが，第二種事業については，事業者が事業の計画を主務大臣に届出し，主務大臣が知事意見を勘案して環境影響評価手続きを実施すべきかどうかを個別に判定することとなっている。

一方，発電所については，電気事業法に基づき，発電所固有の手続きとして，表5.5に示す第二種事業について事業者が簡易な方法による環境影響評価を実施することとなっており，経済産業大臣は，知事意見に加えて，この簡易な環境影響評価の結果も踏まえて環境影響評価手続きを実施すべきかどうかを判定する（法第46条の3）。

（4）環境影響評価方法書の作成　発電所については，事業者は，環境影響評価方法書を作成するに当たり，電気事業法に基づき，発電所固有の手続きとして，必ず環境影響評価項目ならびに調査，予測および評価の手法を方法書に記載しなければならないこととなっている。経済産業大臣は，知事意見を勘案するとともに住民などの意見に対する事業者の見解も踏まえて環境影響評価方法書を審査し，事業者に必要な勧告を行う（法第46条の4～9）。

（5）環境影響評価準備書に対する経済産業大臣意見　発電所については，事業者は，環境影響評価法に基づいて環境影響評価準備書を関係地方公共団体に送付するときは，発電所固有の手続きとして，当該準備書とこれを要約した書類を経済産業大臣に提出しなければならない。経済産業大臣は知事意見を勘案し，住民意見などへの事業者の見解も踏まえつつ，環境大臣の意見を聴いた上で，当該準備書を審査し，必要な勧告を行う（法第46条の10～14）。

（6）**環境影響評価書の作成および経済産業大臣の審査・変更命令**　発電所については，事業者は，発電所固有の手続きとして，経済産業大臣から準備書に対する勧告があった場合には勧告内容などに対する事業者の対応を環境影響評価書に記載し，同大臣に提出しなければならない。また，経済産業大臣は，環境影響評価書を審査し，適正な環境配慮のために特に必要があると認めるときは環境影響評価書の変更を命ずることができる（法第46条の15～17）。

（7）**環境保全の配慮**　発電所については，事業者は，環境影響評価書を踏まえ，工事の段階だけでなく，電気工作物の維持・運用においても環境保全について適正に配慮しなければならない（法第46条の20）。

（8）**環境影響評価書の公表および工事計画の審査要件化**　環境影響評価法の規定では，事業者は，環境影響評価書を公表するとともに，環境保全措置などが適切に実施されるよう，許認可権者などに送付し，意見を求めなければならないこととなっているが，発電所については，環境影響評価書を公表することのみ義務づけられている（法第46条の21）。

これは，発電所については，電気事業法に基づき行われる工事計画の認可または届出にかかわる審査の要件のひとつとして，当該工事が環境影響評価の結果に従ったものであることが規定されており（法第47条第3項第3号，第4号），環境影響評価結果が事業内容に確実に反映されることが工事計画の審査において確認されることを踏まえたものである。

4．一般用電気工作物の保安規制

一般用電気工作物は，低圧受電電線路（600kV以下の電圧で受電するもの）以外の電線路で構外の電気工作物と接続されていないものなどとして定義されている（1．電気工作物の定義参照）。それらの多くは一般家庭，店舗，事務所などで用いられる屋内配線や機器（電気用品）であり，事業用電気工作物とは異なる使用場所や使用状況にある。また，一般用電気工作物の所有者や占有者は，電気に関する専門知識や技能を有していない場合が少なくない。

このような実態を踏まえた効果的な安全規制を行う観点から，一般用電気工作物については，その所有者などに対して保安規程の策定や主任技術者の選任といった自主保安のための義務を課すのではなく，**電線路維持運用者**（電気を供給する電線路を維持運用する事業者）[1]に対して，一般用電気工作物が技術基準に適合しているかどうかを確認す

---

(1) 電線路維持運用者は，一般送配電事業者，配電事業者，特定送配電事業者がほとんどであるが，特定供給を行う者で供給先が一般用電気工作物の場合も含まれる。

るため，定期的な調査を行うことを義務付けている。

(1) **技術基準適合命令・立入検査**　電気事業法は，一般用電気工作物が技術基準に適合していないと経済産業大臣が認めるときは所有または占有者などに対して技術基準に適合するように修理・改造・移転・使用の一時停止，使用の制限を命ずることができることとしている(法第56条)。

このような命令は，下記で述べる電線路維持運用者に義務づけられている「一般用電気工作物の定期的な調査」の結果，技術基準に適合していないことが判明したにもかかわらず，一般用電気工作物の所有者などが必要な修理などの適切な処置をとらない場合などに発することが考えられる。なお，このような場合に一般用電気工作物が技術基準に適合しているかどうかを確認するため，経済産業大臣は職員に一般用電気工作物の設置の場所に立入検査させる権限を有している(法第107条)。

(2) **一般用電気工作物の調査義務**　電線路維持運用者には，自らが維持運用する電線路と直接電気的に接続している一般用電気工作物が技術基準に適合しているかどうかを調査し，適合していないときはその所有者又は占有者に対し，適合するようにするためにとるべき措置とその措置をとらなかった場合に生ずると考えられる結果を通知する義務が課されている(法第57条)。

調査は新・増設工事のあった場合とそれ以降原則として4年に1回定期的に行うこととされている(施行規則第96条第2項)。

これは，前述の通り，一般用電気工作物の所有者などは，電気に関する専門知識や技能を有していない場合が多いという実態を踏まえ，専門知識を有する電線路維持運用者に義務を課すことが保安確保に効果的であるからである。

(3) **調査業務の登録調査機関への委託**　電線路維持運用者は義務づけられている調査業務を，経済産業大臣に登録された登録調査機関に委託することが認められている。委託した場合には調査義務やそれに伴う責任はすべて委託を受けた登録調査機関に移る(法第57条の2)。

5.3.3　電気工事士法

1.　電気工事士法の目的

電気工事士法は，必要な知識および技能を有する者でなければ電気工事の作業に従事してはならないこととし，これに従事できる者の資格，義務を定めることによって電気工事の欠陥による災害を防止することを目的としている(法第1条)。

2. 電気工事の種類と資格

(1) 電気工事士法が対象とする電気工事 電気工事士法が対象とする電気工事は，一般用電気工作物等または自家用電気工作物を設置または変更する工事である(法第2条第3項)。ただし，政令で定める軽微な工事(表5.6)は除かれる(施行令第1条)。

なお，**一般用電気工作物等**は，電気事業法で規定する一般用電気工作物および小規模事業用電気工作物であると定義されている(法第2条第1項)。図5.2参照。

また，電気工事士法の対象となる自家用電気工作物は，発電所，蓄電所，変電所，最大電力500kW以上の需要設備，送電線路などが除外されており，最大電力500kW未満の需要設備だけである(法第2条第2項，施行規則第1条の2)。

表5.6 軽微な電気工事(電気工事士法の対象外の工事)

1	電圧六百ボルト以下で使用する差込み接続器，ねじ込み接続器，ソケット，ローゼットその他の接続器または電圧六百ボルト以下で使用するナイフスイッチ，カットアウトスイッチ，スナップスイッチその他の開閉器にコードまたはキャブタイヤケーブルを接続する工事
2	電圧六百ボルト以下で使用する電気機器(配線器具を除く。以下同じ。)または電圧六百ボルト以下で使用する蓄電池の端子に電線(コード，キャブタイヤケーブルおよびケーブルを含む。以下同じ。)をねじ止めする工事
3	電圧六百ボルト以下で使用する電力量計もしくは電流制限器またはヒューズを取り付け，または取り外す工事
4	電鈴，インターホーン，火災感知器，豆電球その他これらに類する施設に使用する小型変圧器(二次電圧が三十六ボルト以下のものに限る。)の二次側の配線工事
5	電線を支持する柱，腕木その他これらに類する工作物を設置し，または変更する工事
6	地中電線用の暗渠または管を設置し，または変更する工事

(2) 電気工事の種類と必要な資格

a. 一般用電気工作物等の電気工事 一般用電気工作物等の電気工事の作業(表5.6に示す軽微なものを除く)には，第1種電気工事士または第2種電気工事士の免状の交付を受けている者でなければ従事できない(法第3条第2項)。

b. 自家用電気工作物の電気工事 電気工事士法の対象となる自家用電気工作物(最大電力500kW未満の需要設備)の電気工事の作業には，第1種電気工事士の免状の交付を受けている者でなければ従事できない(法第3条第1項)。ただし，自家用電気工作物の電気工事のうち低圧の電気工作物のみの電気工事の作業は，**認定電気工事従事者の認定証を有していれば従事することができる**(法第3条第4項，施行規則第2条の3)。

c. **自家用電気工作物の電気工事のうち特殊なもの**　ネオン工事または非常用予備発電装置にかかわる電気工事は特殊なものとして省令で定められており，それぞれの**特種電気工事資格者**でなければ，その作業に従事できない（法第3条第3項，施行規則第2条の2）。

表5.7　電気工事士法の対象となる電気工事と従事に必要な資格

資格がなければ従事できない電気工事の作業と種類		必要な資格
自家用電気工作物のうち最大電力500kW未満の需要設備にかかわる電気工事の作業	特種電気工事（ネオン工事，非常用予備発電装置工事）を除く最大電力500kW未満の需要設備にかかわる工事	第一種電気工事士
	ネオン工事	ネオン工事にかかわる特種電気工事資格者
	非常用予備発電装置工事	非常用予備発電装置工事にかかわる特種電気工事資格者
	最大電力500kW未満の需要設備にかかわる電気工事のうち600V以下で使用する電気工作物の工事（電線路にかかわるものを除く）	第一種電気工事士または認定電気工事従事者
一般用電気工作物等にかかわる電気工事の作業	一般用電気工作物の工事小規模事業用電気工作物の工事	第一種電気工事士または第二種電気工事士

小規模事業用電気工作物：出力10kW以上50kW未満の太陽電池発電設備及び出力20kW未満の風力発電設備

3. 電気工事士免状その他の資格者認定証の取得

（1）**電気工事士免状**　電気工事士免状の種類は，第1種電気工事士免状と第2種電気工事士免状であり，以下の条件に該当する者に対し，それぞれ都道府県知事に交付申請することにより，都道府県知事から交付される。

a. **第一種電気工事士免状**　第1種電気工事士免状は，次のいずれかに該当する者に交付される（法第4条第3項，施行規則第2条の4および5）。

① 第1種電気工事士試験に合格し，3年以上の電気工事の実務の経験のある者
② ①に掲げる者と同等以上の知識および技能を有していると都道府県知事が認定した者。認定の基準は施行規則に定められており，電気主任技術者免状の交付を受けている者で，電気工作物の工事，維持または運用に関する実務に5年以上従事している者や，これと同等以上と経済産業大臣が認めた者が認定される。

b. 第二種電気工事士免状　第2種電気工事士免状は，次のいずれかに該当する者に交付される（法第4条第4項）。

① 第2種電気工事士試験に合格した者
② 経済産業大臣の指定した養成施設で所定の課程を修了した者。養成施設は，**第2種電気工事士養成施設**といわれるもので，県立の技術専門校など84施設が指定されている（2024年4月現在）。
③ ①，②に掲げるものと同等以上の知識および技能を有していると都道府県知事が認定した者。具体的な認定基準は施行規則に規定されている（施行規則第4条）。

c. 電気工事士試験　電気工事士免状の取得のための電気工事士試験のうち，第1種電気工事士試験は自家用電気工作物の保安に関して必要な知識および技能について，第2種電気工事士試験は一般用電気工作物等の保安に関して必要な知識および技能について行われる（法第6条）。

試験は，経済産業大臣が指定する**指定試験機関**が行っている（法第7条）。筆記試験と技能試験により行われ，技能試験は筆記試験の合格者および筆記試験の免除者に対して行われる。筆記試験の免除者とは，第1種電気工事士試験の場合は，電気主任技術者免状の交付を受けている者，第2種電気工事士試験の場合は，このほか，新制工業高校または旧制工業学校以上の学校において，電気理論・電気計測その他施行規則で定める学科を修めて卒業した者などとなっている（施行令第9条，施行規則第11条）。

（2）**特種電気工事資格者の認定証**　特種電気工事資格者の認定証は，ネオン工事にかかわるものと非常用予備発電装置工事にかかわるものとがあり，それぞれの工事ごとに施行規則に定める基準に該当する者に経済産業大臣から交付される（法第4条の2，施行規則第4条の2第1項）。

（3）**認定電気工事従事者の認定証**　認定電気工事従事者認定証は，次のいずれかに該当する者に経済産業大臣から交付される（法第4条の2，施行規則第4条の2第2項）。

① 第1種電気工事士試験に合格した者
② 第2種電気工事士であって，免状の交付を受けたのち，電気工事に関し3年以上の実務の経験を有し，または**認定電気工事従事者認定講習**の課程を修了した者
③ 電気主任技術者免状の交付を受けたあとまたは電気主任技術者となったあと，電気工作物の工事，維持もしくは運用に関し3年以上の実務の経験を有し，または認定電気工事従事者認定講習の課程を修了した者
④ ①〜③に掲げる者と同等以上の知識および技能を有していると経済産業大臣が認

定した者

4. 第1種電気工事士定期講習の受講義務

第1種電気工事士は，原則として免状の交付を受けた日から5年以内ごとに，経済産業大臣が指定した者(指定講習機関)が行う自家用電気工作物の保安に関する定期講習を受けなければならない(法第4条の3)。

5. 電気工事士等の義務

(1) 技術基準への適合　電気工事士等(電気工事士，特種電気工事資格者または認定電気工事従事者をいう。)は以下の電気工事の作業に従事するときは，それぞれの技術基準に適合するように作業しなければならない(法第5条)。

① 一般用電気工作物にかかわる電気工事の作業

電気事業法第56条第1項の主務省令で定める一般用電気工作物の技術基準

② 小規模事業用電気工作物または自家用電気工作物にかかわる電気工事の作業

電気事業法第39条第1項の主務省令で定める事業用電気工作物の技術基準

(2) 免状又は認定証の携帯　電気工事士等は，電気工事の作業に従事するときは，電気工事士免状またはそれぞれの認定証を携帯していなければならない(法第5条)。

5.3.4 電気工事業の業務の適正化に関する法律

1. 電気工事業の業務の適正化に関する法律の目的

電気工事業の業務の適正化に関する法律(電気工事業法)は，電気工事業を営もうとする者に登録などを義務づける他，主任電気工事士の設置その他の業務に関する規制を行い，電気工事業の業務が適正に行われることによって一般用電気工作物および自家用電気工作物の保安の確保に資することを目的としている(法第1条)。

2. 電気工事業を営む者の登録など

(1) 電気工事業を営もうとする者の登録義務　電気工事業を営もうとする者(自家用電気工作物のみにかかわる電気工事業を営もうとする者を除く)は，2以上の都道府県の区域内に営業所を設置して事業を営もうとするときは経済産業大臣の，1の都道府県の区域内にのみ営業所を設置して事業を営もうとするときは当該営業所の所在地を管轄する都道府県知事の登録を受けなければならない。

登録の有効期間は5年であり，有効期間の満了後引続き電気工事業を営もうとする者は，更新の登録を受けなければならない(法第3条)。

(2) 自家用電気工事のみにかかわる電気工事業を営もうとする者の開始の通知義務　自家用電気工作物(500kW未満の需要設備)のみにかかわる電気工事業を営もう

とする者は，その事業を開始しようとする日の10日前までに，2つ以上の都道府県の区域内に営業所を設置するときは経済産業大臣に，1つの都道府県の区域内にのみ営業所を設置するときはその都道府県知事に，その旨を通知しなければならない（法第17条の2）。この通知をしたのち，経済産業大臣または都道府県知事から事業開始の延期など勧告がなければ事業の開始をすることができる（法第17条の3）。

3. 主任電気工事士の設置義務など

（1）**主任電気工事士の設置** 登録電気工事業者は，一般用電気工作物等[1]に係る電気工事（以下，一般用電気工事という）の業務を行う営業所ごとに，電気工事の作業を管理させるため，第1種電気工事士か，または第2種電気工事士免状を取得してから，電気工事に関し3年以上の実務経験を有する第2種電気工事士を，主任電気工事士として置かなければならない（法第19条）。

（2）**主任電気工事士の職務など** 主任電気工事士は，一般用電気工事による危険および障害が発生しないように一般用電気工事の作業の管理の職務を誠実に行わなければならない。また，一般用電気工事の作業に従事する者は，主任電気工事士がその職務を行うために必要と判断して行う指示に従わなければならない（法第20条）。

4. 電気工事業者の業務規制

（1）**電気工事士でない者を電気工事の作業に従事させることの禁止** 電気工事業者は，第1種電気工事士でない者を自家用電気工事の作業に，第1種電気工事士または第2種電気工事士でない者を一般用電気工事の作業に，特種電気工事資格でない者を当該特殊電気工事の作業に従事させてはならない（法第21条）。

（2）**電気工事を請け負わせることの制限** 電気工事業者は，請け負った電気工事を電気工事業者でない者に請け負わせてはならない（法第22条）。

（3）**電気用品の使用の制限** 電気用品安全法による所定の表示が付されている電気用品でなければ，電気工事に使用してはならない（法第23条）。

（4）**器具の備付け** 電気工事が適正に行われたかどうかを検査することなどのため，電気工事業者は，その営業所ごとに，絶縁抵抗計その他の経済産業省令で定める器具を備えなければならない（法第24条，施行規則第11条）。

（5）**標識の掲示** 電気工事業者は，経済産業省令で定めるところにより，その営業所および電気工事の施工場所ごとの見やすい場所に，氏名又は名称，登録番号その他の経済産業省令で定める事項を記載した標識を掲げなければならない（法第25条，施

---

(1) 電気工事法第2条第1項に規定する一般用電気工作物等

行規則第12条)。

(6) **帳簿の備え付けなど**　電気工事業者は，経済産業省令で定めるところにより，営業所ごとに帳簿を備え，その業務に関し経済産業省令で定める事項を記載し，これを保存しなければならない(法第26条，施行規則第13条)。

5.3.5　電気用品安全法
1.　電気用品安全法の目的
　電気用品安全法は，電気用品の製造，販売などを規制するものであるが，同時に電気用品の安全性の確保に関する民間事業者の自主的な活動を促進することによって，電気用品による危険および障害の発生を防止することを目的としている(法第1条)。
　この目的を達成するため，電気用品安全法は，電気用品の製造または輸入，販売，使用の各段階で規制する体系となっている。

2.　電気用品の定義・品目
(1)　**電気用品の定義**
　電気用品安全法では電気用品を以下のように定義し，このうち危険性の高いものを特定電気用品と定義している。

　　a.　**電気用品**(法第2条第1項)
　① 一般用電気工作物等(電気事業法に規定する一般用電気工作物および小規模事業用電気工作物)の部分となり，またはこれに接続して用いられる機械器具または材料であって施行令で定めるもの
　② 携帯発電機であって，施行令で定めるもの
　③ 蓄電池であって，施行令で定めるもの

　　b.　**特定電気用品**(法第2条第2項)
　電気用品のうちで構造または使用方法その他の使用状況からみて，特に危険または障害の発生するおそれが多いものであって施行令で定めるもの

(2)　**電気用品に該当する品目**　特定電気用品または特定電気用品以外の電気用品は，施行令の別表に定められている。2023年7月末現在で特定電気用品116品目(施行令第1条，別表第1)，それ以外の電気用品は341品目がそれぞれ定められている(施行令第1条，別表第2)。

3.　電気用品の製造，輸入に係る規制(製品流通前の規制)
(1)　**事業の届出義務**　電気用品の製造または輸入の事業を行う者は，電気用品の区分に従って，事業開始の日から30日以内に，氏名又は名称など，経済産業省令で定

める電気用品の型式の区分の事項，当該電気用品を製造する工場または事業場の名称および所在地を経済産業大臣に届け出なければならない(法第3条，施行規則別表第2)。

この届出をした者は届出事業者となり，届出事項に変更があった場合，事業を廃止した場合には経済産業大臣に届け出る必要がある(法第5，6条)。

(2) **基準適合義務と記録の保存義務**　届出事業者には，製造または輸入する電気用品を技術基準に適合するようにする義務が課され，そのために検査を行う義務および検査記録を作成し保存する義務が課せられている(法第8条)。

(3) **特定電気用品の適合性検査を受ける義務**　届出事業者は製造または輸入する電気用品が特定電気用品である場合には，その電気用品を販売するときまでに，以下のいずれかのものについて，経済産業大臣に登録された登録検査機関の検査(適合性検査という)を受ける必要がある。

① 販売しようとする当該特定電気用品
② 試験用の特定電気用品および当該特定電気用品の工場などにおける検査設備など
技術基準に適合しているときは，登録検査機関からその旨の証明書が交付される。交付された証明書は保存する義務がある(法第9条)。

登録検査機関としては，国内にある事業所において適合性検査を行う国内登録検査機関と外国にある事業所において適合性検査を行う外国登録機関が認められている(法第33条，42条の4)。

(4) **技術基準適合の表示**　届出事業者は，電気用品を検査して技術基準に適合している場合(特定電気用品の場合には，これに加えて登録検査機関による証明書が得られた場合)には，経済産業省令に定める方式(図5.4参照)により電気用品に表示を付けることができる。届出事業者が法の規定に基づいて表示を付ける場合以外，他者が電気用品にこれと紛らわしい表示を行うことは禁じられている(法第10条)。

(5) **改善命令**　経済産業大臣は，届出事業者が技術基準適合義務に違反していると認める場合には，届出事業者に対し，電気用品の製造，輸入または検査の方法その他の業務の方法の改善に関し必要な措置をとるべきことを命ずることができる(法第11条)。

(6) **表示の禁止**　技術基準に適合していない場合で危険または障害の発生を防止するために特に必要が認められる場合や法の規定や法に基づく命令に違反している場合などには，経済産業大臣は1年以内の期限を定めて，表示禁止命令が出せる(法第12条)。

4. 電気用品の販売及び使用に係る規制（製品流通後の規制）

一般の家庭などにおいて使用される電気用品については，専門知識を有しない消費者に義務を課すのではなく，電気用品の製造，販売などを行う者を規制している。また，電気工作物の設置などの工事において使用される電気用品については，電気事業法などで規定された電気事業者や電気工事士などの資格者に対して使用に際しての義務を課している。

（1） 販売等の規制　電気用品の製造，輸入または販売の事業を行う者は，技術基準に適合していることを示す所定の表示（図5.4）が付されているものでなければ，電気用品を販売し，または販売の目的で陳列してはならない（法第27条）。

特定電気用品　　　　　特定電気用品以外の電気用品

図5.4　電気用品に付される表示

（2） 使用の規制　電気事業法に規定する電気事業者，自家用電気工作物を設置する者，電気工事士法に規定する電気工事士，特種電気工事資格者または認定電気工事従事者は，所定の表示が付されている電気用品でなければ，電気工作物の設置または変更の工事に使用してはならない（法第28条）。

5. 危険等防止命令

経済産業大臣は，表示が付されていない電気用品が販売されることなどにより，危険または障害が発生するおそれがある場合において，危険または障害の拡大を防止するため特に必要があると認めるときは，販売した電気用品の回収その他の危険や障害の拡大防止措置を命ずることができる（法第42条の5）。

6. 報告の徴収，立入検査など

電気用品は製造，輸入，販売および使用の段階で規制が行われているが，製造事業者などが法律どおりに十分義務を果たしているかどうかをチェックするために，経済産業大臣に報告の徴収，立入検査，および電気用品の提出命令などの権限が与えられている（法第45条，46条，46条の2）。

5.4 電気の計量，規格，標準に関する法規

電気の供給，使用に際しては，電気を適正かつ正確に計量することが必要であるとともに，電気にかかわる鉱工業製品の種類，形状，寸法，性能などを標準化することが必要であることから，計量法，産業標準化法が適用されている

5.4.1 計 量 法
1．計量法の目的

計量法の目的は，計量の基準を定め，適正な計量の実施を確保することによって経済の発展および文化の向上に寄与することとされている(法第1条)。

適正な計量の実施を確保することは，安定した国民生活になくてはならないものであり，計量制度は経済社会活動の基盤となる制度である。電気についても，その供給，使用に当たり，電気に関する計量単位を定め，取引を適正かつ公正に行う必要があることから，計量法により規制が行われている。

2．計量法に基づく電気の計量に関する規制

（1）特定計量器による適正な計量の実施　　計量法は，取引や証明のための計量に使用される計量器または主として一般消費者の生活で用いられる計量器のうち，適正な計量の実施を確保するために構造または器差に関する基準を定める必要があるものを特定計量器として規制している（法第2条第4項）。

電気関係の特定計量器としては，電力量計，最大需要電力計および無効電力量計が定められており，検定に合格したもので，かつ，検定証印などの有効期間内のものでなければ取引や証明には使用できない(法第16条)。検定証印などの有効期間は電気計器によって決められており，電力量計は5～10年，最大需要電力計および無効電力量計は5年または7年に規定されている。

（2）正確な電気計器の供給

a．指定製造事業者制度による自主検査　　消費者などに正確な計量器を供給するため，特定計量器の製造事業を行おうとする者は，経済産業省令で定める事業の区分に従って，経済産業大臣に名称，住所，事業区分，検査のための設備などの事項を届け出なければならない(法第40，46条)。

届出製造事業者は，型式の承認を受けた上で，その型式に関する工場または事業場における品質管理の方法について日本電気計器検定所などが行う検査を受け，これに基づ

いて大臣から指定製造事業者として指定を受ける。指定製造事業者は省令の基準などに基づいて自主検査を行い，基準に適合した特定計量器に基準適合証印を付すことができる(法第91条，第95条，第96条)。

b. 特定計量器の検定など

① 検定　特定計量器である電気計器の検定は，日本電気計器検定所などが行う。検定の合格の条件は，器差が経済産業省令で定める検定公差を超えないことなどである。検定に合格すると，計量器の有効期間の満了の日が表示された検定証印が付され，変成器付電気計器が検定に合格したときはその電気計器およびこれとともに使用される変成器に合番号が付される(法第72条，第74条)。

なお，指定製造事業者は，前述の通り，検定に替えてその製造する特定計量器に自主検査を行い，基準適合証印を付すことができる。

② 型式承認制度　特定計量器の構造や性能に関する基準は，特定計量器検定検査規則で規定されており，30項目以上の構造に関する試験と器差試験がある。しかしながら，構造に関する試験には，長時間を要したり，その計器にストレスを加えたりする試験があり，これらを製造したすべての計器について試験を行うことは困難である。

このため，個々の計器を検定する前段に，その型式の代表計器に対して構造に関する試験を行い，合格した計器に型式承認を付与することによって構造検定を全ての計量器に行うことを省略できることとなっている。

型式承認制度により，個々の計量器の検定では構造検定を省略し，器差などの検査に絞ることで検定の合理化が図られている。

3. 日本電気計器検定所による検定など

日本電気計器検定所は，電気の取引に使用する電気計器の検定などの業務を行なうことによって電気の取引の適正な実施の確保に資することを目的として，日本電気計器検定所法に基づき，国に準ずる機関として設立された法人である(検定所法第1条)。

電気計器(これとともに使用される変成器を含む。)について，計量法に基づく検定，変成器付電気計器検査，型式承認などを行うことを業務としている(検定所法第23条)。

5.4.2　産業標準化法

1. 産業標準化法の目的

産業標準化法の目的は，適正かつ合理的な産業標準の制定および普及により産業標準化を促進するとともに，国際標準の制定に協力して国際標準化を促進することによって，鉱工業品などの品質の改善，生産能率の増進その他生産などの合理化，取引の単純公正

化および使用または消費の合理化を図り，あわせて公共の福祉の増進に寄与することであるとされている（法第1条）。

2. 産業標準の制定

産業標準化とは鉱工業品の種類，形状，寸法，性能，生産方法などを全国的に統一又は単純化することであると定義されている（法第2条）。また，産業標準とは，産業標準化のための基準であり，標準規格または単に規格ともいわれる。

産業標準化法に基づき策定された産業標準は日本産業規格（JIS：Japan Industrial Standards）という（法第20条）。日本産業規格は，産業標準化法に基づき，日本産業標準調査会の審議，議決を経て，主務大臣（経済産業大臣）が制定する国家規格である。

3. 産業標準の国際化

国際規格は，基本単位，試験方法，分析方法，重要な部分に関する互換性に係る形状，寸法，性能などについて国際的な統一化（標準化）を図るための規格である。電気に関する国際規格には，国際電気標準会議（IEC：International Electrotechnical Commission）の推奨規格があり，また，電気以外のすべてを含むものとして，国際標準化機構（ISO：International Organization for Standardization）の推奨規格がある。

5.5　エネルギー政策に関する法規

電気をはじめとするエネルギーは，国民生活の安定向上，国民経済の維持発展に不可欠であることから，我が国のエネルギー需給に関する施策の基本方針を定めるエネルギー政策基本法を始め，原子力利用，電源開発，非化石エネルギーの開発・導入，再生可能エネルギー電気の利用促進，脱炭素社会の実現などを図るための法律が定められている。

5.5.1　エネルギー政策基本法

1. エネルギー政策基本法の目的

エネルギー政策基本法は，①エネルギーの需給に関する施策に関する基本方針を定めること，②国と地方公共団体の責務などを明らかにすること，③エネルギーの需給に関する施策の基本となる事項を定めること，によって，エネルギーの需給に関する施策を長期的，総合的かつ計画的に推進することを目的としている（法第1条）。

2. エネルギーの需給に関する施策についての基本方針

エネルギーの需給に関する施策についての基本方針が，エネルギーの安定供給確保，

環境への適合，および市場原理の活用の観点からそれぞれ以下のように規定されている．

（1） **エネルギーの安定供給確保**　エネルギーの安定的な供給のため，①供給源を多様化すること，②エネルギー自給率の向上を図ること，③エネルギーの分野における安全保障を図ること，を基本として施策を講ずる（法第2条）．

（2） **環境への適合**　エネルギーの需給に関する政策を講じるにあたっては，①エネルギーの消費の効率化を図る，新エネルギーの利用への転換などを推進する，③これらによって地球温暖化の防止とともに地域の環境保全を図る，④併せて循環型社会の形成に資するための施策を推進する（法第3条）．

（3） **市場原理の活用**　エネルギー市場の自由化などの経済構造改革を進めるに当たっては，事業者の自主性と創造性が十分に発揮されるようにしつつ，エネルギー需要者の利益が十分に確保されるよう，規制緩和などの施策を推進する（法第4条）．

3. 国などの責務，国民の協力

国・地方公共団体，事業者はそれぞれ以下の責務を有し，また，国民はこれに協力することとされている．

（1） **国の責務**　国は，上述の基本方針にのっとり，エネルギーの需給に関する施策を総合的に策定し，実施する責務を有する（法第5条）．

（2） **地方公共団体の責務**　地方公共団体は，基本方針にのっとり，エネルギーの需給に関し，国の施策に準じて施策を講ずるとともに，その区域の実情に応じた施策を策定し実施する責務を有する（法第6条）．

（3） **事業者の責務**　事業者は，その事業活動に際しては，自主性および創造性を発揮し，エネルギーの効率的な利用，エネルギーの安定的な供給ならびに地域および地球の環境の保全に配慮したエネルギーの利用に努めるとともに，国または地方公共団体が実施するエネルギーの需給に関する施策に協力する責務を有する（法第7条）．

（4） **国民の協力**　国民は，エネルギーの使用の合理化に努めるとともに，新エネルギーの活用に努めるものとする（法第8条）．

4. エネルギー基本計画の策定

政府は，エネルギーの需給に関する施策の長期的，総合的かつ計画的な推進を図るため，「施策の基本的な方針」，「長期的，総合的かつ計画的に講ずべき施策」，「重点的に研究開発のための施策を講ずべきエネルギーに関する技術」などについて，エネルギー基本計画を定め，3年ごとに見直すことが規定されている（法第12条）[1]．

---

(1) 平成3年10月に第6次エネルギー基本計画が閣議決定された．

5.5.2 原子力基本法

原子力基本法は，2023年に「脱炭素社会の実現に向けた電気供給体制の確立を図るための電気事業法等の一部を改正する法律（GX脱炭素電源法）」によって，その目的に地球温暖化の防止を図ることが追加された。また，基本方針に原子力事故防止にかかわる方針が追加され，国の責務，原子力事業者の責務が新たに規定された。

1．原子力基本法の目的

原子力の研究，開発および利用を推進することによって，エネルギー資源を確保するとともに学術の進歩，産業の振興と地球温暖化の防止を図り，人類社会の福祉と国民生活の水準向上とに寄与することを目的としている（法第1条）。

2．基本方針

原子力利用は，平和の目的に限り，安全の確保を旨として，民主的な運営の下に，自主的にこれを行うものとし，その成果を公開し，進んで国際協力に資することとしている（民主，自主，公開，国際協力）。

また，福島第一原子力発電所の事故を防止することができなかったことを真摯に反省した上で，原子力事故の発生を常に想定し，その防止に最善かつ最大の努力をしなければならないという認識に立ってエネルギーとしての原子力利用を進めることとしている（法第2条第3項，2023年改正で規定）。

3．国の責務

国の責務として，原子力発電を電源の選択肢の一つとして活用することによって電気の安定供給を確保すること，我が国において脱炭素社会を実現することが規定されている。また，国は国民の原子力発電に対する信頼を確保し，その理解と協力を得るために必要な取組や原子力施設が立地する地域の振興などの課題の解決に向けた取組を推進する責務を有すると規定している（法第2条の2，2023年改正で規定）。

4．原子力利用に関する基本的施策

国が講ずるべき基本的施策として，原子力発電にかかわる高度な技術開発，人材育成，産業基盤の維持強化，国際的な連携強化，原子力事業者が原子力施設の安全性確保のために必要な投資などを行うことができる事業環境の整備，使用済み燃料の処理や放射性廃棄物の最終処分の円滑かつ着実な実施などのための施策が挙げられている（法第2条の3，2023年改正で規定）。

5．原子力事業者の責務

原子力事業者は，原子力事故の発生の防止などのために必要な措置を講じるとともにその内容を不断に見直し，安全性の向上と原子力防災の態勢の充実強化のために必要な

措置を講ずる責務を有することが規定されている。また，原子力事業者は，立地地域の原子力発電に対する信頼を確保するために必要な取組を推進するとともに，地域振興等の課題の解決に向けた立地地域の取組に協力する責務を有することを規定している（法第2条の4，2023年改正で規定）。

6．原子炉の管理

原子炉の建設などに関する規制については，別に定める法律（原子炉等規制法，電気事業法）に基づくべきことが規定されている。このうち，2023年改正により新たに規定された運転期間にかかわる規制は，脱炭素社会の実現と電気の安定供給を確保するため，エネルギーとしての原子力の安定的な利用を図る観点から行われるものであることが明記された（法第16条の2）。

7．原子力規制委員会などの設置

原子力利用における安全の確保を図るため，環境省の外局として，原子力規制委員会を置くこと，内閣に原子力防災会議を置くこと，および原子力利用に関する国の施策を計画的に遂行し，原子力行政の民主的な運営を図るため，内閣府に原子力委員会を置くことが規定されている（法第3条の2，第3条の3～7，第4条，第5条，第6条）。

5.5.3 核原料物質，核燃料物質及び原子炉の規制に関する法律（原子炉等規制法）

1．原子炉等規制法の目的

原子力基本法の精神にのっとり，原子炉などの利用が平和の目的に限られることを確保するとともに，原子力災害の防止と核燃料物質の防護によって公共の安全を図るため，原子力利用に関し大規模な自然災害やテロリズムなどの発生も想定した規制などを行うことによって，国民の生命，健康および財産の保護，環境の保全ならびに我が国の安全保障に資することを目的としている（法第1条）。

2．原子炉などの規制

製錬，加工，貯蔵，再処理および廃棄の事業ならびに原子炉の設置および運転などに関し，それぞれの事業に応じた許認可などを規定している。核原料物質，核燃料物質の精錬や再処理を行う事業に対する指定事業者制，加工や廃棄，使用済核燃料の貯蔵を行う事業に対する許可制，原子炉については設置許可，設計・工事の認可，使用前検査，施設定期検査，運転計画の届出，原子炉の運転記録の作成と保管，保安のための措置，原子炉主任技術者の選任，保安規定の作成などについて規定している。

福島第一原子力発電所の事故発生後，法律が大幅に見直され，これらの規制を原子力

規制委員会に一元化するとともに，発電用原子炉などに関して，重大事故対策の強化，最新の技術的知見を既存の施設や運用に反映する制度の導入，運転期間の制限などの規定が追加された。

なお，運転期間の制限については，2023年の法改正(**GX脱炭素電源法**)により，運転開始から30年を超えて運転しようとする場合，10年以内ごとに設備の劣化について技術的評価を行い，長期施設管理計画を作成して原子力規制委員会の認可を受けることが新たに規定された(法第43条の3の32)。なお，併せて電気事業法においても原子力発電の運転期間の延長にかかわる認可に関する規律が新たに整備された(電気事業法第27条の29の2)。(5.2.3電気事業規制 6 発電事業に係る規制を参照)

5.5.4 発電用施設周辺地域整備法

1. 発電用施設周辺地域整備法の目的

この法律は，電気の安定供給の確保が国民生活と経済活動にとってきわめて重要であることから，発電用施設周辺において公共用施設の整備や産業振興に寄与する事業を実施することによって，発電用施設の立地の促進などを図ることを目的としている(法第1条)。

2. 発電用施設の設置の円滑化などのための公共用施設整備計画の作成・交付金の交付

国は，発電用施設の設置が予定されている地点のうち，発電用施設の設置に関する計画が確実な地点で，かつ発電用施設の設置および運転の円滑化のために公共用施設の整備などの施策を講じることが必要と認められる地点を指定する(法第3条)。

これを受け，当該地点を含む地域の都道府県知事は，発電用施設の周辺地域の公共施設などの整備計画を作成し国の承認を受ける(法第4条)。国は，その整備計画の実施に必要な費用にあてるため，交付金の交付などの助成を行う(法第7条)。

5.5.5 非化石エネルギーの開発及び導入の促進に関する法律

1. 非化石エネルギーの開発及び導入の促進に関する法律の目的

この法律は，非化石エネルギーを利用することが，エネルギーの安定供給の確保および環境への負荷の低減を図る上で重要であることから，非化石エネルギーの開発および導入のために必要な措置を講じ，国民経済の健全な発展と国民生活の安定に寄与することを目的としている(法第1条)。

2. 非化石エネルギーの供給目標の設定など

経済産業大臣は非化石エネルギーの供給目標を定め公表するとともに，非化石エネルギーを使用することが適切と必要と考えられる工場または事業場について，環境の保全に留意しつつ，導入すべき非化石エネルギーの種類および導入の方法に関し指針を定めて公表している(法第3条, 5条)。

また，政府は非化石エネルギーの開発および導入の促進に資する科学技術の振興を図るため，研究開発の推進およびその成果の普及などの必要な措置を講ずるよう努めなければならないことが規定され，非化石エネルギー開発の中核的推進体として新エネルギー・産業技術総合開発機構の業務などが定められている(法第9条～11条)。

5.5.6 エネルギーの使用の合理化及び非化石エネルギーへの転換等に関する法律(省エネ法)

「エネルギーの使用の合理化等に関する法律」は，2022年の「安定的なエネルギー需給構造の確立を図るためのエネルギーの使用の合理化などに関する法律等の一部を改正する法律」により改正され，名称が「エネルギーの使用の合理化及び非化石エネルギーへの転換等に関する法律」に改称された。

1. 省エネ法の目的

この法律は，工場，輸送，建築物および機械器具などについてのエネルギーの使用の合理化および非化石エネルギーへの転換，電気の需要の最適化などを総合的に進めるために必要な措置を講ずることによって国民経済の健全な発展に寄与することを目的としている(法第1条)。

2. 省エネなどの基本方針

経済産業大臣は，工場，輸送，建築物，機械器具などにかかわるエネルギーの使用の合理化，非化石エネルギーへの転換と電気の需要の最適化を総合的に進める見地から，「エネルギーの使用の合理化及び非化石エネルギーへの転換等に関する基本方針」を定め，公表する(法第3条)。

3. 主務大臣による判断基準の公表など

各事業を所管する主務大臣は，工場・事業場および運輸分野の設置者や輸送事業者・荷主に対し，省エネ対策を実施する際の目安となるべき判断基準を定め，公表している。

また，再エネ出力制御時への電気需要のシフトや，需給逼迫時の需要減少を促すため，従前は「電気の需要の平準化」を目指していたが，改正後の省エネ法では単なる平準化ではなく「電気の需要の最適化」に見直し，電気を使用する事業者が行うべき省エネ対策の

指針の整備などが行われた。一方、電気事業者に対しては、電気の需要の最適化が進むような電気料金の仕組みとしていくための計画を作成することなどが求められることとなった。

4. 事業者の義務

原油換算で1 500kl／年以上のエネルギーを使用する事業者(特定事業者など)は、エネルギー管理統括者を選任すること、エネルギーの使用状況などについて定期的に報告すること、省エネや非化石エネルギーへの転換などに関する取組の見直しや計画の策定を行うことなどが義務づけられている。

また、エネルギー使用者が使うこととなる機械器具等(自動車、家電製品や建材など)の製造または輸入事業者に対して、機械器具等のエネルギー消費効率の目標を示して達成を求めるとともに、効率向上が不十分な場合には勧告などが行われることになっている。

5. 非化石エネルギーへの転換

この法律は、従前は化石エネルギー(石油、揮発油、可燃性天然ガス、石炭など)を対象として合理化を求めていたが、2022年の法改正により、エネルギーの使用の合理化(エネルギー消費原単位の改善など)の対象に新たに非化石エネルギー(黒液、木材、廃プラスチック、水素、アンモニア、太陽熱、太陽光発電電気など)も対象となり、すべてのエネルギーの使用の合理化が求められることとなった。

また、工場などで使用するエネルギーについて、化石エネルギーから非化石エネルギーへの転換(非化石エネルギーの使用割合の向上)が求められ、特定事業者などは非化石エネルギーへの転換に関する中長期的な計画の作成などを行わなければならない。

5.5.7 再生可能エネルギー電気の利用の促進に関する特別措置法

「電気事業者による再生可能エネルギー電気の調達に関する特別措置法(再エネ特措法)」は、2020年の「エネルギー供給強靱化法」により改正され、名称が「再生可能エネルギー電気の利用の促進に関する特別措置法」に改められた。

1. 再生可能エネルギー電気の利用の促進に関する特別措置法の目的

この法律は、再生可能エネルギー電気の市場取引などによる供給を促進するための交付金その他の特別の措置を講じ、再生可能エネルギー源の利用を促進することによって我が国の国際競争力の強化および我が国産業の振興、地域の活性化その他国民経済の健全な発展に寄与することを目的としている(法第1条)。

2. 再生可能エネルギー電気の利用の促進のための新たな制度

（1） FIP制度の導入 2022年4月から，**FIT制度**（固定価格買取制度，Feed-inTariff）に加え，大規模な太陽光発電などを対象として新たに**FIP制度**（基準価格制度，Feed-inPremium）が導入された。FIT制度では，電気事業者による再生可能エネルギー電気の買い取り価格は一定であり，FITの認定を受けた事業者が電力需要ピーク時に供給量を増やすインセンティブはなかった。一方，FIP制度では買い取り価格は市場価格に対する一定のプレミアム（補助）を加えた額となるため需要に応じて変動するので電力需要ピーク時には買い取り価格は高くなり，再生エネルギー電気の供給増が期待される。

（2） 再生可能エネルギーの活用促進のための電力系統整備 風力などの再生可能エネルギー電源は，電力の大消費地から遠く離れた場所にあるため，送電網の地域間連携を強化することが必要である。これによって，再生可能エネルギー電気の利用が促進され，電力価格の低下とCO_2の排出削減が達成される場合，その便益分に相当する費用を系統設置交付金として，一般送配電事業者などに支援する仕組みが構築された。交付金の交付に関する業務は広域的運営推進機関が行い，交付に要する費用は小売電気事業者などが納付することとなっている。

（3） 再生可能エネルギー発電設備の適切な廃棄 老朽化した太陽光発電設備が適切に廃棄されない懸念に対応するため，発電事業者に対し，廃棄のための費用に関する外部積立て義務が課せられることとなった。

（4） 認定失効制度 経済産業大臣からFIT制度の認定を受けたにもかかわらず長期間にわたって未稼働の再エネ発電設備があるために，新規事業者が電力系統を利用できない問題があった。このため，再生可能エネルギー発電事業計画について認定を受けてから一定の期間内に発電事業を開始しない場合には，その認定が失効する制度が新たに規定された。

5.5.8 脱炭素成長型経済構造への円滑な移行の推進に関する法律（GX推進法）

1. GX（グリーントランスフォーメーション）推進法の目的

この法律は，我が国における脱炭素成長型経済構造への円滑な移行を推進するため，脱炭素成長型経済構造移行推進戦略を策定すること，脱炭素成長型経済構造移行債を発行すること，化石燃料採取者などに対する賦課金の徴収などを行うこと，脱炭素成長型経済構造移行推進機構を設立することなどによって，国民生活の向上および国民経済の

健全な発展に寄与することを目的としている(法第1条)。

脱炭素成長型経済構造とは，産業活動において使用するエネルギーおよび原材料に伴なう二酸化炭素を原則として大気中に排出せずに産業競争力を強化することにより，経済成長を可能とする経済構造をいう(法第2条)。

2. 脱炭素成長型経済構造移行推進戦略の策定

政府は，脱炭素成長型経済構造への円滑な移行に関する施策を総合的かつ計画的に推進するための計画(推進戦略)を定めなければならないこととされており，2023年の7月に閣議決定され公表された(法第6条)。

3. 脱炭素成長型経済構造移行債の発行

政府は，推進戦略の実現に向けた先行投資を支援するため，2023年度(令和5年度)から10年間，脱炭素成長型経済構造移行債を発行して財源を確保し，脱炭素成長型経済構造への円滑な移行の推進に関する施策(GXの推進に関する施策)を講ずることとなっている(法第7条)。

4. 化石燃料賦課金および特定事業者負担金の徴収

2028年度(令和10年度)から，輸入する化石燃料に由来する二酸化炭素の量に応じて，化石燃料の輸入事業者などから化石燃料賦課金が徴収される(法第11条)。

また，2033年度(令和15年度)から，発電事業者に対して一部有償で二酸化炭素の排出枠(量)を割り当て，その量に応じた特定事業者負担金が徴収される(法第17条)。

化石燃料賦課金および特定事業者負担金の収入は，脱炭素成長型経済構造移行債などの償還に充てられ，脱炭素の目標とする2050年度(令和32年度)までに償還を終えることとされている(法第8条)。

5. 脱炭素成長型経済構造移行推進機構

経済産業大臣の認可により，脱炭素成長型経済構造移行推進機構が設立されることとなっている。同推進機構は，民間企業のGX投資の支援(金融支援(債務保証など))，化石燃料賦課金・特定事業者負担金の徴収，排出量取引制度(特定事業者排出枠の割当て・入札など)にかかわる業務を行うこととなっている(法第20条)。

第6章
電気設備技術基準とその解釈

6.1 総　　説

　電気設備に関する安全基準は，電気事業の創生期から制定されている。1891年12月に警視庁が制定した電気営業取締規則（警察令第23号）に「第２章　電線施設制限」が規定され，例えばその第24条に「電灯線又ハ電力線ニハ適当ノ箇所ニ保安器ヲ装置シ，不測ノ災害ヲ予防スヘシ」とある。

　その後，電気設備に関する技術基準は，電気事業の拡大に伴う電気設備の施設の増大や電気の使用形態の発展などに対応して安全確保に必要な基準が整備されてきた。1911年に旧電気事業法の制定に伴い独立した技術基準として電気工事規程が，1919年にこれを全面改正した電気工作物規程がそれぞれ制定された。1965年には現在の電気事業法の施行に伴い**電気設備に関する技術基準を定める省令**（昭和40年通商産業省令第61号）が施行された。

　現在の電気設備に関する技術基準は，特定の目的を実現するための具体的な手段，方法等を規定せず保安上必要な性能のみで基準を定める**機能性基準化**の観点から1997年に全面改正された電気設備に関する技術基準を定める省令（平成９年経済産業省令第52号。以下「**電技省令**」と略称する）である。

　このような機能性基準化が行われた背景として，**WTO協定**（世界貿易機関を設立するマラケシュ協定）の付属書の一部として1995年に発効した**TBT協定**（貿易の技術的障害に関する協定）に，「加盟国は，性能に着目した産品の要件に基づく強制規格を定める」とあり，政府としてこれに則り基準・認証制度を見直すことにしたことがある。

　機能性基準化にあたっては，それまで省令およびこれに基づく告示において詳細に規定されていた材料の規格，数値，計算式などを設置者の自主的な判断に委ねるものとして削除し，これらを**電気設備の技術基準の解釈**（以下「**電技解釈**」と略称する）に移行した。機能性基準化により，技術進歩に伴う新たな資機材・施工方法を速やかに使用でき，外国の規格や民間規格などによる電気工作物を設置することが可能となるとされている。その一環として，2020年７月に

民間規格評価機関による民間規格などの適合性確認プロセスについての経済産業省内規が制定され，民間規格などの電技解釈への活用・反映が進められている。

電技解釈は，「電気事業法に基づく経済産業大臣の処分に係る審査基準等」の一部として定められたもので，例えば同法第40条（事業用電気工作物の維持）の規定による事業用電気工作物の修理命令，使用停止命令などは，電気設備が電技解釈の該当部分のとおりである場合には，発動されないとされている。また，電技解釈の冒頭には，「この解釈は電技省令に定める技術的要件を満たすものと認められる技術的内容をできる限り具体的に示したもので，その技術的要件は，この解釈に限定されるものではなく，電技省令に照らして十分な保安水準の確保が達成できる技術的根拠があれば，電技省令に適合すると判断する」と述べられている。なお，電技解釈は，電技省令に定める技術的要件を満たすものと認められる技術的内容をできるだけ具体的に示したものであるため，電技解釈の各条項には，その根拠となる電技省令が併記されている。

6.1.1 技術基準の根拠と種類

1. 技術基準の根拠

電気事業法第39条第１項において，「事業用電気工作物を設置する者は，事業用電気工作物を主務省令で定める技術基準に適合するように維持しなければならない」と規定され，その設置者（製造者ではないことに留意）に対し，**事業用電気工作物の技術基準への適合・維持**を義務付けている。同法第40条において，当該工作物が技術基準に適合していないと認められた場合，主務大臣は，その設置者に対し修理や使用の一時停止などの技術基準適合を命じることができるとされている。なお，この規定による命令または処分に違反した者は，原子力発電工作物以外の場合は同法第118条第６号の規定により300万円以下の罰金に，**原子力発電工作物**の場合は同法第116条第４号の規定により３年以下の懲役もしくは300万円以下の罰金に処せられる。

技術基準の目的とするところは，同法第39条第２項に規定され，次の４項目となっている。

① 事業用電気工作物は，人体に危害を及ぼし，または物件に損傷を与えないようにすること。

② 事業用電気工作物は，電気的設備その他の物件の機能に電気的または磁気的な障害を与えないようにすること。

③ 事業用電気工作物の損壊により一般送配電事業者または配電事業者の電気の供給に著しい支障を及ぼさないようにすること。

④ 事業用電気工作物が一般送配電事業または配電事業の用に供される場合にあっては，その事業用電気工作物の損壊によりその一般送配電事業または配電事業に係る電気の供給に著しい支障を生じないようにすること．

　これを要約すると，同法に基づく技術基準は，事業用電気工作物によって，「人体に危害を及ぼさない」，「物件に機能面も含め損傷や障害を与えない」，および「電気の供給に著しい支障を及ぼさない」ようにするために定められている．

　ここでいう危害や損傷とは，人体の感電や漏電による火災のみならず，送電鉄塔の倒壊による被害，発電用のダムやボイラーの損壊による被害，原子力発電所からの放射性物質の異常漏えいによる被害なども含まれる．

　また，**一般用電気工作物**については，同法第56条第1項において，当該工作物が技術基準に適合していないと認められた場合，主務大臣は，その所有者または占有者に対し，当該工作物の修理や使用の一時停止などの技術基準への適合を命じることができるとされている．なお，この規定による命令または処分に違反した者は，同法第120条第10号の規定により30万円以下の罰金に処せられる．技術基準適合命令の判断基準として技術基準が位置付けられ，その規定内容は，同条第2項により，上記①および②に準じることになっている．

　したがって，電気設備に関する技術基準を定める省令は，同法第39条第1項および第56条第1項の規定に基づき，定められている．

2．技術基準の種類

　電技省令以外に電気事業法第39条第1項（発電用原子力設備については旧電気事業法第48条第1項）の規定に基づき，次の技術基準が定められている．

① 発電用水力設備に関する技術基準を定める省令（平成9年通商産業省令第50号）
② 発電用火力設備に関する技術基準を定める省令（平成9年通商産業省令第51号）
③ 発電用風力設備に関する技術基準を定める省令（平成9年通商産業省令第53号）
④ 発電用太陽電池設備に関する技術基準を定める省令（令和3年経済産業省令第29号）
⑤ 発電用原子力設備に関する技術基準を定める省令（昭和40年通商産業省令第62号）
⑥ 原子力発電工作物に係る電気設備に関する技術基準を定める省令（平成24年経済産業省令第70号）

　⑥の省令は，2012年9月原子力規制委員会の設置に伴い制定されたもので，同時に電技省令が改正され，原子力発電工作物は同省令の適用除外となった．ここでいう原子力発電工作物とは，同法第106条第1項において「原子力を原動力とする発電用の電気工作

物」とされている。

6.1.2 電気設備技術基準およびその解釈の構成など
1. 電技省令の構成

「6.1 総説」で述べたように電技省令(電気設備技術基準)は，技術進歩に伴う新たな資機材・施工方法を速やかに使用でき，外国の規格や民間規格などによる電気工作物を設置することが可能となるようにするため，保安上必要な性能のみで基準を定める機能性基準化の観点から1997年に全面改正された。

その構成は，それまでの省令が，総則，発電所など，電線路，電力保安通信設備，電気使用場所の施設および電気鉄道などといった電気設備の種類ごとに材料の規格，数値，計算式などが詳細に定められていたのに対し，全面改正後は，下記の目次に示すように機能面に着目した基準となっている。

〔電技省令(電気設備技術基準)の目次〕 (2023年3月20日施行) --------------------
第1章 総　　　則
　第1節　定義(第1条・第2条)
　第2節　適用除外(第3条)
　第3節　保安原則
　　第1款　感電，火災等の防止(第4条～第11条)
　　第2款　異常の予防及び保護対策(第12条～第15条の2)
　　第3款　電気的，磁気的障害の防止(第16条・第17条)
　　第4款　供給支障の防止(第18条)
　第4節　公害等の防止(第19条)
第2章 電気の供給のための電気設備の施設
　第1節　感電，火災等の防止(第20条～第27条の2)
　第2節　他の電線，他の工作物等への危険の防止(第28条～第31条)
　第3節　支持物の倒壊による危険の防止(第32条)
　第4節　高圧ガス等による危険の防止(第33条～第35条)
　第5節　危険な施設の禁止(第36条～第41条)
　第6節　電気的，磁気的障害の防止(第42条・第43条)
　第7節　供給支障の防止(第44条～第51条)
　第8節　電気鉄道に電気を供給するための電気設備の施設(第52条～第55条)
第3章 電気使用場所の施設

第1節　感電，火災等の防止（第56条〜第61条）
第2節　他の配線，他の工作物等への危険の防止（第62条）
第3節　異常時の保護対策（第63条〜第66条）
第4節　電気的，磁気的障害の防止（第67条）
第5節　特殊場所における施設制限（第68条〜第73条）
第6節　特殊機器の施設（第74条〜第78条）

附　　則

2．電技解釈の意義と構成

電技解釈は，「電気事業法に基づく経済産業大臣の処分に係る審査基準等」の一部として定められている。**行政手続法**（平成5年法律第88号）第5条では，行政庁は法令に従い許認可などをどう判断するかの審査基準を定め，これを定めるに当たってできる限り具体的なものとしなければならないと規定されている。また，同法第12条では，不利益処分の処分基準についても，同様に規定されている。

電技省令に適合していないと認められるときの電気事業法第40条に基づく**技術基準適合命令**は，不利益処分である。同じく電気事業法には，第48条第4項に基づく工事計画変更命令等の不利益処分の規定があり，それぞれに電技省令が引用され，これに適合しないことが処分の発動要件の一つとされている。

一方，電技省令は1997年に全面改正され機能性基準化されたことから，その内容は必ずしも具体的なものとなっていない。このため，電技省令の**機能性基準化**に併せ電技解釈が新たに制定され，上記の審査基準などに盛り込まれた。ここでは，事業用電気工作物が電技解釈の該当部分のとおりである場合は技術基準適合命令が発動されないとされている。

また，6.1節で述べたように電技省令を満たす技術的要件は電技解釈に限定されず，電技省令に照らして十分な保安水準の確保が達成できる技術的根拠があれば，電技省令に適合すると判断するとされている。したがって，電技解釈は，電技省令を満足する例示の一つと考えてよい。

電技解釈は，1997年5月に制定された。当初，1997年の機能性基準化以前の電技省令および告示（電気設備に関する技術基準の細目を定める告示。廃止）で規定されていた材料の規格，数値，計算式などの仕様規定を基に定められ，その後，技術の進歩などに対応し，随時改正が行われてきている。

その内容は，独自の規定に加え，引用規格として旧電技省令および告示における **JIS**

（日本産業規格）等の公的規格だけでなく，民間自主規格であるJESC（日本電気技術規格委員会）規格（以下「JESC規格」という）や国際規格であるIEC（国際電気標準会議）規格（以下「IEC規格」という）も引用されている。

電技解釈の構成を次に示す。これから分かるように，総則を除き電気工作物の種類ごとに，施設基準が規定されている。

〔電技解釈の目次〕（2023年12月26日改正）--------------------------------------

第1章　総　　則
　　第1節　通則（第1条・第2条）
　　第2節　電線（第3条～第12条）
　　第3節　電路の絶縁及び接地（第13条～第19条）
　　第4節　電気機械器具の保安原則（第20条～第32条）
　　第5節　過電流，地絡及び異常電圧に対する保護対策（第33条～第37条の2）
第2章　発電所，蓄電所並びに変電所，開閉所及びこれらに準ずる場所の施設（第38条～第48条）
第3章　電　線　路
　　第1節　電線路の通則（第49条・第50条）
　　第2節　架空電線路の通則（第51条～第63条）
　　第3節　低圧及び高圧の架空電線路（第64条～第82条）
　　第4節　特別高圧架空電線路（第83条～第109条）
　　第5節　屋側電線路，屋上電線路，架空引込線及び連接引込線（第110条～第119条）
　　第6節　地中電線路（第120条～第125条）
　　第7節　特殊場所の電線路（第126条～第133条）
第4章　電力保安通信設備（第134条～第141条）
第5章　電気使用場所の施設及び小規模発電設備
　　第1節　電気使用場所の施設及び小規模発電設備の通則（第142条～第155条）
　　第2節　配線等の施設（第156条～第174条）
　　第3節　特殊場所の施設（第175条～第180条）
　　第4節　特殊機器等の施設（第181条～第199条の2）
　　第5節　小規模発電設備（第200条）
第6章　電気鉄道等（第201条～第217条）
第7章　国際規格の取り入れ（第218条・第219条）
第8章　分散型電源の系統連系設備（第220条～第234条）

別　　表

6.1.3　電気設備技術基準における障害防止

電気設備技術基準には，電気事業法第39条第2項に規定する技術基準の目的を達成するため，電気工作物のうち電気設備（公害の防止などに関しては発電所などの施設全体）を対象に，人体への危害や物件への損傷・障害および電気の供給支障の防止のための各種措置が規定されている。

これらの措置は，こういった障害などの発生を直接または間接的に防止するためのもので，設計・構造基準，工事・施設基準，試験基準，管理基準といった形態となっている。また，同法第39条第1項で「技術基準に適合するように維持しなければならない」とあるように，電気工作物の施設段階のみならず，運用中においても運転管理，保守点検などを適切に行うことが求められている。

電気設備技術基準において想定されている障害と，これを防止するための措置を次に挙げる。

1．感　　電

充電部に人体が接触し，電気が流れる回路が構成されると感電し，流れる電流の程度により人体に障害をもたらす。その要因は，人が誤って充電部に触れるか，電気絶縁が何らかの原因で機能を失い普段充電されていない金属箱などに電気が漏れること，いわゆる漏電が発生することである。

これを防止するため，通電する導体を絶縁物で覆ったり，充電部に人が接触しないよう電気設備の周囲に柵や塀を設けたりするなどの措置が規定されている。また，仮に漏電が発生しても感電を未然に防ぐため，金属箱などに接地をとること，漏電を検知し電気の供給を自動で停止する地絡遮断装置や漏電遮断器を設置することなどが求められている。

2．火　　災

短絡による火花，あるいは電線に許容電流以上の電流が流れたり，許容電流以下であっても放熱が十分でなかったりすると電気設備などに異常な温度上昇が生じ，火災発生の要因となる。

これを防止するため，施設状況に応じ絶縁物に耐熱性能のあるものを使用する，電気設備に一定の耐熱性能を有することなどが規定されている。また，過電流を検知し電気の供給を自動で停止する過電流遮断器を設置することなどが求められている。

3. 誘導作用などによる障害

送電線や変圧器などからの**静電誘導作用**または**電磁誘導作用**により人体に直接危害や健康への影響を及ぼすおそれがある。また，送電線の地絡の際の電磁誘導作用により，通信線などに異常な電圧が誘起され，人体や機器に障害を及ぼすおそれがある。更に，電気機械器具や電線路などからの異常な電波発生や誘導作用，あるいは磁力線が，無線設備への障害や地磁気観測に影響を与えるおそれがある。

これを防止するために，電界強度などの基準値を設けるとともに，電気設備と人体や通信線などとの離隔をとる，遮へいを設けるなどの措置をとることが求められている。

4. 電気設備の損壊による障害

電気設備が電気的に損壊し漏電や短絡が発生すると，感電や電気火災を引き起こす要因になるとともに，その機能を喪失することにより，電気の供給に支障が生じることにもなる。これに加え，電気設備が機械的に損壊すると，他の工作物等に障害が生じるおそれがある。例えば，架空の送電線や配電線の支持物が倒壊することにより，周囲の建物に被害を及ぼしたり，道路が遮断されれば交通に影響を及ぼしたりするなどの障害が発生する。

これを防止するために，支持物が確保すべき強度，建物などとの離隔距離などについての規定が定められている。

5. 公害などの防止

発電所や変電所などが振動や騒音，水質汚濁などによって周囲環境に影響を及ぼす発生源とならないよう公害対策関係法に従い適切な措置を講じることが求められている。

6. 電　　食

電食とは，電気鉄道の軌条等から生ずる迷走電流が，地中または水中に施設される金属体の表面から流出するために生じる腐食現象である。

これを防止するために，このような電気化学作用を抑制する措置を講じることが求められている。

7. 油や水素などの漏洩による障害

変圧器には**絶縁油**を使用するものもあり，また，火力発電所等の大型発電機は冷却用に水素冷却を行っているものもある。これらが漏洩すると，周囲への汚染等が懸念される。これを防止するために，適切な漏洩対策を講じることが求められている。

8. サイバーセキュリティの確保

近年インターネットや通信回線におけるいわゆるサイバーテロはますます大きな問題となってきており，特に電力システムなどの重要インフラにその被害が及ぶと，場合に

よっては社会的な被害が甚大なものになることも予想される。

このため，国は，2014年11月に**サイバーセキュリティ基本法**（平成26年法律104号）を制定し，国，地方公共団体，社会的な影響の大きい重要インフラ等を対象に適切な対応措置を講じることを定めている。

電力施設は重要インフラの一つであり，2016年9月の電技省令および電技解釈の改正でサイバーセキュリティを確保することが新たに追加された。

6.2 総　　　則

電技省令「第1章　総則」は，基本的な用語の定義および他法令との適用関係とともに，これ以降の施設ごとの規定に共通する保安原則を述べている。保安原則の柱となる項目は，感電，火災などの防止，異常の予防および保護対策，電気的，磁気的障害の防止，ならびに供給支障の防止である。また，公害などの防止についても規定されている。

6.2.1 用語の定義
1.　電路など
電気が通じる経路については，その形態を用途や施設状況に応じ適切に分類することが安全のための基準の基本となる。このため，電技省令第1条ではこれを区分し，定義している。主なものは次のとおりである。

〔電路などの定義〕
　　電　路　　通常の使用状態で電気が通じているところ
　　電　線　　強電流電気の伝送に使用する電気導体（裸線など），絶縁物で被覆した電気導体（絶縁電線など）または絶縁物で被覆した上を保護被覆で保護した電気導体（ケーブルなど）
　　電線路　　発電所，蓄電所，変電所，開閉所およびこれらに類する場所ならびに電気使用場所相互間の電線（電車線を除く）ならびにこれを支持し，または保蔵する工作物
〔電線だけでなく，これを支持する鉄塔や電柱などを含むことに留意〕
　　電車線および電車線路　　電車線は電気機関車および電車にその動力用の電気を供給するために使用する接触電線および鋼索鉄道の車両内の信号装置，照明装置などに電気を供給するために使用する接触電線のことで，電車線路は電車線およびこれを支持する工作物
　　弱電流電線および弱電流電線路　　弱電流電線は弱電流電気〔電信，電話等の用に供

される低電圧微少電流のこと〕の伝送に使用する電気導体，絶縁物で被覆した電気導体または絶縁物で被覆した上を保護被覆で保護した電気導体のことで，弱電流電線路は弱電流電線およびこれを支持し，または保蔵する工作物（造営物の屋内または屋側に施設するものを除く）

配　線　電気使用場所において施設する電線（電気機械器具内の電線および電線路の電線を除く）〔屋内配線や屋外配線と呼ばれることが多い〕

引込線（電技解釈）　架空引込線および需要場所の造営物の側面等に施設する電線であって，当該需要場所の引込口に至るもの。（図 6.1 参照）

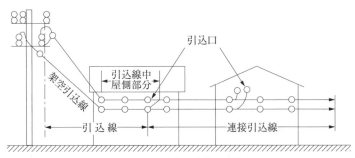

図 6.1　引込線と連接引込線
出所：電気設備の技術基準の解釈の解説　第 1 条　解説 1.2 図

連接引込線　一需要場所の引込線から分岐して，支持物を経ないで他の需要場所の引込口に至る部分の電線。（図 6.1 参照）

---

2. 発電所など

発電所や変電所などの電気施設についても，電技省令第 1 条で安全基準を定める上で基本となる区分を設け，定義している。

〔発電所などの定義〕

発電所　発電機，原動機，燃料電池，太陽電池その他の機械器具（電気事業法（昭和 39 年法律第 170 号）に規定する小規模発電設備，非常用予備電源として施設するものおよび電気用品安全法（昭和 36 年法律第 234 号）の適用を受ける携帯用発電機を除く）を施設して電気を発生させる所〔発電機等が施設されている発電所建物構内を指す〕

蓄電所　構外から伝送される電力を構内に施設した電力貯蔵装置その他の電気工作物により貯蔵し，当該伝送された電力と同一の使用電圧および周波数でさらに構外に伝

送する所(同一の構内において発電設備,変電設備または需要設備と電気的に接続されているものを除く。)をいう。

変電所　構外から伝送される電気を構内に施設した変圧器,回転変流機,整流器その他の電気機械器具により変成する所であって,変成した電気をさらに構外に伝送するもの(蓄電所を除く。)

開閉所　構内に施設した開閉器その他の装置により電路を開閉する所であって,発電所,蓄電所,変電所および需要場所以外のもの

変電所に準ずる場所(電技解釈)　需要場所において高圧または特別高圧の電気を受電し,変圧器その他の電気機械器具により電気を変成する場所

開閉所および変電所に準ずる場所の定義に「**需要場所**」とあるが,これは電気の需要家の1構内を表し,電気使用場所は需要場所内の建物などを単位とした場所を指す。また,需要場所内に変電所や開閉所と同様の設備を施設し,これらからの電気を構外に伝送しない場合,電技解釈でこれらをそれぞれに準ずる場所と定義している(図**6.2**参照)。

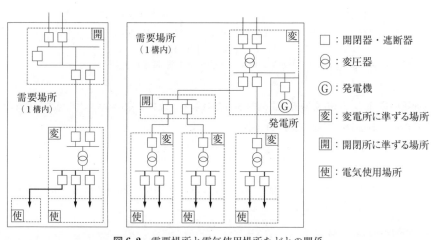

図**6.2**　需要場所と電気使用場所などとの関係
出所:電気設備の技術基準の解釈の解説　第1条 解説1.1図

3．送電線路と配電線路

送電線路,配電線路という用語は,電気事業法施行規則(平成7年通商産業省令第77号)第1条第2項において定義されているもので,電線路の用途に着目した用語であり,電技省令および電技解釈では使用されていないが,電気設備技術基準の理解を助ける上

で有用である．概念的には，送電線路とは発電所相互間，変電所相互間，発電所と変電所との間，または蓄電所と変電所との間を結ぶ電線路のことで，配電線路とは発電所，蓄電所または変電所などと需要家との間あるいは需要家相互間を結ぶ電線路のことをいう．送電線，配電線あるいは送電，配電も同じ概念を指すと理解してよい．

4. その他

接触防護措置（電技解釈）　　次のいずれかに適合するように施設することをいう．

（1）　設備を，屋内にあっては床上 2.3m 以上，屋外にあっては地表上 2.5m 以上の高さに，かつ，人が通る場所から手を伸ばしても触れることのない範囲に施設すること．

（2）　設備に人が接近または接触しないよう，さく，へいなどを設け，または設備を金属管に収めるなどの防護措置を施すこと．

簡易接触防護措置（電技解釈）　　次のいずれかに適合するように施設することをいう．

（1）　設備を，屋内にあっては床上 1.8m 以上，屋外にあっては地表上 2m 以上の高さに，かつ，人が通る場所から容易に触れることのない範囲に施設すること．

（2）　設備に人が接近または接触しないよう，さく，へいなどを設け，または設備を金属管に収めるなどの防護措置を施すこと．

6.2.2　電圧の種別

電技省令第2条において，電圧は低圧，高圧および特別高圧の3種となっている．それぞれの電圧の範囲は次のとおりである．

　低　圧　　交流は 600V（実効値）以下，直流は 750V 以下

　高　圧　　交流は 600V を超え 7 000V 以下，直流は 750V を超え 7 000V 以下

　特別高圧　　交流，直流とも 7 000V を超えるもの

低圧の上限は，交流については一般家屋や工場・ビルの需要設備に電気を供給する電圧(100V，200V，400V)を対象として，また，直流については路面電車の電圧(750V まで)を対象として定められたものとされている．

高圧は，交流では 6 600V が用いられ，低圧需要家である一般家屋に電気を供給する配電用変圧器（電柱等に設置）の一次側や低圧以外のほとんどの需要家の受電電圧となっている．高圧の受電設備として，変圧器や遮断器などを金属箱に収めた**キュービクル式高圧受電設備**がよく用いられている．

特別高圧は，送電線の送電電圧として，また，大規模な工場やビルの受電電圧として主に用いられている．現在のわが国の送電線の最高電圧は，500kV となっている．いくつかの電圧階級があり，170kV 以上の送電線を**超高圧送電線**と呼ぶことがあるが，こ

の用語は電技省令および電技解釈では使用されていない。この他，35kV 以下の**特別高圧架空配電線**も一部に施設されている。

電技解釈第1条において，**使用電圧**(公称電圧)および**最大使用電圧**が定義されている。使用電圧(公称電圧)は，回路を代表する線間電圧であり，上述の低圧，高圧，特別高圧の別を区分する際などに用いられる。最大使用電圧は，事故時その他の異常電圧のことではなく，通常の運転状態でその回路に加わる線間電圧の最大値である。使用電圧が，電気学会電気規格調査会標準規格に規定される公称電圧に等しい電路においては，使用電圧に，**表 6.1** に規定する係数を乗じた電圧である。このほか，電源が複数ある場合はそれらの電源の定格電圧のうち最大の電圧とし，計算または実績などにより想定される値が表 6.1 に規定する係数を乗じた電圧を上回る場合はその値を最大使用電圧とする。

表 6.1 使用電圧の区分に応じた最大使用電圧への係数(電技解釈第 1 条1-1表)

使用電圧の区分	係　数
1 000V 以下	1.15
1 000V を超え 500 000V 未満	1.15／1.1
500 000V	1.05，1.1又は1.2
1 000 000V	1.1

6.2.3　適 用 除 外

電技省令は電気工作物を対象にしたものであり，電気事業法施行令第1条で電気工作物から除外されている鉄道車両，船舶，自動車などの電気設備は，外部に電気を供給するためのものを除きその対象にならないが，電気工作物となるものであっても，二重監督行政を避ける観点から電技省令第3条において，同省令のいくつかの規定の適用を除外している。電技解釈においても同様である。

具体的には，6.1.1項の 2. で述べた原子力発電工作物が適用除外となるほか，鉄道営業法，軌道法などが適用または準用される電気工作物が適用除外となっている。例えば，架空電線などの高さや架空電線路からの静電誘導作用または電磁誘導作用による感電の防止の規定は，鉄道営業法，軌道法などの相当規定の定めるところによるとなっている。一方，電車線路の使用電圧や電食作用による障害の防止の規定は，電技省令に規定されている。

6.2.4 基本原則

電技省令第4条，第16条および第18条には，6.1.1項の1.で述べた電気事業法に基づく技術基準として守るべき次の基本原則を改めて述べている。

① 電気設備は，感電，火災その他人体に危害を及ぼし，または物件に損傷を与えるおそれがないように施設しなければならない。(第4条)
② 電気設備は，他の電気設備その他の物件の機能に電気的または磁気的な障害を与えないように施設しなければならない。(第16条)
③ 高圧または特別高圧の電気設備は，その損壊により**一般送配電事業者**または配電事業者の電気の供給に著しい支障を及ぼさないように施設しなければならない。(第18条第1項)
④ 高圧または特別高圧の電気設備は，その電気設備が**一般送配電事業**または配電事業の用に供される場合にあっては，その電気設備の損壊によりその一般送配電事業または配電事業に係る電気の供給に著しい支障を生じないように施設しなければならない。(第18条第2項)

これらの規定は，電気事業法第39条第2項の各号に規定されている技術基準を定めるにあたっての基準と同じ内容となっており，具体的な技術的要件を定めたものというよりは，技術基準によって電気工作物が実現するべき目標，基本原則を規定したもので，他の具体的な規定の根拠となるものである。したがって，これらの規定は，電技解釈の多くの条文で，電技省令における他章の施設規定と併せて，電技解釈の根拠となる電技省令として記載されている例が多い。なお，電技解釈の中には，基本原則のみを根拠として解釈を定めている例もある。例えば，第4条関係では電技解釈第46条【太陽電池発電所等の電線等の施設】，第16条関係では同第221条【直流流出防止変圧器の施設】，第18条関係では同第223条【自動負荷制限の実施】がある。このことは，電技省令に具体的な施設規定がなくても，電気工作物である電気設備について，電技省令の基本原則の規定に従い感電，火災の防止などのために必要な措置をとる必要があるとともに，電技解釈に規定されている措置がこのために必要な措置のすべてではないことをも示している。

6.2.5 電路の絶縁

1. 電路の絶縁原則

電技省令第5条第1項で，電路は大地から**絶縁**しなければならないとしている。電路は，十分に絶縁されなければ漏れ電流による火災および感電の危険が生じるなどの種々の障害が生じるため，原則としてその使用電圧に応じて十分に絶縁しなければならない

ことを規定している。ただし，構造上やむを得ない場合であって通常予見される使用形態を考慮し危険のおそれがない場合，または混触による高電圧の侵入などの異常が発生した際の危険を回避するための接地その他の保安上必要な措置を講ずる場合をその例外としている。また，同条第2項で，絶縁性能に対する要求を規定している。

2. 絶縁原則の例外

大地からの絶縁原則の例外は，電技解釈第13条に次の3種類が例示されている。

　a. 大地から絶縁せずに電気を使用することがやむを得ないもの エックス線発生装置，試験用変圧器，電力線搬送用結合リアクトル，電気さく電源装置，電気防食用の陽極，単線式電気鉄道の帰線，電極式液面リレーの電極など

　b. 大地から絶縁することが技術上困難なもの 電気浴器，電気炉，電気ボイラー，電解槽など

　c. 電技解釈の規定により接地工事を施す場合の接地点

① 電路の保護装置の確実な動作の確保，異常電圧の抑制または対地電圧の低下を図るために施す電路の中性点などの接地工事(電技解釈第19条第1項)

② 需要場所の引込口付近の建物の鉄骨を利用した接地工事(電技解釈第19条第5項)

③ 電子機器に接続する使用電圧が150V以下の電路などに施す接地工事(電技解釈第19条条第6項)

④ 高圧または特別高圧と低圧とを結合する変圧器で一次側と二次側の混触による危険防止のため低圧側に施す**B種接地工事**(電技解釈第24条)

⑤ 計器用変成器の二次側電路の接地工事(電技解釈第28条)

⑥ 避雷器と変圧器などの共通の接地工事(電技解釈第37条第3項ただし書)

⑦ 使用電圧が35 000Vを超え100 000V未満の特別高圧架空電線と低高圧架空電線とを同一支持物に施設する場合の低圧架空電線に施す接地工事(電技解釈第104条第1項)

⑧ 特別高圧電線路の支持物に施設する低圧の機械器具などに接続される低圧の絶縁変圧器の負荷側に施す**A種接地工事**(電技解釈第109条)

⑨ 機械器具に施設する低圧接触電線に施設するA種接地工事(電技解釈第173条第7項)

⑩ アーク溶接装置の被溶接材などに施す**D種接地工事**(電技解釈第190条第1項)

⑪ 分散型電源を特別高圧の電力系統に連系する場合に分散電源側の変圧器の中性点に施す接地工事(電技解釈第230条)

3. 絶縁性能

電路を大地から絶縁するといっても，どの程度の**絶縁性能**が必要か，また，これをどのように確認するかを明確にする必要がある。電技省令では，第22条で低圧電線路につ

いて漏えい電流により，第58条で電気使用場所の低圧電路について絶縁抵抗値により，それぞれ絶縁性能を規定している。また，これ以外については，電技省令第5条第2項で，「事故時に想定される異常電圧を考慮し，**絶縁破壊**による危険のおそれがないもの」としている。実際上は事故時の異常電圧を直接試験で加えることは困難であるので，規定の電圧を一定時間加え，これに絶縁が耐えるかどうか確認する絶縁耐力試験により確認することとしている。電圧に応じた絶縁性能の確認方法は次のとおりである。

a. 低圧電路　低圧電路の絶縁性能については，電線路と電気使用場所でそれぞれ規定がある。電線路については，絶縁部分の電線と大地との間および電線の線心相互間の絶縁性能が**漏えい電流**で規定され，使用電圧に対する漏えい電流が最大供給電流の1/2 000を超えないようにすることとされている。これは，低圧であることにより，絶縁破壊よりも漏れ電流に着目して絶縁性能を規定したものである（電技省令第22条）。

また，電気使用場所の絶縁性能については，**絶縁抵抗値**が定められ，低圧の電路の開閉器または過電流遮断器で区切ることのできる電路ごとに**表6.2**の値以上でなければならないことになっている（電技省令第58条）。

表6.2　電路の使用電圧の区分に応じた絶縁抵抗値（電技省令第58条）

電路の使用電圧の区分		絶縁抵抗値
300V以下	対地電圧（接地式電路においては電線と大地との間の電圧，非接地式電路においては電線間の電圧をいう。以下同じ。）が150V以下の場合	0.1MΩ
	その他の場合	0.2MΩ
300Vを超えるもの		0.4MΩ

この絶縁抵抗値の測定が困難な場合，当該電路の使用電圧が加わった状態における漏えい電流値が1mA以下であることが求められている（電技解釈第14条第1項）。

電気使用場所以外の場所の低圧の電路（電線路や機械器具等を除く）についても，同様の絶縁抵抗や漏えい電流が適用される（電技解釈第14条第2項）。

b. 高圧および特別高圧　高圧および特別高圧の絶縁性能についても，電技省令第5条第2項により「事故時に想定される異常電圧を考慮し，絶縁破壊による危険のおそれがない」ことが求められるが，実際上は事故時の異常電圧を直接試験で加えることは困難であるので，想定される異常電圧を基に算出した電圧を一定時間加え，これに絶縁が耐えるかどうか確認する絶縁耐力試験が行われている。

具体的な試験方法は電技解釈において電路の種類に応じ規定されている。このうち高圧および特別高圧の電路（機械器具などおよび直流電車線を除く）の例では，**表6.3**に示す試験電圧を電路と大地との間（多心ケーブルにあっては，心線相互間および心線と大

地との間)に連続して10分間加えたとき，これに耐える性能を有することとなっている(電技解釈第15条)。また，電線にケーブルを使用する交流の電路においては，表6.3に規定する試験電圧の2倍の直流電圧を電路と大地との間(多心ケーブルにあっては，心線相互間および心線と大地との間)に連続して10分間加えたとき，これに耐える性能を有することとなっている．

表6.3 電圧の種類に応じた試験電圧(電技解釈第15条 15-1表)

電路の種類				試験電圧
最大使用電圧が7 000V以下の電路	交流の電路			最大使用電圧の1.5倍の交流電圧
	直流の電路			最大使用電圧の1.5倍の直流電圧又は1倍の交流電圧
最大使用電圧が7 000Vを超え，60 000V以下の電路	最大使用電圧が15 000V以下の中性点接地式電路(中性線を有するものであって，その中性線に多重接地するものに限る)			最大使用電圧の0.92倍の電圧
	上記以外			最大使用電圧の1.25倍の電圧(10 500V未満となる場合は，10 500V)
最大使用電圧が60 000Vを超える電路	整流器に接続する以外のもの	中性点非接地式電路		最大使用電圧の1.25倍の電圧
		中性点接地式電路	最大使用電圧が170 000Vを超えるもの	中性点が直接接地されている発電所又は変電所若しくはこれに準ずる場所に施設するもの
				最大使用電圧の0.64倍の電圧
			上記以外の中性点直接接地式電路	最大使用電圧の0.72倍の電圧
		上記以外		最大使用電圧の1.1倍の電圧(75 000V未満となる場合は，75 000V)
	整流器に接続するもの	交流側及び直流高電圧側電路		交流側の最大使用電圧の1.1倍の交流電圧又は直流側の最大使用電圧の1.1倍の直流電圧
		直流側の中性線又は帰線(第201条第六号に規定するものをいう)となる電路(周波数変換装置(FC)又は非同期連系装置(BTB)の直流部分等の短小な直流電路において，異常電圧の発生のおそれのない場合は，絶縁耐力試験を行わないことができる)		次の式により求めた値の交流電圧 $V \times (1/\sqrt{2}) \times 0.51 \times 1.2$ V は，逆変換器転流失敗時に中性線又は帰線となる電路に現れる交流性の異常電圧の波高値(単位：V)

(備考)　電位変成器を用いて中性点を設置するものは，中性点非接地式とみなす．

6.2.6 接地による保護

接地とは，電気設備の金属製外箱などや電路と大地とを電気的に接続することである。電技省令第10条で，「電気設備の必要な箇所には，異常時の電位上昇，高電圧の侵入等による感電，火災その他人体に危害を及ぼし，又は物件への損傷を与えるおそれがないよう，接地その他の適切な措置を講じなければならない」とあり，同第11条で，「電気設備に接地を施す場合は，電流が安全かつ確実に大地に通ずることができるようにしなければならない」と規定されている。

接地工事の具体的な方法は，電技解釈に定められている。基本的な接地工事としてA種，B種，C種およびD種がある。このうち，A種，C種およびD種は，常時は非充電部となっている電気設備の金属製外箱などへの漏電などによる人体への感電を防護するため，金属製外箱などに施すものがほとんどであるが，計器用変成器の二次側などの電路に施す場合もある。また，B種については，一次側が特別高圧または高圧，二次側が低圧の変圧器(典型的には，電柱に設置してある柱上変圧器)で，一次側と二次側の絶縁が破壊し，特別高圧または高圧と低圧の混触が発生した場合に，特別高圧または高圧の電気が二次側に侵入して危険とならないよう二次側の電圧上昇を一定に抑制するために二次側電路に施すものである。

1．A種，C種およびD種の接地工事

a．接地工事の施設方法　A種，C種およびD種の接地工事の施設方法の概略を表6.4，図6.3に示す(電技解釈第17条)。

b．接地工事の対象　A種，C種およびD種の接地工事を施さなければならない箇所は，電技解釈の各条文で規定されている。その主なものは，次のとおりである。

(1)　**機械器具の金属製外箱などの接地**(電技解釈第29条)　電路に施設する機械器具の金属製の台および外箱(金属製外箱など)には，人が触れるおそれがないものまたは絶縁台を設けて施設する場合を除き，使用電圧の区分に応じ，**表6.5**に規定する接地工事を施すことが原則である。

ただし，低圧用の機械器具を乾燥した木製の床その他これに類する絶縁性のものの上で取り扱うように施設する場合や電気用品安全法の適用を受ける2重絶縁の構造の機械器具を施設する場合などは，漏電しても危険が少ないことから，接地工事の省略が認められている。また，水気のある場所以外の場所に施設する低圧用の機械器具に電気を供給する電路に，電気用品安全法の適用を受ける漏電遮断器(定格感度電流15mA以下，動作時間が0.1秒以下の電流動作型のものに限る)を施設する場合も接地工事を省略することができる。この場合，漏電が起った金属製外箱などに人体が触れたとき，人体を通

表6.4 A種, C種およびD種の設置工事の施設方法(電技解釈第17条)

接地の種類	A 種	C 種	D 種
接地抵抗	10Ω 以下	10Ω(低圧電路において, 地絡を生じた場合に0.5秒以内に当該電路を自動的に遮断する装置を施設するときは, 500Ω)以下	100Ω(低圧電路において, 地絡を生じた場合に0.5秒以内に当該電路を自動的に遮断する装置を施設するときは, 500Ω)以下
接地線	イ 故障の際に流れる電流を安全に通じることができるものであること。 ロ ハに規定する場合を除き, 引張強さ1.04kN以上の容易に腐食し難い金属線または直径2.6mm以上の軟銅線であること。 ハ 移動して使用する電気機械器具の金属製外箱などに接地工事を施す場合において可とう性を必要とする部分は, 3種クロロプレンキャブタイヤケーブル, 3種クロロスルホン化ポリエチレンキャブタイヤケーブル, 3種耐燃性エチレンゴムキャブタイヤケーブル, 4種クロロプレンキャブタイヤケーブルもしくは4種クロロスルホン化ポリエチレンキャブタイヤケーブルの1心または多心キャブタイヤケーブルの遮へいその他の金属体であって, 断面積が8mm²以上のものであること。 ニ 接地極および接地線を人が触れるおそれがある場所に施設する場合(注)は, 絶縁電線(屋外用ビニル絶縁電線を除く。)または通信用ケーブル以外のケーブルを使用すること。ただし, 接地線を鉄柱その他の金属体に沿って施設する場合以外の場合には, 接地線の地表上60cmを超える部分については, この限りでない。	イ 故障の際に流れる電流を安全に通じることができるものであること。 ロ ハに規定する場合を除き, 引張強さ0.39kN以上の容易に腐食し難い金属線または直径1.6mm以上の軟銅線であること。 ハ 移動して使用する電気機械器具の金属製外箱などに接地工事を施す場合において, 可とう性を必要とする部分は, 次のいずれかのものであること。 (イ)多心コードまたは多心キャブタイヤケーブルの1心であって, 断面積が0.75mm²以上のもの (ロ)可とう性を有する軟銅より線であって, 断面積が1.25mm²以上のもの	
みなし接地	—	C種接地工事を施す金属体と大地との間の電気抵抗値が10Ω以下である場合は, C種接地工事を施したものとみなす。	D種接地工事を施す金属体と大地との間の電気抵抗値が100Ω以下である場合は, D種接地工事を施したものとみなす。
避雷針用地線との関係	接地線は, 避雷針用地線を施設してある支持物に施設しないこと。	—	—

(注) 前号ハの場合, および発電所, 蓄電所または変電所, 開閉所もしくはこれらに準ずる場所において, 接地極を第19条第2項第一号の規定に準じて施設する場合を除く。

6.2 総則

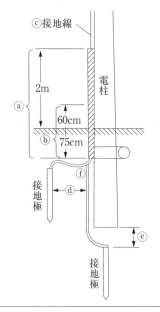

ⓐの部分の接地線を合成樹脂管などで覆う。
ⓑの部分の接地線には絶縁電線（OW線を除く），キャプタイヤケーブル又はケーブルを使用する。
ⓒ接地線を鉄柱等に沿って施設する場合はⓑと同じ電線を使用する。
ⓓ接地線を鉄柱等に沿って施設する場合は，1m以上離す。
ⓔ接地線を鉄柱の底面下に施設する場合は鉄柱底面から30cm以上とする。
ⓕ上記ⓓ，ⓔの場合，接地線はⓑと同じ電線を使用する。

接地極及び接地線を人が触れるおそれがある場所に施設する場合は，前号ハの場合，及び発電所，蓄電所又は変電所，開閉所若しくはこれらに準ずる場所において，接地極を第19条第2項第一号の規定に準じて施設する場合を除き，次により施設すること。
イ 接地極は，地下75cm以上の深さに埋設すること。
ロ 接地極を鉄柱その他の金属体に近接して施設する場合は，次のいずれかによること。
(イ) 接地極を鉄柱その他の金属体の底面から30cm以上の深さに埋設すること。
(ロ) 接地極を地中でその金属体から1m以上離して埋設すること。
ハ 接地線には，絶縁電線（屋外用ビニル絶縁電線を除く。）又は通信用ケーブル以外のケーブルを使用すること。ただし，接地線を鉄柱その他の金属体に沿って施設する場合以外の場合は，接地線の地表上60cmを超える部分については，この限りでない。
ニ 接地線の地下75cmから地表上2mまでの部分は，電気用品安全法の適用を受ける合成樹脂管（厚さ2mm未満の合成樹脂製電線管及びCD管を除く。）又はこれと同等以上の絶縁効力及び強さのあるもので覆うこと。

図6.3 A種接地工事を接地極および接地線を人が触れるおそれがある場所に施設する場合の施設方法（電技解釈第17条第1項 第3号，電技解釈の解説第17条第1項 解説17.2図）

表6.5 電気機械器具の使用電圧に応じた接地工事
（電技解釈第29条第1項 29-1表）

機械器具の使用電圧の区分		接地工事
低圧	300V以下	D種接地工事
	300V超過	C種接地工事
高圧又は特別高圧		A種接地工事

して漏電遮断器を作動させることになるが，漏電遮断器の性能として電撃危険性のない安全限界を確保できるものに限定している。さらに，使用電圧が300Vを超え450V以下の太陽電池モジュール，燃料電池発電設備などに接続する直流電路に施設する機械器具の金属製外箱については，一定の施設条件の下にC種接地工事の**接地抵抗値**を100Ω以下とすることができることとなっている。

（2）**避雷器**（電技解釈第37条）　高圧および特別高圧の電路に施設する避雷器には，**A種接地工事**を施すことになっている（高圧架空電線路に施設する避雷器で例外あり）。

（3）**地中電線路の被覆金属体などの接地**（電技解釈第123条）　地中電線の被覆に使用する金属体や金属製の電線接続箱などには，防食措置を施した部分などを除き**D種接地工事**を施すことになっている。

（4）**低圧配線**　屋内の電気使用場所において，電線を固定して配線するため，さまざまな工事方法が用いられるが，これに用いられる金属部品に**C種接地工事**（使用電圧が300Vを超える場合）または**D種接地工事**（使用電圧が300V以下の場合）を施すことになっている（工事方法などによって緩和措置がある）。例えば，次の工事が対象となる。

① 合成樹脂管工事における金属製ボックス（電技解釈第158条）
② 金属管工事における金属管（電技解釈第159条）
③ バスダクト工事におけるダクト（電技解釈第163条）
④ ケーブル工事における防護装置の金属製部分や電線の被覆に使用する金属体（電技解釈第164条）

また，低圧であっても，A種接地工事が必要な場合もある。例えば，電線の使用電圧が直流30V以下で低圧接触電線をバスダクト工事により屋内に施設する場合，バスダクトに電気を供給する電路に絶縁変圧器（1次側電路の使用電圧が300V以下）を使用し，その一次巻線と二次巻線との間の金属製混触防止板にA種接地を施す規定がある（電技解釈第173条）。

2．B種接地工事

B種接地工事は，高圧電路または特別高圧電路と低圧電路とを結合する変圧器において，一次側の高圧または特別高圧の電気が混触により二次側の低圧電路に侵入した際に，低圧側電路の電位上昇を一定値に抑制するため，変圧器の低圧側電路に施すもので，接地工事の方法および施設箇所は電技解釈第17条および第24条で規定されている。

　　a．接地抵抗値　B種接地工事の**接地抵抗値**は，実測値（特別高圧電路において実測が困難な場合は，線路定数などにより計算した値）または高圧電路において電線延

長などを基にした計算式により一線地絡電流を求め，混触時の電圧上限値(150V，300V または 600V)を当該一線地絡電流で除して求めることになっている。**表 6.6** に接地抵抗値を，**表 6.7** に高圧電路の一線地絡電流の計算式(小数点以下を切り下げ，2 A 未満となる場合は 2 A)をそれぞれ示す。

ただし，表 6.6 により求めた接地抵抗値は 5 Ω 未満であることを要しないとされている。また，特別高圧と低圧を結合する変圧器については，一部の特別高圧電線路を除き 10 Ω 以下であることになっている。

 b. **接地工事の施設方法** B 種接地工事を施すのは，変圧器の次の電路である。
① 低圧側の**中性点**
② 低圧電路の使用電圧が 300V 以下の場合で，接地工事を中性点に施し難いときは低圧側の 1 端子
③ 低圧電路が非接地である場合，高圧巻線または特別高圧巻線と低圧巻線との間に設けた金属製の**混触防止板**

また，鉄道または軌道の信号用変圧器や電気炉または電気ボイラーのように常に電路の一部を大地から絶縁しないで使用する負荷に電気を供給する専用の変圧器には，B 種接地工事を適用しなくてもよい。

B 種接地工事に使用する接地線は，故障の際に流れる電流を安全に通じることができるものとされ，施設状況に応じ引張強さ 2.46kN の容易に腐食し難い金属線，直径 4 mm の軟銅線などを使用し，これを A 種の接地工事の施設方法に準じて施設することに加え，上記①または②の接地箇所に応じた施設方法が定められている。

3. 保安上または機能上必要な場合における電路の接地

A 種，B 種，C 種および D 種の接地工事が感電，火災等の防止のために施さなけれ

表 6.6 B 種接地工事の接地抵抗値(電技解釈第17条第 2 項 17-1表)

接地工事を施す変圧器の種類	当該変圧器の高圧側又は特別高圧側の電路と低圧側の電路との混触により，低圧電路の対地電圧が **150V** を超えた場合に，自動的に高圧又は特別高圧の電路を遮断する装置を設ける場合の遮断時間	接地抵抗値〔Ω〕
下記以外の場合		$150/I_g$
高圧又は 35 000V 以下の特別高圧の電路との低圧電路を結合するもの	1 秒を越え 2 秒以下	$300/I_g$
	1 秒以下	$600/I_g$

(備考) I_g は，当該変圧器の高圧側又は特別高圧側の電路の一線地絡電流(単位：A)

表 6.7 高圧電路の一線地絡の計算式(電技解釈第17条第2項 17-2表)

電路の種類		計算式
中性点非接地式電路	下記以外のもの	$1 + \dfrac{\dfrac{V'}{3}L - 100}{150} + \dfrac{\dfrac{V'}{3}L' - 1}{2}$ ($=I_1$ とする) 第2項及び第3項の値は，それぞれ値が負となる場合は，0とする。
	大地から絶縁しないで使用する電気ボイラー，電気炉等を直接接続するもの	$\sqrt{I_1^2 + \dfrac{V^2}{3R^2} \times 10^6}$
中性点接地式電路		
中性点リアクトル接地式電路		$\sqrt{\left(\dfrac{\dfrac{V}{\sqrt{3}}R}{R^2+X^2} \times 10^3\right)^2 + \left(I_1 - \dfrac{\dfrac{V}{\sqrt{3}}X}{R^2+X^2} \times 10^3\right)^2}$

(備考) V' は，電路の公称電圧を1.1で除した電圧(単位：kV)
L は，同一母線に接続される高圧電路(電線にケーブルを使用するものを除く)の電線延長(単位：km)
L' は，同一母線に接続される高圧電路(電線にケーブルを使用するものに限る)の線路延長(単位：km)
V は，電路の公称電圧(単位：kV)
R は，中性点に使用する抵抗器又はリアクトルの電気抵抗値(中性点の接地工事の接地抵抗値を含む)(単位：Ω)
X は，中性点に使用するリアクトルの誘導リアクタンスの値(単位：Ω)

ばならない接地であるのに対し，電技解釈第19条で保安上または機能上必要な場合の電路の接地について規定している。

a. 電路の保護装置の確実な動作の確保などのための接地 電路の保護装置の確実な動作の確保，異常電圧の抑制または対地電圧の低下を図るために必要な場合，次に掲げる場所に接地を施すことができる。

① 電路の**中性点**(使用電圧が300V 以下の電路で中性点に接地を施し難いときは電路の1端子)
② 特別高圧の**直流電路**
③ 燃料電池の電路またはこれに接続する直流電路

この接地工事にあたっては，接地極が故障の際にその近傍の大地との間に生じる電位差により，人若しくは家畜または他の工作物に危険を及ぼすおそれがないように施設すること，接地線は引張強さ2.46kN以上の容易に腐食し難い金属線などで故障の際に流れる電流を安全に通じることのできるものであることなどが定められている。

b. 変圧器の安定巻線などに施す接地工事 変圧器の安定巻線もしくは遊休巻

線または電圧調整器の内蔵巻線を異常電圧から保護するために必要な場合，その巻線に接地を施すことができる．この場合の接地工事は，**A 種接地工事**によらなければならない．

　　c．**需要場所の引込口付近における建物の鉄骨の接地工事**　　需要場所の引込口付近における地中に埋設され，大地との間の電気抵抗値が 3Ω 以下である建物の鉄骨を接地極に使用して，B 種接地工事に加えて接地工事を施すことができる．これにより**B 種接地工事**の接地抵抗値をより低くすることができ，低圧電路に侵入する異常電圧の抑制に寄与する．この場合の接地工事は，接地線には引張強さ 1.04kN 以上の容易に腐食し難い金属線または直径 2.6mm 以上の軟銅線で，故障の際に流れる電流を安全に通じることのできるものであることなどが定められている．

　　d．**機能上必要な接地**　　感電，火災その他の危険を生じることのないことを前提に，制御回路等電子機器の機能の確保のため必要な場合，当該機器に接続する使用電圧が 150V 以下の電路その他機能上必要な場所に接地を施すことができる．

　4．工作物の金属体を利用した接地工事

　鉄骨造，鉄骨鉄筋コンクリート造または鉄筋コンクリート造の建物において，その鉄骨などを次に示す接地工事に使用できる（電技解釈第18条）．

　　a．**等電位ボンディング**　　等電位ボンディングとは，導電性部分間において，その部分間に発生する電位差を軽減するために施す電気的接続のことである．これにより，建物の構造体接地極等を電気的に接続するとともに，水道管および窓枠金属部分など系統外導電性部分も含め，人が触れるおそれがある範囲にあるすべての導電性部分を共用の接地極に接続して等電位を形成する．

　等電位ボンディングが施された構造体接地極などを A 種，B 種，C 種および D 種の接地工事その他の接地工事の共用の接地極として使用することができる．この場合，建物の鉄骨または鉄筋コンクリートの一部を地中に埋設するとともに，A 種または B 種の接地工事の極として使用する場合には，特別高圧または高圧の金属製外箱に施す接地線に 1 線地絡電流が流れた場合に建物の柱などの導電性部分間に 50V を超える接触電圧（人が複数の導電部分に同時に接触した場合に発生する電圧）が発生しないように鉄筋などを相互に接続するなどの措置をとる必要がある．

　等電位ボンディングによる接地工事は，もともと IEC 規格に規定されているものである．

　　b．**大地との間の電気抵抗値が 2Ω 以下の値を保っている建物の鉄骨など**　　高層ビルのように鉄骨と大地との接触面積が大きいと，その間の低い電気抵抗値が期待で

き，2Ω以下の値を保っている建物の鉄骨その他の金属体を，次の接地工事の接地極に使用することができることになっている。
① 非接地式高圧電路に施設する機械器具などに施すA種接地工事
② 非接地式高圧電路と低圧電路を結合する変圧器に施すB種接地工事

6.2.7 過電流からの電線および電気機械器具の保護対策

電技省令第14条で，過電流からの電線および電気機械器具の保護対策として，電路の必要な箇所には，**過電流**による過熱焼損から電線および電気機械器具を保護し，かつ，火災の発生を防止できるよう，**過電流遮断器**を施設しなければならないことが規定されている。

過電流遮断器として，低圧では**ヒューズ**，**配線用遮断器**などが，高圧では**ヒューズ**，**真空遮断器**など，特別高圧では**ガス遮断器**などがそれぞれ用いられる。電技解釈で，過電流遮断器の施設箇所および必要な性能が規定されている

1. 低圧電路

低圧電路に施設する過電流遮断器の性能などは，電技解釈第33条に規定されている。

過電流遮断器の性能として，短絡電流を遮断する能力を有するものでなければならないが，最大短絡電流が10 000Aを超える場合，動作協調をとったうえで，2つの遮断器(例えば，ヒューズ以外の遮断器と限流ヒューズ)を組み合わせ，1つの過電流遮断器として使用できることになっている。

ヒューズ(電気用品安全法の適用を受けるものなどを除く)について，水平に取り付けた場合において，定格電流の1.1倍に耐えることに加え，定格電流の1.6倍および2倍の電流を通じた場合の溶断時間が定格電流の区分ごとに規定されている。また，配線用遮断器(電気用品安全法の適用を受けるものなどを除く)について，定格電流の1倍の電流で自動的に動作しないことに加え，定格電流の1.25倍および2倍の電流を通じた場合の動作時間が定格電流の区分ごとに規定されている。

また，電動機のみに至る電路(低圧幹線を除く)で使用する過電流遮断器として低圧電路に施設する過負荷保護装置と短絡保護専用遮断器または短絡保護専用ヒューズを組み合わせた装置について，
① **過負荷保護装置**は，電動機が焼損するおそれがある過電流を生じた場合に，自動的にこれを遮断すること，
② **短絡保護専用遮断器**および**短絡保護専用ヒューズ**は，過負荷保護装置が短絡電流によって焼損する前に，当該短絡電流を遮断する能力を有すること

などが規定されている。

2. 高圧または特別高圧電路

電技解釈第34条で，高圧または特別高圧の電路に施設する過電流遮断器の性能などが規定されている。

短絡を生じたときに作動する過電流遮断器について，これを施設する箇所を通過する短絡電流を遮断する能力を有すること，また，その作動に伴う開閉状態を容易に確認できるか，またはこれを表示する装置を有することが規定されている。

過電流遮断器として**高圧電路**に施設する包装ヒューズ（ヒューズ以外の過電流遮断器と組み合わせて1の過電流遮断器として使用するものを除く）は定格電流の1.3倍の電流に耐え，かつ，2倍の電流で120分以内に溶断するもの，または日本産業規格 JIS に適合する高圧限流ヒューズであること，同じく非包装ヒューズは定格電流の1.25倍の電流に耐え，かつ，2倍の電流で2分以内に溶断するものであることが規定されている。

6.2.8 地絡に対する保護対策

電技省令第15条で，電路には，**地絡**が生じた場合に，電気機械器具を乾燥した場所に施設するなど地絡による危険のおそれがない場合を除き，電線もしくは電気機械器具の損傷，感電または火災のおそれがないよう，地絡遮断器の施設その他の適切な措置を講じなければならないことが規定されている。

具体的な施設方法は，電技解釈第36条において電路の電圧に応じ規定されている。

1. 低圧電路

金属製外箱を有する使用電圧が 60V を超える低圧の機械器具に接続する電路には，次の場合および別に規定する場合を除き，**電路に地絡を生じたときに自動的に電路を遮断する装置**(漏電遮断器もその一種)を施設しなければならないことになっている。

① 機械器具に一部の金属製以外の**簡易接触防護措置**を施す場合
② 機械器具を次のいずれかの場所に施設する場合
    i) 発電所，蓄電所または変電所，開閉所もしくはこれらに準ずる場所
    ii) 乾燥した場所
    iii) 機械器具の対地電圧が 150V 以下の場合においては，水気のある場所以外の場所
③ 機械器具が，次のいずれかに該当するものである場合
    i) 電気用品安全法の適用を受ける**2重絶縁構造**のもの
    ii) ゴム，合成樹脂その他の絶縁物で被覆したもの

iii) 誘導電動機の2次側電路に接続されるもの
iv) 電技解釈第13条第二号に掲げる絶縁できないことがやむを得ない部分
④ 機械器具に施された**C種接地工事**またはD種接地工事の接地抵抗値が3Ω以下の場合
⑤ 電路の系統電源側に絶縁変圧器(機械器具側の線間電圧が300V以下のものに限る)を施設するとともに,当該絶縁変圧器の機械器具側の電路を非接地とする場合
⑥ 機械器具内に電気用品安全法の適用を受ける漏電遮断器を取り付け,かつ,電源引出部が損傷を受けるおそれがないように施設する場合
⑦ 機械器具を太陽電池モジュールに接続する非接地の直流電路などに施設する場合
⑧ 電路が,管灯回路である場合

2. 高圧または特別高圧電路

高圧または特別高圧の電路には,**表6.8**の左欄の箇所またはこれに近接する箇所に**地絡遮断装置**を施設することになっている。

表6.8 高圧または特別高圧の電路における地絡遮断装置の施設(電技解釈第36条 36-1表)

地絡遮断装置を施設する箇所	電路	地絡遮断装置を施設しなくてもよい場合
発電所,蓄電所又は変電所若しくはこれに準ずる場所の引出口	発電所,蓄電所又は変電所若しくはこれに準ずる場所から引き出される電路	発電所,蓄電所又は変電所相互間の電線路が,いずれか一方の発電所,蓄電所又は変電所の母線の延長とみなされるものである場合において,計器用変成器を母線に施設すること等により,当該電線路に地絡を生じた場合に電源側の電路を遮断する装置を施設するとき
他の者から供給を受ける受電点	受電点の負荷側の電路	他の者から供給を受ける電気をすべてその受電点に属する受電場所において変成し,又は使用する場合
配電用変圧器(単巻変圧器を除く)の施設箇所	配電用変圧器の負荷側の電路	配電用変圧器の負荷側に地絡を生じた場合に,当該配電用変圧器の施設箇所の電源側の発電所,蓄電所又は変電所で当該電路を遮断する装置を施設するとき

(備考) 引出口とは,常時又は事故時において,発電所,蓄電所又は変電所若しくはこれに準ずる場所から電線路へ電流が流出する場所をいう。

3. 非常用照明装置などに電気を供給する電路

非常用照明装置,非常用昇降機,誘導灯または鉄道用信号装置その他その停止が公共の安全の確保に支障を生じるおそれのある機械器具に電気を供給する低圧または高圧の電路であって,電路に地絡を生じたときにこれを技術員駐在所に警報する装置を施設する場合は,上記1.および2.のように施設することを要しないことになっている。

6.2.9 電　　線

電線は，電技省令第6条で通常の使用状態において断線のおそれがないように施設しなければならない，また，同じく第7条で電線を接続する場合は，接続部分で電気抵抗を増加させないようにするとともに，絶縁性能の低下や通常の使用状態において断線のおそれがないようにしなければならないと規定されている。

電線は，「6.2.1　用語の定義」でも述べているように裸電線，絶縁電線およびケーブルに大別される。それぞれの性能，仕様などは，電技解釈で規定されているが，電気用品安全法が適用される低圧用のものは除外されている。例えば，導体の公称断面積が $100mm^2$ 以下の絶縁電線(定格電圧が 100V 以上 600V 以下のもの)は同法における特定電気用品となっている。

電技解釈第3条に電線の規格の共通事項として，電線は通常の使用状態における温度に耐えること，線心が2本以上のものは色分け等により線心が識別できることなどが規定されている。また，電技解釈第5条から第11条に電線の種類ごとに構造などが規定されている。代表的な電線の特徴などは，次のとおりである。

1. 裸電線など

電技解釈第4条で**裸電線**などとして，特別高圧架空電線に使用する裸電線のほか，架空電線路に使用する支線，架空地線，保護網なども規定されている。導体として銅(硬銅または軟銅)，アルミなどの単線またはより線が用いられ，張力を増すために線心に鋼線を用いた鋼心アルミより線(ACSR)が送電線に多く使用されている。

銅やアルミで被覆，あるいは亜鉛めっきを施した鋼線も規定され，架空地線などに使用されている。

2. 絶　縁　電　線

電技解釈第5条で**絶縁電線**が規定されている。絶縁電線は，銅またはアルミの単線またはより線の導体を絶縁物で被覆した電線で，高圧架空電線や電気使用場所の配線に広く用いられている。絶縁電線の種類に応じ**表6.9**に示す絶縁材料が用いられる。

電気用品安全法の適用を受けるもの(導体の公称断面積が $100mm^2$ 以下)以外の絶縁電線は，電技解釈で規定されている。

絶縁電線の完成品の耐圧試験として，清水中に1時間浸したあと，導体と大地との間に**表6.10**に規定する交流電圧を連続して1分間加えたとき，これに耐え，また，その試験のあと，屋外用ビニル絶縁電線を除き，導体と大地との間に100Vの直流電圧を1分間加えたあとに測定した絶縁体の絶縁抵抗が，一定の値以上でなければならないことになっている。

表6.9 絶縁電線の絶縁材料(電技解釈第5条第2項第2号 5-2表)

絶縁電線の種類	材料
600V ビニル絶縁電線又は屋外用ビニル絶縁電線	ビニル混合物
600V ポリエチレン絶縁電線	ポリエチレン混合物
600V ふっ素樹脂絶縁電線	ふっ素樹脂混合物
600V ゴム絶縁電線	天然ゴム混合物，スチレンブタジエンゴム混合物，エチレンプロピレンゴム混合物又はけい素ゴム混合物
高圧絶縁電線	ポリエチレン混合物又はエチレンプロピレンゴム混合物
特別高圧絶縁電線	架橋ポリエチレン混合物

表6.10 絶縁電線の種類に応じた課電電圧(電技解釈第5条第2項第5号 5-4表)

絶縁電線の種類		交流電圧〔V〕
屋外用ビニル絶縁電線		3 000
600V ビニル絶縁電線，600V ポリエチレン絶縁電線，600V ふっ素樹脂絶縁電線又は600V ゴム絶縁電線	導体の断面積が300mm^{2}以下のもの	3 000
	導体の断面積が300mm^{2}を超えるもの	3 500
高圧絶縁電線		12 000
特別高圧絶縁電線		25 000

3. コード

電技解釈第7条でコードが規定されている。コードは，定格電圧が100V以上600V以下で，電気用品安全法の対象になるものに限られる。移動電線(電技解釈第142条第六号に「電気使用場所に施設する電線のうち，造営物に固定しないものをいい，電球線及び電気機械器具内の電線を除く」と規定)として用いられ，ゴムコード(単心，より合せ，袋打ち，丸打ち)，ビニルコード(単心，より合せ)，耐燃性ポリオレフィンコード，ゴムキャブタイヤコード，ビニルキャブタイヤコード，金糸コード(電気バリカン等軽小な電気機械器具に使用)等がある。導体の断面積は，0.75mm^{2}以上(金糸コードを除く)となっている。

4. キャブタイヤケーブル

電技解釈第8条でキャブタイヤケーブルが規定されている。キャブタイヤケーブルは，コードと同じように移動電線として用いられるが，主として鉱山，工場，農場などで使用される移動用電気機器などに接続され，耐摩耗性，耐衝撃性，耐屈曲性に優れ，耐水性を有している。電気用品安全法の適用を受けるもの(導体の公称断面積が100mm^{2}以

下で線心が7本以下)以外を電技解釈で規定している。

　構造は，導体を覆う絶縁体の上に更に耐摩耗性などに優れた外装で保護したものとなっている。また，高圧用のものについては，線心の上に金属製の電気遮へい層が設けられている。導体は，軟銅線で直径が1mm以下のものを素線としたより線が用いられる。これを覆う絶縁体については，低圧用はビニル混合物，ポリエチレン混合物，天然ゴム混合物，ブチルゴム混合物，エチレンプロピレン混合物またはポリオレフィン混合物が用いられ，高圧用はブチルゴム混合物またはエチレンプロピレン混合物が用いられる。外装については，低圧用はビニル混合物，耐燃性ポリオレフィン混合物またはクロロプレン混合物が，高圧用はクロロプレン混合物がそれぞれ用いられる。

5. ケーブル

　ケーブルは，キャブタイヤケーブルと同様に導体を覆う絶縁体を外装で保護した構造であるが，移動電線として使用されるキャブタイヤケーブルと異なり固定した状態で使用され，絶縁電線と同様に電気使用場所の配線や地中電線に広く用いられている。施設場所に応じた特殊な構造のケーブルもある。電技解釈ではケーブルについて，低圧用，高圧用および特別高圧用に分けて規定している。

　a. 低圧ケーブル　電技解釈第9条で**低圧ケーブル**が規定され，電気用品安全法の対象のもの(導体の公称断面積が100mm^{2}以下，線心が7本以下で外装が合成ゴムを含むゴムまたは合成樹脂のもの)以外が規定されている。

　絶縁体にはビニル混合物，ポリエチレン混合物，ふっ素樹脂混合物，天然ゴム混合物などが用いられ，外装(シース)にはビニルやポリエチレン以外にクロロプレン，鉛またはアルミが用いられる。例えばVVF(ビニル絶縁ビニルシース平形)ケーブルやCV(架橋ポリエチレン絶縁ビニルシース)ケーブルがある。

　また，上記以外にMI(Mineral Insulation)ケーブルがある。本ケーブルは導体である銅線と絶縁性のある無機物が銅管に収納されている構造で，耐火性を有し，機械的強度に富むなどの特長があり，温度の高い環境等で使用される。

　b. 高圧ケーブル　電技解釈第10条で**高圧ケーブル**が規定されている。高圧ケーブルは，導体を絶縁体で被覆した上を外装で保護していることに加え，静電誘導により人体に危険を及ぼすことを防止するため，線心の上に金属製の電気的遮へい層を有しなければならないことになっている。

　絶縁体にはポリエチレン混合物，ブチルゴム混合物，エチレンプロピレンゴム混合物などが，外装には低圧ケーブルと同様にビニル，ポリエチレン，クロロプレン，鉛またはアルミがそれぞれ用いられる。一例としてCVケーブルがある。

c. 特別高圧ケーブル　電技解釈第11条で**特別高圧ケーブル**が規定されている。特別高圧ケーブルは，水底電線路に使用するものを除き，絶縁した線心の上に金属製の電気的遮へい層または金属被覆を有する構造となっている。特別高圧の電気工作物は技術的に高度のレベルで安全率も非常に高くとられているのが一般的であることから，特別高圧ケーブルについて構造として電気的遮へい層のあるものを使用することという基本的な性能のみが規定されている。

以前は，特別高圧ケーブルとして154kV～275kV級のものはOF(oil-filled)ケーブルが一般的であったが，現在では275kVや500kVでもCVケーブルが長距離地中送電用として使用されている。

6.2.10　電線の接続法

電技省令第7条で「電線を接続する場合は，接続部分において電線の電気抵抗を増加させないように接続するほか，**絶縁性能の低下**（裸電線を除く）及び通常の使用状態において**断線**のおそれがないようにしなければならない」と規定されている。

これを受け，電技解釈第12条で電線を接続する場合は，電線の電気抵抗を増加させないようにすることに加え，次のように規定されている。

① 裸電線相互の接続，裸電線と絶縁電線，キャブタイヤケーブルまたはケーブルの接続の場合
  i) 電線の引張強さを20%以上減少させないこと（電線に加わる張力が電線の引張強さに比べ著しく小さい場合を除く）。
  ii) 接続部分には，接続管その他の器具を使用するか，ろう付けをすること（架空電線相互などを接続する場合で，技術上困難であるときを除く）。
② 絶縁電線相互の接続，絶縁電線とコード，キャブタイヤケーブルまたはケーブルとの接続の場合は，①の措置に加え，次のいずれかによること。
  i) 接続部分の絶縁電線の絶縁物と同等以上の絶縁効力のある接続器を使用すること。
  ii) 接続部分をその部分の絶縁電線の絶縁物と同等以上の絶縁効力のあるもので十分に被覆すること。
③ コード相互，キャブタイヤケーブル相互，ケーブル相互またはこれらのもの相互の接続の場合は，コード接続器，接続箱その他の器具を使用すること（断面積8mm^{2}以上のキャブタイヤケーブル相互を接続する場合で，①および②に加え接続部分の絶縁被覆を完全に硫化することなどの措置をとる場合を除く）。

④ 導体にアルミニウム(合金を含む)を使用する電線と銅(合金を含む)を使用する電線とを接続するなど，電気化学的性質の異なる導体を接続する場合には，接続部分に電気的腐食が生じないようにすること。

⑤ 導体にアルミニウム(合金を含む)を使用する絶縁電線またはケーブルを，屋内配線，屋側配線または屋外配線に使用する場合において，当該電線を接続するときは，電気用品安全法の適用を受ける接続器などを使用すること。

6.2.11 高圧または特別高圧の電気機械器具の危険の防止

高圧または特別高圧の**電気機械器具**は，発電所や変電所，工場・ビルの受電設備などで数多く施設されているが，高電圧であるため感電や火災防止の観点から十分な注意を払って施設する必要があり，電技省令第9条で次のように規定されている。

① 高圧または特別高圧の電気機械器具は，接触による危険のおそれがない場合を除き，取扱者以外の者が容易に触れるおそれがないように施設しなければならない。

② 高圧または特別高圧の開閉器，遮断器，避雷器その他これらに類する器具であって，動作時にアークを生ずるものは，耐火性の物で両者の間を隔離した場合を除き，火災のおそれがないよう，木製の壁または天井その他の可燃性の物から離して施設しなければならない。

これを受け，電技解釈で具体的な規定がされている。

1. 高圧の機械器具

高圧の**機械器具**(発電所，蓄電所，変電所などに施設するものを除く)は，次のいずれかによることと規定されている(電技解釈第21条)。

① 屋内であって，取扱者以外の者が出入りできないように措置した場所に施設する。

② 人が触れるおそれがないように，機械器具の周囲に適当なさく，へいなどを設ける。更に，工場などの構内を除き，当該さく，へい等の高さと機械器具の充電部分までの距離との和を5m以上とするとともに，危険である旨の表示をする。〔さく，へい等の高さと距離の関係を図**6.4**に示す。〕

③ 機械器具に附属する高圧電線にケーブルまたは引下げ用高圧絶縁電線を使用し，機械器具を人が触れるおそれがないように地表上4.5m(市街地外においては4m)以上の高さに施設する。

④ 機械器具をコンクリート製の箱またはD種接地工事を施した金属製の箱に収め，かつ，充電部分が露出しないように施設する。

⑤ 充電部分が露出しない機械器具を，次のいずれかにより施設する。

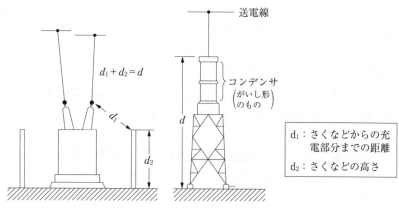

図6.4 へい，さくなどの高さとさくなどから充電部分までの距離との和の関係
（電技解釈の解説第22条 解説22.1図）

i) 簡易接触防護措置を施す。

ii) 温度上昇により，または故障の際に，その近傍の大地との間に生じる電位差により，人もしくは家畜または他の工作物に危険のおそれがないように施設する。

2．特別高圧の機械器具

特別高圧の**機械器具**（ケーブル以外の附属する特別高圧電線を含む）については，発電所，蓄電所，変電所などを除き，次のいずれかによることと規定されている（電技解釈第22条）。

① 屋内であって，取扱者以外の者が出入りできないように措置した場所に施設する。

② 次により施設する。

i) 人が触れるおそれがないように，機械器具の周囲に適当なさくを設ける。

ii) i)の規定により施設するさくの高さと，当該さくから機械器具の充電部分までの距離との和を，表6.11に規定する値以上とする。

iii) 危険である旨の表示をする。

③ 機械器具を地表上5m以上の高さに施設し，充電部分の地表上の高さを**表6.11**に規定する値以上とし，かつ，人が触れるおそれがないように施設する。

④ 工場等の構内において，機械器具を絶縁された箱またはA種接地工事を施した金属製の箱に収め，かつ，充電部分が露出しないように施設する。

⑤ 充電部分が露出しない機械器具に，簡易接触防護措置を施す。

⑥ 使用電圧が15kV以下の特別高圧架空電線路に接続する機械器具を，「1．高圧の

機械器具」に準じて施設する。

⑦ JESC 規格の関係規定による。

表6.11 使用電圧の区分に応じた地表上の高さ等
(電技解釈第22条第1項第3号 22-1表)

使用電圧の区分	さくの高さとさくから充電部分までの距離との和又は地表上の高さ
35 000V 以下	5 m
35 000V を超え 160 000V 以下	6 m
160 000V 超過	$(6 + c)$ m

(備考) c は，使用電圧と 160 000V の差を 10 000V で除した値(小数点以下を切り下げる。)に 0.12 を乗じたもの

6.2.12 サイバーセキュリティの確保

　サイバーセキュリティの確保は，2016年9月の電技省令および電技解釈の改正で新たに追加された項目である。ここでいう**サイバーセキュリティ**とは，**サイバーセキュリティ基本法**(2016年4月施行)第2条に規定するものを指し，情報通信ネットワーク等を通じた電子計算機に対する不正な活動による被害の防止のための措置を含め，電磁的方式により記録，発信，伝送または受信される情報の漏えい，滅失または毀損を防止するために必要な措置が講じられ，適切に維持管理されていることをいう。とりわけ，制御系システムやスマートメーターシステムはサイバー攻撃などにより著しい供給支障につながる可能性も否定できないこと，近年諸外国では製鉄所などの産業施設へのサイバー攻撃も発生し大規模な被害が生じていることなどから，これら重要な電気工作物におけるサイバーセキュリティ対策を求めることとしている。

　電技省令第15条の2では，事業用電気工作物(小規模事業用電気工作物を除く。)の運転を管理する電子計算機は，電気工作物による人体への危害，物件の損傷および一般送配電事業または配電事業の電気の供給に著しい支障を及ぼすことがないようサイバーセキュリティを確保しなければならないことになっている。具体的には，電技解釈第37条の2で，一般送配電事業，送電事業，配電事業，特定送配電事業および発電事業の用に供される**スマートメーターシステム**および**電力制御システム**においては，JESC規格である「スマートメーターシステムセキュリティガイドライン」および「電力制御システムセキュリティガイドライン」によりサイバーセキュリティ」を確保することとされている。また，自家用電気工作物(発電事業の用に供するものおよび小規模事業用電気工作物を除く。)にかかわる遠隔監視システムおよび制御システムにおいては，「自家用電気工作

物に係るサイバーセキュリティの確保に関するガイドライン（内規）」によりサイバーセキュリティを確保することとされている。なお、これらの点は、電気工作物を設置する者が定める保安規程に「その他事業用電気工作物の工事、維持及び運用に関する保安に関し必要な事項」として記載することが義務付けられている。

6.2.13　電気的，磁気的障害の防止

電技省令第16条で「電気設備は，他の電気設備その他の物件の機能に電気的又は磁気的な障害を与えないように施設しなければならない」と規定されている。この規定は、6.1.1項の1.技術基準の根拠に示す電気事業法第39条第2項に規定する技術基準の目的②に沿った電技省令および電技解釈における電気的，磁気的障害の防止に関する規定の基本原則となっている。

電技省令第17条で，電路を高周波電流の伝送路として利用する**高周波利用設備**は、他の高周波利用設備の機能に継続的かつ重大な支障を及ぼさないよう施設しなければならないことになっている。具体的には，需要場所における屋内配線などがインターホンの高周波の伝送路として，また、配電設備においても開閉機器類の遠方監視制御などに配電線が伝送路として使用されているが、これらの高周波利用設備相互が機能障害を及ぼさないようにすることを規定したものである。電技解釈第30条で，高周波利用設備から他の高周波利用設備に漏えいする高周波電流の測定方法を定め、測定値の最大値の平均が－30dB（1mWを0dBとする。）以下であることとしている。

6.2.14　電気設備による供給支障の防止

電技省令第18条で「高圧又は特別高圧の電気設備は，その損壊により一般送配電事業者又は配電事業者の電気の供給に著しい支障を及ぼさないように施設しなければならない」、また、「高圧又は特別高圧の電気設備は，その電気設備が一般送配電事業又は配電事業者の用に供される場合にあっては，その電気設備の損壊によりその一般送配電事業又は配電事業に係る電気の供給に著しい支障を生じないように施設しなければならない」と規定されている。

本条は、6.1.1項の1.技術基準の根拠に示す電気事業法第39条第2項に規定する技術基準の目的③および④に沿った基本原則であり，高圧または特別高圧の需要家，一般送配電事業者などが、電気設備の損壊により著しい供給支障が生じないよう必要な措置を講じなければならないことを示している。

具体的には，例えば高圧または特別高圧で受電する需要設備内で短絡が発生した場合

に需要設備の保護装置が正常に動作せず，一般送配電事業者などの変電所の保護装置が動作した場合，受電のための配電線に接続されている他の需要家も停電することになるので(これを波及事故という)，これを防止するための措置，あるいは一般送配電事業者などにおいて，送電設備に地絡などが発生しても，供給支障が生じないか，あるいは供給支障が限定的なものになるような措置を講ずることが該当する。

6.2.15 公害などの防止

発電所，変電所などには，ばい煙の発生等により環境に影響を与える可能性のある設備を有しているものがある。このような施設に対し，電技省令第19条では，公害などの防止のための基準を定めている。

1. 環境関係法律との関係

発電用火力設備であるガスタービンやディーゼル機関は，**大気汚染防止法**(昭和43年法律第97号)に基づくばい煙発生施設に指定され，排出規制が適用されている。電技省令第19条第1項では，変電所，開閉所または電力保安通信設備などに設置するばい煙発生施設から発生するばい煙の防止について規定している。これは，電気工作物であるばい煙発生施設について，大気汚染防止法の一部の規定が適用除外されていることから定められたものである。

次の環境関係法律に関しても，発電所，蓄電所または変電所，開閉所もしくはこれらに準ずる場所を対象に電技省令第19条に同様の規定がある。

① 排出水，特定地下浸透水，有害物質使用特定施設，有害物質貯蔵指定施設，有害物質または指定物質を含む水，有害物質または指定物質を含む水および油を含む水について**水質汚濁防止法**(昭和45年法律第138号)(貯油施設等については，一般用電気工作物も対象)

② 排出水について**特定水道利水障害の防止のための水道水源水域の水質の保全に関する特別措置法**(平成6年法律第9号)

③ 騒音について**騒音規制法**(昭和43年法律第98号)

④ 振動について**振動規制法**(昭和51年法律第64号)

⑤ 急傾斜地について**急傾斜地の崩壊による災害の防止に関する法律**(昭和44年法律第57号)

2. 変圧器の絶縁油

電技省令第19条第10項で「**中性点直接接地式電路**に接続する変圧器を設置する箇所には，絶縁油の構外への流出及び地下への浸透を防止するための措置が施されていなけれ

ばならない」と規定されている。これは，170kV を超える中性点直接接地式電路に施設するような大型変圧器については，他の接地方式に比べ地絡電流が著しく大きく，地絡事故時にタンクが破損して絶縁油が漏えいし，構外流出にまで発展した場合の影響は小さくないと考えられるためである。

3. PCB を含有する絶縁油を使用する電気機械器具

電技省令第19条第14項で，**PCB**(ポリ塩化ビフェニル)を含有する絶縁油を使用する電気機械器具および電線は，電路に施設してはならないと規定されている。PCB の使用は，**化学物質の審査及び製造等の規制に関する法律**(昭和48年法律第117号)により一部の場合を除き使用が禁止され，PCB による環境汚染防止の観点から，1976年10月の電技省令の改正で PCB 使用機械器具を新しく電路に施設することが禁止された(改正時点で現に施設し，または施設に着手したものは「なお従前の例による」とされた)。

その後，2016年8月にポリ塩化ビフェニル廃棄物の適正な処理の推進に関する**特別措置法**(平成13年法律第15号)が改正(施行)された。この改正で高濃度 PCB 使用製品の所有事業者は，高濃度 PCB 使用製品の種類や，保管の場所が所在する区域に応じて，政令で定める期間内に処分などをしなければならないことになった。これに伴い，同年9月に電技省令が改正され，一定割合を超える PCB を含有する絶縁油を使用する電気工作物(電気機械器具および電線)については，附則において別に告示する期限の翌日[1](期限から1年を超えない期間に当該電気工作物を廃止することが明らかな場合は，期限から1年を経過した日)以降，電路に施設してはならないとする電技省令第19条第14項が適用されることとなった。

6.3 電気の供給のための電気設備の施設

電技省令「第2章 電気の供給のための電気設備の施設」とは，具体的には発電所，蓄電所，変電所，開閉所および電線路(送電線路および配電線路)を指し，これに関連し電力保安通信設備および電気鉄道に電気を供給するための電気設備も含まれ，これらの設備に関する保安および供給支障の防止のための措置が規定されている。電技省令第2章に対応する電技解釈は，「第2章 発電所，蓄電所並びに変電所，開閉所及びこれらに準ずる場所の施設」，「第3章 電線路」，「第4章 電力保安通信設備」および「第6章 電気鉄道等」である。

---

(1) 電気工作物が施設されている場所の所在する区域に応じ，平成30年3月31日～平成34年3月31日で定められている。

6.3.1 常時監視をしない発電所などの施設

　電技省令第46条第1項で，人体への危害防止や物件への損傷防止の観点から，異常が生じた場合に人体に危害を及ぼし，もしくは物件に損傷を与えるおそれがないよう，異常の状態に応じた制御が必要となる発電所，あるいは電気の供給確保の観点から，一般送配電事業もしくは配電事業にかかわる電気の供給に著しい支障を及ぼすおそれがないよう，異常を早期に発見する必要のある発電所については，発電所の運転に必要な知識および技能を有する者(技術員)が当該発電所またはこれと同一の構内において常時監視をしないものは，施設してはならないと規定されている。ただし，これらの常時監視と同等な監視を確実に行う発電所であって，異常が生じた場合に安全かつ確実に停止することができる措置を講じている場合は，この限りでないと規定されており，その具体的な措置要件が電技解釈第47条で規定されている。

　これら以外の発電所，蓄電所または変電所(10万Vを超える特別高圧の変電所に準ずる場所を含む)については，同条第2項で，技術員が発電所もしくはこれと同一の構内または変電所において常時監視をしない場合，**非常用予備電源**を除き，異常が生じた場合に安全かつ確実に停止することができるような措置を講じなければならないと規定されている。これらの常時監視をしない発電所，蓄電所および変電所の具体的な措置要件が電技解釈の第47条の2，第47条の3および第48条で規定されている。

　常時監視をしない発電所における監視方式の種類と概要を**表6.12**に示す。常時監視と同等な監視を確実に行う発電所における遠隔常時監視制御方式および常時監視をしない蓄電所における各種監視方式もほぼ同様の内容となっている。

1. 常時監視と同等な監視を確実に行える発電所

　電技解釈第47条で，技術員が発電所又はこれと同一の構内における**常時監視と同等な常時監視を確実に行える発電所**の種類と，その場合の施設条件について示している。本規定は，近年，IoT技術等の進展や活用により，一定の留意事項の下であれば，異常時の制御・停止等の安全確保も含めた発電所構外からの遠隔での常時監視・制御が可能であることが認められ，2021年4月に電技省令が改正され，追加されたものである。概要は以下の通りとなっている。

【本規定の対象となる発電所】
　① 汽力を原動力とする発電所(地熱発電所を除く。)
　② 出力 10 000kW 以上のガスタービン発電所

【施設条件】
　① 遠隔常時監視制御方式により施設すること。

表6.12 常時監視をしない発電所における監視方式の種類と概要(電技解釈第47条の2)

監視方式の種類	概　　　　要
随時巡回方式	【監視方法】 ・技術員が，適当な間隔をおいて発電所を巡回し，運転状態の監視を行う 【施設条件】 ・発電所は，電気の供給に支障を及ぼさないよう，次に適合するものであること 　イ）　当該発電所に異常が生じた場合に，一般送配電事業者または配電事業者が電気を供給する需要場所(当該発電所と同一の構内またはこれに準ずる区域にあるものを除く。)が停電しないこと 　ロ）　当該発電所の運転または停止により，一般送配電事業者または配電事業者が運用する電力系統の電圧及び周波数の維持に支障を及ぼさないこと ・変圧器の使用電圧は170 000V以下であること ・発電所の種類に応じ，自動出力調整装置または出力制御装置や運転を自動的に停止する装置などを施設すること
随時監視制御方式	【監視方法】 ・技術員が，必要に応じて発電所に出向き，運転状態の監視または制御その他必要な措置を行う 【施設条件】 ・技術員へ警報する装置を施設すること(火災の発生時，特別高圧変圧器の冷却装置の温度上昇時，ガス絶縁器のガス圧力低下時など) ・発電所の出力が2 000kW未満の場合においては，技術員への警報を，技術員に連絡するための補助員への警報とすることができる。 ・発電所に施設する変圧器の使用電圧は，170 000V以下であること ・発電所の種類に応じ，自動出力調整装置または出力制御装置や運転を自動的に停止する装置などを施設すること
遠隔常時監視制御方式	【監視方法】 ・技術員が，制御所に常時駐在し，発電所の運転状態の監視または制御を遠隔で行う 【施設条件】 ・制御所にいる技術員へ警報する装置を施設すること(火災の発生時，特別高圧変圧器の冷却装置の温度上昇時，ガス絶縁器のガス圧力低下時など) ・制御所に，次に掲げる装置を施設すること 　イ）　発電所の運転および停止を，監視および操作する装置などを設置すること 　ロ）　使用電圧が100 000Vを超える変圧器を施設する発電所にあっては，次に掲げる装置 　　（1）　運転操作に常時必要な遮断器の開閉を監視する装置 　　（2）　運転操作に常時必要な遮断器の開閉を操作する装置 　ハ）　発電所の種類に応じて必要な装置　など

② 自動出力調整装置または出力制限装置を施設すること。
③ 異常時に発電機を電路から自動的に遮断し自動停止すること（制御用の圧油装置の油圧，圧縮空気制御装置の空気圧または電動式制御装置の電源電圧が著しく低下した場合，蒸気タービンまたはガスタービンの回転速度が著しく上昇した場合，発電機に過電流が生じた場合など）
④ 電力保安通信設備に異常が発生した場合，異常の拡大を防ぐとともに，安全かつ確実に発電所を制御または停止することができるような措置を講じること

など

2．常時監視をしない発電所

電技解釈第47条の2で，技術員が当該発電所またはこれと同一の構内において常時監視をしないことができる発電所の種類と，その場合の施設条件について示している。常時監視をしない発電所における監視方式の種類と概要を表6.12に，また，発電所の出力に応じた**常時監視をしない発電所**の種類と**監視方式**の関係を**表6.13**に示す。

表6.13 常時監視をしない発電所の種類と監視方式（電技解釈第47条の2）

発電所の種類	①随時巡回方式	②随時監視制御方式	③遠隔常時監視制御方式
水力発電所	○（出力2 000kW 未満）	○（出力制限なし）	○（出力制限なし）
風力発電所・太陽電池発電所・燃料電池発電所	○（出力制限なし）	○（出力制限なし）	○（出力制限なし）
地熱発電所	－（適用なし）	○（出力制限なし）	○（出力制限なし）
内燃力発電所	○（出力1 000kW 未満）	○（出力制限なし）	○（出力制限なし）
ガスタービン発電所	○（出力10 000kW 未満）	○（出力10 000kW 未満）	○（出力10 000kW 未満）
内燃力とその廃熱を回収するボイラーによる汽力を原動力とする発電所	－（適用なし）	○（出力2 000kW 未満）	－（適用なし）
工事現場などに施設する移動用発電設備	○（出力880kW 以下，ディーゼル発電機，発電電圧は低圧等の条件あり）	－（適用なし）	－（適用なし）

（注）○は使用できることを示す。

常時監視をしない発電所においては，異常が生じた場合に，技術員の迅速，かつ，適切な措置を期待することができないため，保安上の観点から，常時監視をする発電所よりも安全に停止するよう機器の保護装置などを強化する必要がある。また，電気事業用の発電所については，電力供給の確保の観点も考慮されている。これらのことから，監視方式と発電所の種類に応じ，施設条件が電技解釈において規定されている。

3. 常時監視をしない蓄電所

電技解釈第47条の3で，技術員が当該蓄電所またはこれと同一の構内において常時監視をしないことができる蓄電所の種類と，その場合の施設条件について示している。本規定は，情報伝送技術および自動制御技術の進歩ならびに電力用機器および保護装置の信頼性の向上などの技術的要因を背景として，単独で設置する蓄電池(蓄電所)が今後増加していくことが想定される中，蓄電所の適切な工事，維持および運用が図られるよう，保安規制を整備する必要があることから，2022年11月に，電気事業施行規則などの改正と併せて電技解釈が改正され，追加されたものである。**監視方式**は，出力制限なく，①随時巡回方式，②随時監視制御方式，③遠隔常時監視方式の使用が可能である。これらの施設条件も，表 6.12 に示すものとほぼ同じ内容となっている。

4. 常時監視をしない変電所

電技解釈第48条で，技術員が当該変電所において**常時監視をしない変電所**の監視制御方式を規定している。常時監視をしない変電所にける**監視制御方式**の種類と概要を**表 6.14** に，変電所における使用電圧の区分に応じた監視制御方式を**表 6.15** に示す。

また，監視制御方式に応じ技術員駐在所などへ遮断器の自動遮断，制御回路電圧の著しい低下，火災の発生等の場合に警報する装置を施設することが規定されている。

使用電圧が 17万V を超える変圧器を施設する変電所については，一部の昇圧または降圧の用のみに供する変電所を除き，2以上の信号伝送経路により遠隔監視制御するように施設することになっている。これは，大規模な変電所では，信号伝送経路に外部の影響を受けた場合，電力系統全体に大きな影響を与えるおそれがあるためである。

6.3.2 電線路に関する全般的な基準

電線路は，発電所で発電した電気を需要家に送り届ける重要な役割を担い，架空電線路と地中電線路に大別される。

架空電線路の支持物には，鉄塔，鉄柱，コンクリート柱および木柱が用いられる。架空電線路はその**支持物**や電線が必要な強度を有しないと，損壊などにより付近の人や建物などに危害を及ぼす可能性があることに加え，**電磁誘導**や**静電誘導**により人や通信線などに危害や障害を及ぼすおそれがある。架空電線路は，多様な地形や地域に施設されるので，建造物等の工作物，道路や鉄道，植物などに接近する機会が多く，これらとの関係を十分に考慮する必要がある。

一方，**地中電線路**については，電線にケーブルが使用され，これに損傷が生じる圧力などが加えられないようにすることが安全の観点から重要である。

6.3 電気の供給のための電気設備の施設

表6.14 常時監視をしない変電所における監視制御方式の種類と概要(電技解釈第48条)

監視制御方式の種類	概　　　要
簡易監視制御方式	【監視方法】 ・技術員が必要に応じて変電所へ出向いて，変電所の監視および機器の操作を行う 【施設条件】 ・技術員へ警報する装置を施設すること(遮断機が自動的に遮断した時，火災の発生時，特別高圧変圧器の冷却装置の温度上昇時など)
断続監視制御方式	【監視方法】 ・技術員が当該変電所またはこれから300m以内にある技術員駐在所に常時駐在し，断続的に変電所へ出向いて変電所の監視および機器の操作を行う 【施設条件】 ・技術員駐在所へ警報する装置を施設すること(遮断機が自動的に遮断した時，火災の発生時，特別高圧変圧器の冷却装置の温度上昇時など)
遠隔断続監視制御方式	【監視方法】 ・技術員が変電制御所(当該変電所を遠隔監視制御する場所をいう。)またはこれから300m以内にある技術員駐在所に常時駐在し，断続的に変電制御所へ出向いて変電所の監視および機器の操作を行う 【施設条件】 ・変電制御所などへ警報する装置を施設すること(遮断機が自動的に遮断した時，火災の発生時，特別高圧変圧器の冷却装置の温度上昇時など)
遠隔常時監視制御方式	【監視方法】 ・技術員が変電制御所に常時駐在し，変電所の監視および機器の操作を行う 【施設条件】 ・変電制御所などへ警報する装置を施設すること(遮断機が自動的に遮断した時，火災の発生時，特別高圧変圧器の冷却装置の温度上昇時など)

表6.15 変電所における使用電圧の区分に応じた監視制御方式(電技解釈第48条 48-1表)

変電所に施設する 変圧器の使用電圧の区分	監視制御方式			
	簡易監視 制御方式	断続監視 制御方式	遠隔断続 監視制御方式	遠隔常時 監視制御方式
100 000V 以下	○	○	○	○
100 000V を超え 170 000V 以下		○	○	○
170 000V 超過				○

(備考) ○は，使用できることを示す。

また，近接する通信線などへの誘導障害が生じないようにする必要がある。

さらに，安全対策に加え，電線路について供給支障の防止の観点も当然重要である。

このため，電技省令では，電線路に関し，第20条で施設場所の状況および電圧に応じ感電又は火災のおそれがないように施設することと規定されているほか，「感電，火災等の防止」，「他の電線，他の工作物等への危険防止」，「支持物の倒壊による危険の防止」，「危険な施設の禁止」，「電気的，磁気的障害の防止」および「供給支障の防止」の観点から技術基準が定められている。関連する電技省令の概略を紹介する。

1. 感電，火災などの防止

電線路に係る感電，火災などの防止の観点から，電技省令で次の①～⑩が規定されている(電磁誘導作用による人の健康影響防止については6.3.4項参照)。

① 低圧または高圧の架空電線には，通常予見される使用形態を考慮し感電のおそれがない場合を除き，使用電圧に応じた絶縁性能を有する絶縁電線またはケーブルを使用する(電技省令第21条第1項)。

② 地中電線(地中電線路の電線をいう)には，感電のおそれがないよう，使用電圧に応じた絶縁性能を有するケーブルを使用する(電技省令第21条第2項)。

③ 低圧電線路中絶縁部分の電線と大地との間および電線の線心相互間の**絶縁抵抗**は，使用電圧に対する漏えい電流が最大供給電流の二千分の一を超えないようにする(電技省令第22条)。

④ 地中電線路に施設する**地中箱**は，取扱者以外の者が容易に立ち入るおそれがないように施設する(電技省令第23条第2項)

⑤ 架空電線路の**支持物**には，感電のおそれがないよう，取扱者以外の者が容易に昇塔できないように適切な措置を講じる(電技省令第24条)。

⑥ **架空電線**は，接触または誘導作用による感電のおそれがなく，かつ，交通に支障を及ぼすおそれがない高さに施設すること。また，支線は，交通に支障を及ぼすおそれがない高さに施設する(電技省令第25条)。

⑦ 架空電線路の支持物は，承諾を得た場合を除き，他人の設置した架空電線路または**架空弱電流電線路もしくは架空光ファイバケーブル線路**の電線または**弱電流電線もしくは光ファイバケーブル**の間を貫通して施設しない(電技省令第26条第1項)。

⑧ **架空電線**は，同一支持物に施設する場合または承諾を得た場合を除き，他人の設置した架空電線路，電車線路または架空弱電流電線路もしくは架空光ファイバケーブル線路の支持物を挟んで施設しない(電技省令第26条第2項)。

⑨ 特別高圧の架空電線路は，人の往来が少ない場所において人体に危害を及ぼすお

それがないように施設する場合を除き，通常の使用状態において，地表上 1 m における電界強度が 3 kV/m 以下になるように施設する（電技省令第27条第 1 項）。

⑩　特別高圧の架空電線路は，**電磁誘導作用**により弱電流電線路（電力保安通信設備を除く）を通じて人体に危害を及ぼすおそれがないように施設する（電技省令第27条第 2 項）。

2．他の電線，他の工作物などへの危険の防止

電線路にかかわる他の電線，他の工作物などへの危険の防止の観点から，電技省令で次の①〜④が規定されている。

① 電線路の電線などは，他の電線または弱電流電線などと**接近**し，もしくは**交さ**する場合または同一支持物に施設する場合には，他の電線または弱電流電線などを損傷するおそれがなく，かつ，接触，断線などによって生じる混触による感電または火災のおそれがないように施設する（電技省令第28条）。

② 電線路の電線または電車線などは，他の工作物または植物と接近し，または交さする場合には，他の工作物または植物を損傷するおそれがなく，かつ，接触，断線等によって生じる感電または火災のおそれがないように施設する（電技省令第29条）。

③ 地中電線，トンネル内電線などの，固定して施設する電線は，他の電線などと接近または交さする場合は，他の電線などの管理者の承諾を得た場合などを除き，故障時のアーク放電により他の電線などを損傷するおそれがないように施設する（電技省令第30条）。

④ 特別高圧の架空電線と低圧または高圧の架空電線または電車線を同一支持物に施設する場合は，異常時の高電圧の侵入により低圧側または高圧側の電気設備に障害を与えないよう，接地その他の適切な措置を講じる。また，特別高圧架空電線路の電線の上方において，その支持物に低圧の電気機械器具を施設する場合は，異常時の高電圧の侵入により低圧側の電気設備へ障害を与えないよう，接地その他の適切な措置を講じる（電技省令第31条）。

3．支持物の倒壊による危険の防止

支持物の倒壊による危険の防止について，電技省令で次の①，②が規定されている。

① 架空電線路の支持物の材料および構造（支線を含む。）は，その支持物が支持する電線などによる引張荷重，10分間平均で風速 40 m/秒の**風圧荷重**および当該設置場所において通常想定される地理的条件，気象の変化，振動，衝撃その他の外部環境の影響を考慮し，倒壊のおそれがないよう，安全なものであること。ただし，人家が多く連なっている場所に施設する架空電線路にあって，その施設場所を考慮して

施設する場合は，10分間平均で風速40m/秒の風圧荷重の1/2の風圧荷重を考慮して施設することができる（電技省令第32条第1項）。
② 特別高圧架空電線路の支持物は，構造上安全なものとすることなどにより連鎖的に倒壊のおそれがないように施設する（電技省令第32条第2項）。

4．危険な施設の禁止

電圧が高く危険防止の観点から，特別高圧の架空電線路は，その電線がケーブルである場合を除き，**市街地その他人家の密集する**地域に施設しないこととされている。ただし，断線または倒壊による当該地域への危険のおそれがないように施設するとともに，その他の絶縁性，電線の強度などにかかわる保安上十分な措置を講ずる場合は，この限りでないとなっている（電技省令第40条）。電技解釈で当該措置が規定されている。

5．電気的，磁気的障害の防止

電気的，磁気的障害の防止の観点から，次の①〜③が規定されている。
① 電線路または電車線路は，無線設備の機能に継続的かつ重大な障害を及ぼす電波を発生するおそれがないように施設する（電技省令第42条第1項）。
② 電線路または電車線路は，弱電流電線路に対して，誘導作用により通信上の障害を及ぼさないように施設する（弱電流電線路の管理者の承諾を得た場合を除く）（電技省令第42条第2項）。
③ 直流の電線路，電車線路および帰線は，**地球磁気観測所**または**地球電気観測所**に対して観測上の障害を及ぼさないように施設する（電技省令第43条）。

6．供給支障の防止

供給支障の防止の観点から，電技省令で次の①〜⑤が規定されている。
① 使用電圧が17万V以上の**特別高圧架空電線路**は，市街地その他人家の密集する地域に施設しない。ただし，当該地域からの火災による当該電線路の損壊によって一般送配電事業または配電事業または配電事業に係る電気の供給に著しい支障を及ぼすおそれがないように施設する場合は，この限りでない（電技省令第48条第1項）。
② 使用電圧が17万V以上の特別高圧架空電線と建造物との**水平距離**は，当該建造物からの火災による当該電線の損壊などによって一般送配電事業または配電事業にかかわる電気の供給に著しい支障を及ぼすおそれがないよう，3m以上とする（電技省令第48条第2項）。
③ 使用電圧が17万V以上の特別高圧架空電線が，建造物，道路，歩道橋その他の工作物の下方に施設されるときの相互の**水平離隔距離**は，当該工作物の倒壊などによる当該電線の損壊によって一般送配電事業または配電事業にかかわる電気の供給

に著しい支障を及ぼすおそれがないよう，3m以上とする(電技省令第48条第3項)。
④ 地中電線路は，車両その他の重量物による圧力に耐え，かつ，当該地中電線路を埋設している旨の表示などにより掘削工事からの影響を受けないように施設する(電技省令第47条第1項)。
⑤ 地中電線路のうちその内部で作業が可能なものには，防火措置を講じる(電技省令第47条第2項)。

7. 電線路に係る用語

電技解釈第49条で電線路に関係する用語が定義されているが，それ以外にも関係する用語が定義されており，以下の通りである。

- **市街地その他人家の密集する地域**：特別高圧架空電線路の両側にそれぞれ50m，線路方向に500mとった，面積が50 000m^{2}の長方形の区域｛道路(車両及び人の往来がまれであるものを除く)部分を除く｝内において，建ぺい率が25〜30%以上である地域とする。ただし，建ぺい率＝(造営物で覆われている面積〔m^2〕)/(50 000－道路面積〔m^2〕)とする。(電技解釈第88条第2項)
- **接近**：一般的な接近している状態であって，並行する場合を含み，交差する場合および同一支持物に施設される場合を除くもの。(電技解釈第1条第21号)〔接近には，上方，側方および下方がある。(図6.5参照)また，接近の中でも，架空電線が他の工作物の上方または側方において接近する場合の状態を「接近状態」と言い，接近する状態により，①第1次接近状態，②第2次接近状態がある。(図6.6参照)〕
- **離隔距離**：通常の気象条件による電線の変化を考慮した上での最短距離。(電技解釈解説第71条)〔他の離隔距離との関係を示すと，図6.7のようになる。〕

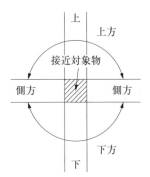

図6.5 接近対象物の関係
出所：電気設備の技術基準の解釈の解説　第1条 解説1.4図

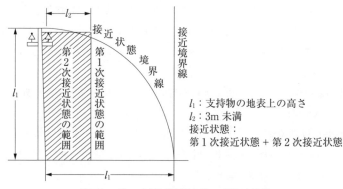

図 6.6 第1次接近状態と第2次接近状態
出所：電気設備の技術基準の解釈の解説 第49条 解説49.2図

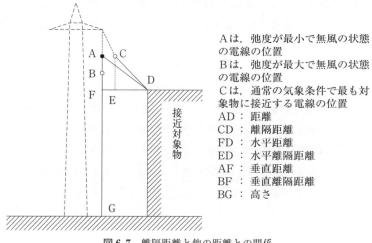

図 6.7 離隔距離と他の距離との関係
出所：電気設備の技術基準の解釈の解説第71条 解説71.1図

6.3.3 電線路に関する具体的な施設方法など

1. 架空電線路

a. 電線関係

（1）**低圧または高圧の電線**　電技解釈第65条で，低圧または高圧の架空電線路に使用できる電線を**表 6.16**のように規定している。裸電線については，低圧架空電線のB種接地側の電線として使用する場合，あるいは高圧架空電線を河川横断等の人

が容易に立ち入るおそれがない場所に施設する場合に認められている。それぞれの電線の太さ又は引張強さは，ケーブルである場合を除き，表6.17のように定められている。

表6.16 使用電圧の区分に応じた電線の種類（電技解釈第65条第1項第1号 65-1表）

使用電圧の区分		電線の種類
低圧	300V 以下	絶縁電線，多心型電線又はケーブル
	300V 超過	絶縁電線（引込用ビニル絶縁電線及び引込用ポリエチレン絶縁電線を除く）又はケーブル
高圧		高圧絶縁電線，特別高圧絶縁電線又はケーブル

表6.17 使用電圧の区分に応じた電線の太さまたは引張強さ
（電技解釈第65条第1項第2号 65-2表）

使用電圧の区分	施設場所の区分	電線の種類		電線の太さ又は引張強さ
300V 以下	全て	絶縁電線	硬銅線	直径 2.6mm
			その他	引張強さ 2.3kN
		絶縁電線以外	硬銅線	直径 3.2mm
			その他	引張強さ 3.44kN
300V 超過	市街地	硬銅線		直径 5mm
		その他		引張強さ 8.01kN
	市街地外	硬銅線		直径 4mm
		その他		引張強さ 5.26kN

（2）**特別高圧の電線** 特別高圧架空電線路に使用する電線については，電技解釈第84条で，ケーブルである場合を除き，引張強さ8.71kN以上のより線または断面積が22mm^{2}以上の硬銅より線であることになっているが，電技解釈第88条で，「市街地その他人家の密集する地域」に特別高圧架空電線路を施設できる場合として，使用電圧が170 000V未満の当該電線路の電線をケーブルまたは表6.18のようにすることが規定されている。

b．**支持物関係**

（1）**支持物の種類** 電気解釈第49条などで規定する架空電線路の**支持物**には，次の種類がある。

① 木　柱
② 鉄筋コンクリート柱（鋼管と組み合わせた複合鉄筋コンクリート柱を含む）
　　A種：基礎の強度計算を行わず，根入れ深さを設計荷重および全長に応じた値
　　　（電技解釈第59条第2項に規定）以上とするなどにより施設する鉄筋コン

表 6.18　使用電圧の区分に応じた電線
(市街地などに施設)(電技解釈第88条第1項第2号イ　88-1表)

使用電圧の区分	電　　　線
100 000V 未満	引張強さ 21.67kN 以上のより線又は断面積 55mm² 以上の硬銅より線
100 000V 以上 130 000V 未満	引張強さ 38.05kN 以上のより線又は断面積 100mm² 以上の硬銅より線
130 000V 以上 170 000V 未満	引張強さ 58.84kN 以上のより線又は断面積 150mm² 以上の硬銅より線

　　　　クリート柱
　　B 種：A 種以外の鉄筋コンクリート柱
③　鉄　柱：(鋼板組立柱，鋼管柱を含む)
　　A 種：基礎の強度計算を行わず，根入れ深さを設計荷重および全長に応じた値（電技解釈第59条第3項に規定)以上とするなどにより施設する鉄柱
　　B 種：A 種以外の鉄柱
　　　i)　鋼板組立柱：鋼板を管状にして組み立てたものを柱体とする鉄柱
　　　ii)　鋼管柱：鋼管を柱体とする鉄柱
④　鉄　塔
　　(2)　鉄筋コンリート柱と鉄柱および鉄塔の構成など
①　鉄筋コンクリート柱
・コンクリートの材料についてその圧縮強度に応じた許容曲げ圧縮応力など，鋼材について種類に応じた許容引張応力など，ボルトについて種類に応じた許容応力をそれぞれ規定
・工場打ち鉄筋コンクリート柱について，日本産業規格 JIS を引用し，完全な柱体として性能を規定(電技解釈第56条)
②　鉄柱および鉄塔
・鉄柱または鉄塔を構成する鋼板，形鋼，鋼管などの許容応力について，その種類に応じた許容応力を規定
・鉄柱または鉄塔を構成する鋼板，形鋼などの鋼材について，日本産業規格 JIS を引用（電技解釈第57条）
　　(3)　強度検討に用いる荷重　　電技解釈第58条で，架空電線路の強度検討に用いる荷重は，表 6.19 の14種類が規定されている．

表 6.19 架空電線路の強度検討に用いる荷重（電技解釈第58条）

荷重の種類	概　　要
①風圧荷重	架空電線路の構成材に加わる風圧による荷重（甲種・乙種・丙種・着雪時の風圧荷重）
②垂直荷重	垂直方向に作用する荷重（架渉線・がいし装置・支持物部材の重量、支線荷重、被氷荷重、着雪荷重など）
③水平横荷重	電線路に直角の方向に作用する荷重（風圧加重、水平角度荷重、ねじり力荷重）
④水平縦荷重	電線路の方向に作用する荷重（風圧加重、不平均張力荷重、ねじり力荷重）
⑤常時想定荷重	架渉線の切断を考慮しない場合の荷重であって、風圧が電線路に直角および平行な方向に加わる場合について、垂直加重、水平横加重、水平縦加重が同時に加わるものとして計算した最大の荷重
⑥異常時想定荷重	架渉線の切断を考慮する場合の荷重であって、風圧が電線路に直角および平行な方向に加わる場合について、垂直加重、水平横加重、水平縦加重が同時に加わるものとして計算した最大の荷重
⑦異常着雪時想定荷重	降雪の多い地域における着雪を考慮した荷重であって、風圧が電線路に直角および平行な方向に加わる場合について、垂直加重、水平横加重、水平縦加重が同時に加わるものとして計算した最大の荷重
⑧垂直角度荷重	架渉線の想定最大張力の垂直分力により生じる荷重
⑨水平角度荷重	電線路に水平角度がある場合において、架渉線の想定最大張力の水平分力により生じる荷重
⑩支線荷重	支線の張力の垂直分力により生じる荷重
⑪被氷荷重	架渉線の周囲に厚さ6mm、比重0.9の氷雪が付着したときの氷雪の重量による荷重
⑫着雪荷重	架渉線の周囲に比重0.6の雪が同心円状に付着したときの雪の重量による荷重
⑬不平均張力荷重	常時想定荷重における不平均張力荷重（各架渉線の想定最大張力に一定の係数を乗じたものの水平縦分力による荷重）、異常時想定荷重における不平均張力荷重（架渉線が切断した場合に生じる不平均張力の水平縦分力による荷重）、異常着雪時想定荷重における不平均張力荷重（各架渉線の想定最大張力に一定の係数を乗じたものの水平縦分力による荷重）
⑭ねじり力荷重	常時想定荷重および異常着雪時荷重におけるねじり力荷重（支持物における架渉線の配置が対称でない場合に生じるもの）、異常時想定荷重におけるねじり力荷重（架渉線が切断した場合に生じるもの）

このうち、**風圧荷重**については、更に**表 6.20**の4種類になっている。

また、風圧荷重の適用区分については、季節および地方に応じ、表 6.21 のように規定されている。表 6.21 にかかわらず、人家が多く連なっている場所に施設される架空

電線路の構成材のうち，低圧または高圧の架空電線路の支持物および架渉線などの風圧荷重については，**甲種風圧荷重**または**乙種風圧荷重**に代えて**丙種風圧荷重**を適用することができることになっている。

表6.20　風圧加重の種類(電技解釈第58条第1項第1号イ)

風圧加重の種類	説　　　　　明
甲種風圧荷重	支持物，架渉線等の種類，形状などの区分に応じ，それぞれの構成材の垂直投影面に加わる圧力を基礎として計算したもの，又は10分間平均風速40m/s 以上を想定した風洞実験に基づく値より計算したもの
乙種風圧荷重	架渉線の周囲に厚さ6 mm，比重0.9の氷雪が付着した状態に対し，甲種風圧荷重の0.5倍を基礎として計算したもの
丙種風圧荷重	甲種風圧荷重の0.5倍を基礎として計算したもの
着雪時風圧荷重	架渉線の周囲に比重0.6の雪が同心円状に付着した状態に対し，甲種風圧荷重の0.3倍を基礎として計算したもの

表6.21　季節および地方ごとに適用する風圧加重(電技解釈第58条第1項第1号ロ　58-2表)

季　節	地　　　　　方		適用する風圧荷重
高温季	すべての地方		甲種風圧荷重
低温季	氷雪の多い地方	海岸地その他の低温季に最大風圧を生じる地方	甲種風圧荷重又は乙種風圧荷重のいずれか大きいもの
		上記以外の地方	乙種風圧荷重
	氷雪の多い地方以外の地方		丙種風圧荷重

（4）　支持物の強度など　　電技解釈第59条で，**支持物の強度**などが次のように規定されている。

① 木柱については，**表6.22**で示すわん曲に対する強度に対し，電線路に直角な方向に作用する風圧荷重に安全率2.0を乗じた荷重に耐える強度を有するものとする。また，高圧または特別高圧の架空電線路の支持物として使用するものの太さは，末口で直径12cm以上とする。

② A種鉄筋コンクリート柱およびA種鉄柱については，使用電圧の区分に応じ**表6.23**に規定する荷重に耐える強度とする。

③ B種鉄筋コンクリート柱，B種鉄柱および鉄塔は，架空電線路の使用電圧および支持物の種類に応じ，**表6.24**に規定する荷重に耐える強度を有するものとする。

（5）　支持物の基礎の強度など　　**支持物の基礎の強度**などについては，電技解

表6.22 木柱のわん曲に対する破壊強度
（電技解釈第59条第1項第1号 59-1表）

木柱の種類	破壊強度(N/mm^2)
杉	39
ひのき，ひば及びくり	44
とど松及びえぞ松	42
米松	55
その他	上に準ずる値

表6.23 A種鉄筋コンクリート柱およびA種鉄柱(鋼板組立柱または鋼管柱)の使用電圧の区分に応じた荷重の種類(電技解釈第59条第2項第1号および第3項第2号)

使用電圧の区分	種　　　類	荷重
低圧	全て	風圧加重
高圧または特別高圧	A種複合鉄筋コンクリート柱 A種鉄柱(鋼板組立柱または鋼管柱)	風圧加重および垂直加重
	A種複合鉄筋コンクリート柱以外のA種鉄筋コンクリート柱	風圧加重

表6.24 B種鉄筋コンクリート柱，B種鉄柱および鉄塔の使用電圧の区分に応じた荷重の種類（電技解釈第59条第4項および第5項）

使用電圧の区分	種　　　類	荷　　　重
低圧	全て	風圧加重
高圧	全て	常時想定荷重
特別高圧	鉄筋コンクリート柱又は鉄柱	常時想定荷重
	鉄塔	・常時想定荷重の1倍および異常時想定荷重の2/3倍(腕金類については1倍)の荷重 ・降雪の多い地域において，一級河川および二級河川の河川区域を横断して施設する横断径間長が600mを超えるものは，電線路が風向とほぼ並行する場合などを除き，異常着雪時想定荷重の2/3倍の荷重

釈第59条および第60条で，次のように規定されている。

① 木柱およびA種鉄柱(鋼板組立柱または鋼管柱で設計荷重を6.87kN以下とする)については，全長15m以下で根入れ深さ全長の1/6以上，全長15mを超える場合(A種鉄柱については，15mを超え16m以下の場合)根入れを2.5m以上とし，

地盤が軟弱な箇所については特に堅牢な根かせを施す。
② A種鉄筋コンクリート柱については，設計荷重および柱の全長に応じ，根入れ深さを表6.25に規定する値以上として施設する。水田その他地盤が軟弱な箇所では，設計荷重が6.87kN以下，全長は16m以下とし，特に堅ろうな根かせを施す。
③ B種鉄筋コンクリート柱，B種鉄柱および鉄塔の基礎の安全率については，当該支持物が耐えることと規定された荷重が加わった状態において，2（鉄塔における異常時想定荷重または異常着雪時想定荷重については，1.33）以上とする。

表6.25 A種鉄筋コンクリート柱の設計荷重および柱の全長に応じた根入れ深さ（電技解釈第59条第2項第2号 59-3表）

設計荷重	全　　長	根入れ深さ
6.87kN 以下	15m 以下	全長の1/6
	15m を超え 16m 以下	2.5m
	16m を超え 20m 以下	2.8m
6.87kN を超え 9.81kN 以下	14m 以上 15m 以下	全長の1/6に 0.3m を加えた値
	15m を超え 20m 以下	2.8m
9.81kN を超え 14.72kN 以下	14m 以上 15m 以下	全長の1/6に 0.5m を加えた値
	15m を超え 18m 以下	3 m
	18m を超え 20m 以下	3.2m

（6）支線の施設　電技解釈第59条第6項で，木柱，鉄筋コンクリート柱または鉄柱に支線を施設し，強度を分担させる場合，支持物の風圧荷重を支線を用いない場合の1/2以上にすることになっている。また，電技解釈第62条で，高圧または特別高圧の架空電線路の支持物として使用する木柱，A種鉄筋コンクリート柱またはA種鉄柱には支線を施設することとし，その施設位置などが電技解釈第61条で支線の引張強さおよび安全率などがそれぞれ規定されているが，鉄塔については電技解釈第59条第7項で，支線を用いてその強度を分担させてはならないと規定されている。

（7）径間の制限　電技解釈第63条で，高圧または特別高圧の**架空電線路の径間**は，表6.26のように規定されている。

また，**高圧架空電線**の径間が100mを超える場合，電線は引張強さ8.01kN以上のものまたは直径5mm以上の硬銅線であること，木柱の風圧荷重に対する安全率は2.0以上であることが規定されている。

これとは別に，電技解釈第88条で，使用電圧が170 000V未満の**特別高圧架空電線**を市街地その他人家の密集する地域に施設する場合，電線にケーブルを使用すること，ま

たは支持物の径間は**表 6.27** に規定する値以下ですることとなっている。

表 6.26 高圧または特別高圧の架空電線路の径間（電技解釈第63条第1項 63-1表）

支持物の種類	使用電圧の区分	径間 長径間工事以外の箇所	径間 長径間工事箇所
木柱，A 種鉄筋コンクリート柱又は A 種鉄柱	—	150m 以下	300m 以下
B 種鉄筋コンクリート柱又は B 種鉄柱	—	250m 以下	500m 以下
鉄 塔	170 000V 未満	600m 以下	制限なし
鉄 塔	170 000V 以上	800m 以下	制限なし

表 6.27 使用電圧が 170 000V 未満の特別高圧架空電線路の市街地などにおける径間（電技解釈第88条第1項第2号ホ 88-3表）

支持物の種類	区　　分	径間
A 種鉄筋コンクリート柱又は A 種鉄柱	すべて	75m
B 種鉄筋コンクリート柱又は B 種鉄柱	すべて	150m
鉄 塔	電線に断面積 160mm^2 以上の鋼心アルミより線又はこれと同等以上の引張強さ及び耐アーク性能を有するより線を使用し，かつ，電線が風又は雪による揺動により短絡のおそれのないように施設する場合	600m
鉄 塔	電線が水平に 2 以上ある場合において，電線相互の間隔が 4m 未満のとき	250m
鉄 塔	上記以外の場合	400m

c. 架空電線の高さ　電技解釈第68条で，低高圧架空電線（引込線などを除く）の高さ，電技解釈第87条に特別高圧架空電線（引込線等を除く）の高さが**表 6.28**～**表 6.30** に示す値以上と規定されている。

これとは別に，電技解釈第88条で，使用電圧が 170 000V 未満の特別高圧架空電線路を市街地その他人家の密集する地域に施設する場合，電線にケーブルを使用すること，または当該電線路の電線の地表上の高さは，**表 6.31** に示す値以上（変電所等とその構外を結ぶ1径間の架空電線を除く）とすることと規定されている。

d. 他の電線，他の工作物等への危険の防止　架空電線路にかかわる他の電線，他の工作物などへの危険の防止について，電技解釈では，次の事項が規定されている。

① 接近状態（第1次接近状態，第2次接近状態）

表6.28 低圧架空電線または高圧架空電線の高さ(電技解釈第68条第1項 68-1表)

区 分		高 さ
道路(車両の往来がまれであるもの及び歩行の用にのみ供される部分を除く)を横断する場合		路面上6m
鉄道又は軌道を横断する場合		レール面上5.5m
低圧架空電線を横断歩道橋の上に施設する場合		横断歩道橋の路面上3m
高圧架空電線を横断歩道橋の上に施設する場合		横断歩道橋の路面上3.5m
上記以外	屋外照明用であって,絶縁電線又はケーブルを使用した対地電圧150V以下のものを交通に支障のないように施設する場合	地表上4m
	低圧架空電線を道路以外の場所に施設する場合	地表上4m
	その他の場合	地表上5m

表6.29 使用電圧が35 000V以下の特別高圧架空電線の高さ(電技解釈第87条第1項 87-1表)

区 分	高 さ
道路(車両の往来がまれであるもの及び歩行の用にのみ供される部分を除く)を横断する場合	路面上6m
鉄道又は軌道を横断する場合	レール面上5.5m
電線に特別高圧絶縁電線又はケーブルを使用する特別高圧架空電線を横断歩道橋の上に施設する場合	横断歩道橋の路面上4m
その他の場合	地表上5m

表6.30 使用電圧が35 000Vを超える特別高圧架空電線の高さ
(電技解釈第87条第2項 87-2表)

使用電圧の区分	施設場所の区分	高 さ
35 000Vを超え160 000V以下	山地等であって人が容易に立ち入らない場所に施設する場合	地表上5m
	電線にケーブルを使用するものを横断歩道橋の上に施設する場合	横断歩道橋の路面上5m
	その他の場合	地表上6m
160 000V超過	山地等であって人が容易に立ち入らない場所に施設する場合	地表上$(5+c)$m
	その他の場合	地表上$(6+c)$m

(備考) cは,使用電圧と160 000Vの差を10 000Vで除した値(小数点以下を切り上げる)に0.12を乗じたもの

6.3 電気の供給のための電気設備の施設

表6.31 使用電圧が170 000V未満の特別高圧架空電線の市街地における高さ(電技解釈第88条第1項第2号ロ 88-2表)

使用電圧の区分	電線の種類	高さ
35 000V 以下	特別高圧絶縁電線	8 m
	その他	10m
35 000V 超過	すべて	$(10+c)$ m

(備考) c は，使用電圧と35 000Vの差を10 000Vで除した値(小数点以下を切り上げる)に0.12を乗じたもの

② 低圧保安工事，高圧保安工事，特別高圧保安工事
③ 低高圧架空電線と建造物，道路等，索道，低高圧架空電線，電車線または電車線の支持物など，架空弱電流電線など，アンテナ，他の工作物および植物との接近または交差
④ 35 000Vを超える特別高圧架空電線と建造物，道路など，索道，低高圧架空電線もしくは電車線またはこれらの支持物，他の工作物および植物との接近または交差
⑤ 35 000V以下の特別高圧架空電線と工作物などとの接近または交差

ここでは，上記の事項のうち，代表的なものについて，その概要を述べる。

(1) 接近状態　接近状態には，**第1次接近状態**と**第2次接近状態**がある(電技解釈第49条)。

第1次接近状態は，架空電線が，他の工作物と接近する場合，当該架空電線が他の工作物の上方または側方において，**水平距離**で3m以上，かつ，架空電線路の支持物の地表上の高さに相当する距離以内に施設されることにより，架空電線路の電線の切断，支持物の倒壊などの際に，当該電線が他の工作物に接触するおそれがある状態をいう。

第2次接近状態は，架空電線が他の工作物と接近する場合において，当該架空電線が他の工作物の上方または側方において水平距離で3m未満に施設される状態をいう(図6.6参照(再掲))。

(2) 保安工事　架空電線が他の電線，工作物などと接近または交差する場合などに，一般的な架空電線の施設方法より強化しなければならない工事である。電技解釈では，①低圧保安工事，②高圧保安工事，③特別保安工事が規定されている。

① **低圧保安工事**　低圧保安工事は，低圧架空電線路の電線の断線，支持物の倒壊などによる危険を防止するため必要な場合に行うものである(電技解釈第70条第1項)。概要を**表6.32**に示す。

表6.32 低圧保安工事の概要

適用先	・低圧架空電線が高圧架空電線，特別高圧の電車線などの上方に接近して施設される場合 ・低圧架空電線が高圧電車線などの上に交差して施設される場合			
電線	・ケーブルを使用し，第67条の規定により施設すること。 ・引張強さ8.01kN以上のものまたは直径5mm以上の硬銅線（使用電圧が300V以下の場合は，引張強さ5.26kN以上のものまたは直径4mm以上の硬銅線）を使用し，第66条第1項（高圧架空電線の引張強さに対する安全率）の規定に準じて施設すること。			
木柱	・風圧荷重に対する安全率は，2.0以上であること。 ・木柱の太さは，末口で直径12cm以上であること。			
径間	支持物の種類	第63条第3項に規定する，高圧架空電線路における長径間工事に準じて施設する場合	電線に引張強さ8.71kN以上のものまたは断面積22mm²以上の硬銅より線を使用する場合	その他の場合
	木柱，A種鉄筋コンクリート柱またはA種鉄柱	300m以下	150m以下	100m以下
	B種鉄筋コンクリート柱またはB種鉄柱	500m以下	250m以下	150m以下
	鉄塔	制限無し	600m以下	400m以下

② **高圧保安工事** 高圧保安工事は，高圧架空電線路の電線の断線，支持物の倒壊などによる危険を防止するため必要な場合に行うものである（電技解釈第70条第2項）。概要を表6.33に示す。

③ **特別高圧保安工事** 特別高圧保安工事は，特別高圧架空電線が建造物，道路，横断歩道橋などと接近または交差する場合に，強化しなければならない共通事項を規定しているもので，第1種，第2種および第3種がある（電技解釈第95条）。それぞれの概要を表6.34～表6.36に示す。

（3）**低高圧架空電線と建造物との接近** 低高圧架空電線が建造物と接近状態に施設される場合，次のように規定されている（電技解釈第71条第1項）。

① 高圧架空電線路は，高圧保安工事により施設する。
② 低圧架空電線または高圧架空電線と建造物の造営材との**離隔距離**は，**表6.37**に規定する値以上とする。
③ 低圧架空電線または高圧架空電線が，建造物の下方に接近して施設される場合は，低圧架空電線または高圧架空電線と建造物との離隔距離は，**表6.38**に規定する値

6.3 電気の供給のための電気設備の施設　247

表 6.33　高圧保安工事の概要

適　用　先	・高圧架空電線が建造物または低圧架空電線，電車線と接近して施設される場合 ・高圧架空電線が道路等，索道，架空弱電流電線，アンテナ，他の工作物との接近または交差して施設される場合	
電線	・電線はケーブルである場合を除き，引張強さ 8.01kN 以上のものまたは直径 5 mm 以上の硬銅線であること	
木柱	・木柱の風圧荷重に対する安全率は，2.0 以上であること	
径間（電線に引張強さ 14.51kN 以上のものまたは断面積 $38mm^2$ 以上の硬銅より線を使用する場合であって，支持物に B 種鉄筋コンクリート柱，B 種鉄柱または鉄塔を使用する場合を除く。）	支持物の種類	径間
	木柱，A 種鉄筋コンクリート柱または A 種鉄柱	100m 以下
	B 種鉄筋コンクリート柱または B 種鉄柱	150m 以下
	鉄塔	400m 以下

以上とする。

（4）**低高圧架空電線と道路などとの接近または交差**　低高圧架空電線が，道路（車両および人の往来がまれであるものを除く。），横断歩道橋，鉄道または軌道（「道路など」という。）と接近状態に施設される場合，次のように規定されている（電技解釈第72条第1項）。

① 高圧架空電線路は，高圧保安工事により施設すること
② 低圧架空電線または高圧架空電線と道路などとの離隔距離（道路もしくは横断歩道橋の路面上または鉄道もしくは軌道のレール面上の離隔距離を除く。）は，次のいずれかによること
　i) **水平離隔距離**を，低圧架空電線にあっては 1 m 以上，高圧架空電線にあっては 1.2m 以上とすること
　ii) 離隔距離を 3 m 以上とすること

また，高圧架空電線が，道路などの上に交差して施設される場合は，高圧架空電線路を高圧保安工事により施設することとされている（電技解釈第72条第2項）
低圧架空電線または高圧架空電線が，道路などの下方に接近または交差して施設される場合における，低圧架空電線または高圧架空電線と道路などとの離隔距離は，**表6.39**に規定する値以上とする（電技解釈第72条第3項）。

以上の規定による離隔距離と 1．c. 架空電線の高さを踏まえた，低高圧架空電線と横断歩道橋との離隔距離を図示すると図 **6.8** のようになる。

（5）使用電圧が 35 000V 以下の特別高圧架空電線と建造物との接近または交

表 6.34 第1種特別高圧保安工事の概要

適用先	・35 000V を超え 170 000V 未満の特別高圧架空電線が，建造物と第2次接近状態に施設される場合 ・35 000V を超える特別高圧架空電線が，道路など，索道，電車線などと第2次接近状態に施設される場合			
電　線 （ケーブルも可）	使用電圧	100 000V 未満	引張強さ 21.67kN 以上のより線または断面積 55mm² 以上の硬銅より線	
		100 000V 以上 130 000V 未満	引張強さ 38.05kN 以上のより線または断面積 100mm² 以上の硬銅より線	
		130 000V 以上 300 000V 未満	引張強さ 58.84kN 以上のより線または断面積 150mm² 以上の硬銅より線	
		300 000V 以上	引張強さ 77.47kN 以上のより線または断面積 200mm² 以上の硬銅より線	
	・径間の途中において電線を接続する場合は，圧縮接続によること ・電線は，風，雪またはその組合せによる揺動により短絡するおそれがないように施設すること			
支持物	・支持物は，B種鉄筋コンクリート柱，B種鉄柱または鉄塔であること			
径　間		支持物の種類	電線の種類	径間
		B種鉄筋コンクリート柱またはB種鉄柱	引張強さ 58.84kN 以上のより線または断面積 150mm² 以上の硬銅より線	制限無し
			その他	150m 以下
		鉄塔	引張強さ 58.84kN 以上のより線または断面積 150mm² 以上の硬銅より線	制限無し
			その他	400m 以下
がいし装置 （電線が他の工作物と接近又は交差する場合）	○次のいずれかによること ・懸垂がいしまたは長幹がいしを使用するものであって，50% 衝撃せん絡電圧の値が，当該電線の近接する他の部分を支持するがいし装置の値の110%（使用電圧が 130 000V を超える場合は，105%）以上のもの ・アークホーンを取り付けた懸垂がいし，長幹がいしまたはラインポストがいしを使用するもの ・2連以上の懸垂がいしまたは長幹がいしを使用するもの ○支持線を使用するときは，その支持線には，本線と同一の強さおよび太さのものを使用し，かつ，本線との接続は，堅ろうにして電気が安全に伝わるようにすること			
架空地線	電線路には，架空地線を施設すること（使用電圧が 100 000V 未満の場合において，がいしにアークホーンを取り付けるときまたは電線の把持部にアーマロドを取り付ける場合を除く）			
自動遮断装置	電線路には，電路に地絡を生じた場合または短絡した場合に3秒（使用電圧が 100 000V 以上の場合は，2秒）以内に自動的に電路を遮断する装置を設けること			

表6.35 第2種特別高圧保安工事の概要

適用先	・特別高圧架空電線が，道路など，索道，低高圧架空電線など，他の工作物などと第2次接近状態に施設される場合 ・特別高圧架空電線が，道路など，索道，低高圧架空電線などの上に交差してに施設される場合 ・35 000V超100 000V未満の特別高圧架空電線と低圧または高圧の架空電線とを同一支持物に施設する場合 ・100 000V未満の特別高圧架空電線と架空弱電流電線などとを同一の支持物に施設する場合		
電 線	・電線は，風，雪またはその組合せによる揺動により短絡するおそれがないように施設すること		
支持物	・木柱を使用する場合は木柱の風圧荷重に対する安全率は，2以上であること		
径 間	支持物の種類	電線の種類	径 間
	木柱，A種鉄筋コンクリート柱またはA種鉄柱	全て	100m以下
	B種鉄筋コンクリート柱またはB種鉄柱	引張強さ38.05kN以上のより線又は断面積100mm^{2}以上の硬銅より線	制限無し
		その他	200m以下
	鉄 塔	引張強さ38.05kN以上のより線又は断面積100mm^{2}以上の硬銅より線	制限無し
		その他	400m以下
がいし装置 (電線が他の工作物と接近又は交差する場合)	○次のいずれかのものであること。 ・50％衝撃せん絡電圧の値が，当該電線の近接する他の部分を支持するがいし装置の値の110％(使用電圧が130 000Vを超える場合は，105％)以上のもの ・アークホーンを取り付けた懸垂がいし，長幹がいしまたはラインポストがいしを使用するもの ・2連以上の懸垂がいしまたは長幹がいしを使用するもの ・2個以上のラインポストがいしを使用するもの ○支持線を使用するときは，その支持線には，本線と同一の強さおよび太さのものを使用し，かつ，本線との接続は，堅ろうにして電気が安全に伝わるようにすること。		

表6.36 第3種特別高圧保安工事の概要

適用先	・特別高圧架空電線が，建造物，道路など(道路，横断歩道橋，鉄道または軌道)，索道，他の工作物と第1次接近状態に施設される場合 ・特別高圧架空電線が，他の特別高圧架空電線と接近または交差する場合		
電　線	・電線は，風，雪またはその組合せによる揺動により短絡するおそれがないように施設すること		
径　間	支持物の種類	電線の種類	径間
	木柱，A種鉄筋コンクリート柱またはA種鉄柱	引張強さ14.51kN以上のより線または断面積38mm² 以上の硬銅より線	150m以下
		その他	100m以下
	B種鉄筋コンクリート柱またはB種鉄柱	引張強さ38.05kN以上のより線または断面積100mm² 以上の硬銅より線	制限無し
		引張強さ21.67kN以上のより線または断面積55mm² 以上の硬銅より線	250m以下
		その他	200m以下
	鉄　塔	引張強さ38.05kN以上のより線または断面積100mm² 以上の硬銅より線	制限無し
		引張強さ21.67kN以上のより線または断面積55mm² 以上の硬銅より線	600m以下
		その他	400m以下

表6.37 低高圧架空電線と建造物の造営材との離隔距離
(電技解釈第71条第1項第2号 71-1表)

架空電線の種類	区　　　分	離隔距離
ケーブル	上部造営材の上方	1 m
	その他	0.4m
高圧絶縁電線又は特別高圧絶縁電線を使用する，低圧架空電線	上部造営材の上方	1 m
	その他	0.4m
その他	上部造営材の上方	2 m
	人が建造物の外へ手を伸ばす又は身を乗り出すことなどができない部分	0.8m
	その他	1.2m

表 6.38 低高圧架空電線が建造物の下方に接近して施設される場合の離隔距離
(電技解釈第71条第2項 71-2表)

使用電圧の区分	電線の種類	離隔距離
低　圧	高圧絶縁電線，特別高圧絶縁電線又はケーブル	0.3m
	その他	0.6m
高　圧	ケーブル	0.4m
	その他	0.8m

表 6.39 低圧架空電線または高圧架空電線と他の工作物との離隔距離
(電技解釈第78条第1項 78-1表)

区　分		架空電線の種類	離隔距離
造営物の上部造営材の上方	低圧架空電線	高圧絶縁電線，特別高圧絶縁電線又はケーブル	1 m
		その他	2 m
	高圧架空電線	ケーブル	1 m
		その他	2 m
その他	低圧架空電線	高圧絶縁電線，特別高圧絶縁電線又はケーブル	0.3m
		その他	0.6m
	高圧架空電線	ケーブル	0.4m
		その他	0.8m

差　使用電圧が35 000V以下の特別高圧架空電線と建造物との接近または交差に関し，次のように規定されている(電技解釈第106条第1項)。

① 特別高圧架空電線と建造物の造営材との離隔距離は，**表 6.40**に規定する値以上とする。

② 特別高圧架空電線が建造物と第1次接近状態に施設される場合は，特別高圧架空電線路を第3種特別高圧保安工事により施設する。

③ 特別高圧架空電線が建造物と第2次接近状態に施設される場合は，特別高圧架空電線路を第2種特別高圧保安工事により施設する。

④ 特別高圧架空電線が，建造物の下方に接近して施設される場合は，相互の水平離隔距離は3m以上とする。ただし，特別高圧架空電線に特別高圧絶縁電線またはケーブルを使用する場合は，この限りでない。

⑤ 特別高圧架空電線が，建造物に施設される簡易な突き出し看板その他の人が上部に乗るおそれがない造営材と接近する場合において，次により施設する場合は，特別高圧架空電線と当該造営材との離隔距離は，表6.40によらないことができる。

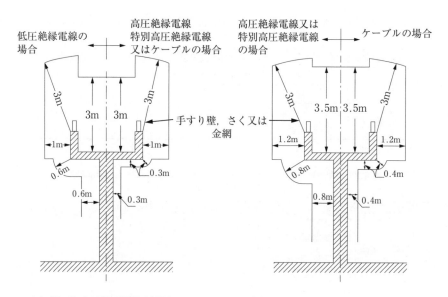

(a) 低圧架空電線が横断歩道橋と接近する場合の離隔距離　　(a) 高圧架空電線が横断歩道橋と接近する場合の離隔距離

図 6.8　低高圧架空電線と横断歩道橋との離隔距離（電技解釈の解説第72条 解説72.1表）

表 6.40　35 000V 以下の特別高圧架空電線と建造物の造営材との離隔距離
（電技解釈第106条第1項 106-1表）

架空電線の種類	区　分	離隔距離
ケーブル	上部造営材の上方	1.2m
	その他	0.5m
特別高圧絶縁電線	上部造営材の上方	2.5m
	人が建造物の外へ手を伸ばす又は身を乗り出すことなどができない部分	1m
	その他	1.5m
その他	全て	3m

i)　電線は，特別高圧絶縁電線またはケーブルとする。
ii)　電線を特別高圧防護具により防護する。
iii)　電線が当該造営材に接触しないように施設する。

（6）**使用電圧が 35 000V を超える特別高圧架空電線と建造物との接近**　使用電圧が 35 000V を超える特別高圧架空電線と建造物の接近に関し，次のように規定さ

6.3　電気の供給のための電気設備の施設　253

れている(電技解釈第97条)。
① 特別高圧架空電線が建造物に接近して施設される場合における，170 000V 以下の特別高圧架空電線と建造物の造営材との離隔距離は表 6.41 に規定する値以上とする。なお，使用電圧が 170 000V を超える特別高圧架空電線と建造物の造営材との離隔距離は，JESC 規格「170kV を超える特別高圧架空電線に関する離隔距離」によることとなっている。
② 特別高圧架空電線が建造物と第 1 次接近状態に施設される場合は，特別高圧架空電線路を第 3 種特別高圧保安工事により施設する。
③ 使用電圧が 170 000V 未満の特別高圧架空電線が建造物と第 2 次接近状態に施設される場合は次による。
　i) 建造物は爆燃性粉じん，可燃性のガス，燃えやすい危険な物質などの存在する場所を含むものまたは火薬庫ではない。
　ii) 屋根等の上空から見て大きな面積を占める主要な造営材であって，特別高圧架空電線と第 2 次接近状態にある部分は，不燃性または自消性のある難燃性の建築材料により造られ，金属製の部分に D 種接地工事が施されたものとする。
　iii) 特別高圧架空電線路は，第 1 種特別高圧保安工事により施設する。
　iv) 特別高圧架空電線にアーマロッドを取り付け，かつ，がいしにアークホーンを取り付けるなどの施設を行う。

表 6.41　35 000V を超え 170 000V 以下の特別高圧架空電線と建造物の造営材との離隔距離
(電技解釈第97条第 1 項 97-1表)

架空電線の種類	区分	離隔距離
ケーブル	上部造営材の上方	$(1.2+c)$ m
	その他	$(0.5+c)$ m
特別高圧絶縁電線	上部造営材の上方	$(2.5+c)$ m
	人が建造物の外へ手を伸ばす又は身を乗り出すことなどができない部分	$(1+c)$ m
	その他	$(1.5+c)$ m
その他	全て	$(3+c)$ m

(備考)　c は，特別高圧架空電線の使用電圧と 35 000V の差を 10 000V で除した値(小数点以下を切り上げる)に0.15を乗じたもの

　(7)　**使用電圧が 35 000V 以下の特別高圧架空電線と道路などとの接近**　使用電圧が 35 000V 以下の特別高圧架空電線と道路などと接近または交差して施設される場合，次のように規定されている(電技解釈第106条第 2 項)。

① 特別高圧架空電線が道路などと第1次接近状態に施設される場合は，特別高圧架空電線路を第3種特別高圧保安工事により施設する。
② 特別高圧架空電線が，道路などと第2次接近状態に施設される場合は，次による。
　i) 特別高圧架空電線路は，第2種特別高圧保安工事(特別高圧架空電線が道路と第2次接近状態に施設される場合は，がいし装置に係る部分を除く。)により施設する。
　ii) 特別高圧架空電線と道路などとの離隔距離(路面上またはレール面上の離隔距離を除く。)は，3m以上であること。ただし，次のいずれかに該当する場合はこの限りでない。
　（イ）特別高圧架空電線が特別高圧絶縁電線である場合において，道路などとの水平離隔距離が，1.5m以上であるとき
　（ロ）特別高圧架空電線がケーブルである場合において，道路などとの水平離隔距離が，1.2m以上であると
　iii) 特別高圧架空電線のうち，道路などとの水平距離が3m未満に施設される部分の長さは，連続して100m以下であり，かつ，1径間内における当該部分の長さの合計は，100m以下であること。ただし，特別高圧架空電線路を第2種特別高圧保安工事により施設する場合は，この限りでない。

（8）**使用電圧が35 000Vを超える特別高圧架空電線と道路などとの接近**

使用電圧が35 000Vを超える特別高圧架空電線と道路などとの接近に関し，次のように規定されている(電技解釈第98条)。

① 特別高圧架空電線が，道路(車両および人の往来がまれであるものを除く)，横断歩道橋，鉄道または軌道(以下「道路など」という)と第1次接近状態に施設される場合は次による。
　i) 特別高圧架空電線路は，第3種特別高圧保安工事により施設する。
　ii) 35 000Vを超え170 000V以下の特別高圧架空電線と道路などとの離隔距離(路面上またはレール面上の離隔距離を除く)は，**表6.42**に規定する値以上とする。なお，使用電圧が170 000Vを超える特別高圧架空電線と建造物の造営材との離隔距離は，JESC規格「170kVを超える特別高圧架空電線に関する離隔距離」によることとなっている。

表6.42 35 000Vを超え170 000V以下の特別高圧架空電線と道路などとの離隔距離(電技解釈第98条第1項 98-1表)

使用電圧の区分	離隔距離
35 000Vを超え170 000V以下	$(3+c)$ m

(備考) cは，使用電圧と35 000Vの差を10 000Vで除した値(小数点以下を切り上げる。)に0.15を乗じたもの

② 特別高圧架空電線が，道路等と第2次接近状態に施設される場合は，次の各号による。

　i) 特別高圧架空電線路は，第2種特別高圧保安工事(特別高圧架空電線が道路と第2次接近状態に施設される場合は，がいし装置にかかわる部分を除く)により施設する。

　ii) 特別高圧架空電線と道路などとの離隔距離は，①ii)に準じる。ただし，ケーブルを使用する使用電圧が100 000V未満の特別高圧架空電線と道路などとの水平離隔距離が2m以上である場合は，この限りでない。

　iii) 特別高圧架空電線のうち，道路などとの水平距離が3m未満に施設される部分の長さは連続して100m以下であり，かつ，1径間内における当該部分の長さの合計は100m以下とする。ただし，使用電圧が600 000V未満の特別高圧架空電線路を第1種特別高圧保安工事により施設する場合はこの限りでない。

2. 地中電線路

電技解釈第120条で，地中電線路は，使用電圧に関係なく，電線にケーブルを使用し，かつ，管路式(電線共同溝を含む)，暗きょ式(道路下に設けるふた掛け式のU字構造物であるキャブを含む)又は直接埋設式の3方式により施設することになっている。それぞれの施設方法は次のように規定されている。なお，各方式の概要を図6.9～6.11に示す。

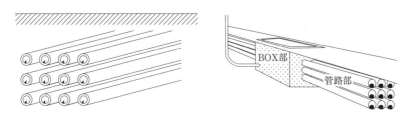

図6.9　管路式地中電線路(電技解釈の解説第120条 解説120.1図，120.2図)

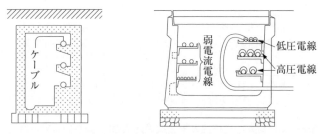

図 6.10 暗きょ式地中電線路（電技解釈の解説第120条 解説120.3図）

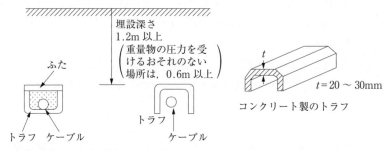

図 6.11 直接埋設式地中電線路（電技解釈の解説第120条 解説120.4図）

a．管路式　　地中電線路を**管路式**により施設する場合は次による。

① 電線を収める管は，これに加わる車両その他の重量物の圧力に耐えるものとする。

② 高圧または特別高圧の地中電線路には，次により表示を施す（需要場所に施設する高圧地中電線路であって，その長さが15m以下のものを除く）。

i) 物件の名称，管理者名および電圧（需要場所に施設する場合にあっては，物件の名称および管理者名を除く）を表示する。

ii) おおむね2mの間隔で表示する（他人が立ち入らない場所または当該電線路の位置が十分に認知できる場合を除く）。

b．暗きょ式　　地中電線路を**暗きょ式**により施設する場合は，次による。

① 暗きょは，車両その他の重量物の圧力に耐えるものとする。

② 次のいずれかにより，防火措置を施す。

i) 地中電線の被覆またはこれを覆う延焼防止テープなどが，建築基準法（昭和25年法律第201号）に規定される不燃材料で造られたものまたは電気用品の技術上の基準を定める省令の解釈に規定する耐燃性試験に適合するもの（これらと同等以上の性能を有するものを含む）とする。

ii）地中電線を，建築基準法に規定される不燃材料などで造られた管またはトラフに収める。

　　iii）暗きょ内に自動消火設備を施設する。

　c．直接埋設式　　地中電線路を**直接埋設式**により施設する場合は，次による。ただし，一般用電気工作物または小規模事業用電気工作物が設置された需要場所および私道以外に施設する地中電線路については，JESC規格「直接埋設式（砂巻き）による低圧地中電線の施設」によることができるとし，一定の施設条件のもとに低圧地中電線の埋設深さを 0.35m 以上とするとした。

　① 地中電線の埋設深さは，車両その他の重量物の圧力を受けるおそれがある場所においては 1.2m 以上，その他の場所においては 0.6m 以上とする。ただし，使用するケーブルの種類，施設条件などを考慮し，これに加わる圧力に耐えるよう施設する場合はこの限りでない。

　② 地中電線を衝撃から防護するため，次のいずれかにより施設する。

　　i）地中電線を，堅ろうなトラフその他の防護物に収める。

　　ii）低圧又は高圧の地中電線を，車両その他の重量物の圧力を受けるおそれがない場所に施設する場合は，地中電線の上部を堅ろうな板またはといで覆う。

　　iii）地中電線に，がい装を有するケーブルを使用すること。さらに，地中電線の使用電圧が特別高圧である場合は，堅ろうな板またはといで地中電線の上部および側部を覆う。ここでいう「がい装を有するケーブル」の「がい装」とは「鎧装」のことであり，「鋼帯重ね巻きがい装」，「波付鋼管がい装」等がある。

　　iv）地中電線に，パイプ型圧力ケーブルを使用し，かつ，地中電線の上部を堅ろうな板またはといで覆う。

　③ 管路式の地中電線と同様に表示を施す。

　d．地中電線の冷却　　地中電線の冷却のため，ケーブルを収める管内に水を通じ循環させる場合は，地中電線路は循環水圧に耐え，かつ，漏水が生じないように施設することが規定されている。

6.3.4　電気機械器具などからの電磁誘導作用による人の健康影響の防止

電気機械器具などからの**電磁誘導作用**による人の健康影響の防止の観点から，電技省令第27条の2で，次のように規定されている。

　① 変圧器，開閉器その他これらに類するものまたは電線路を発電所，蓄電所，変電

所，開閉所および需要場所以外の場所に施設するにあたっては，通常の使用状態において，当該電気機械器具などからの電磁誘導作用により人の健康に影響を及ぼすおそれがないよう，当該電気機械器具などのそれぞれの付近において，人によって占められる空間に相当する空間の磁束密度の平均値が，商用周波数において 200μT 以下になるように施設しなければならない。ただし，田畑，山林その他の人の往来が少ない場所において，人体に危害を及ぼすおそれがないように施設する場合はこの限りでない。

② 変電所または開閉所は，通常の使用状態において，当該施設からの電磁誘導作用により人の健康に影響を及ぼすおそれがないよう，当該施設の付近において，人によって占められる空間に相当する空間の磁束密度の平均値が，商用周波数において 200μT 以下になるように施設しなければならない。ただし，田畑，山林その他の人の往来が少ない場所において，人体に危害を及ぼすおそれがないように施設する場合は，この限りでない。

6.3.5　高圧および特別高圧の電路の避雷器などの施設

電技省令第49条において，雷電圧による電路に施設する電気設備の損壊を防止できるよう，そのおそれがない場合を除き，次の箇所またはその近接する箇所には，**避雷器**の施設その他の適切な措置を講じなければならないことになっている。ここでいう避雷器とは，電気設備に侵入する雷による衝撃性過電圧に対し，その端子電圧を所要値以下に低減し，停電を生じることなく原状に復帰する性能を具備する装置であり，放電間隙のように自復能力の小さいものは避雷器とは考えない。

① 発電所，蓄電所または変電所もしくはこれに準ずる場所の架空電線引込口および引出口
② 架空電線路に接続する配電用変圧器であって，過電流遮断器の設置などの保安上の保護対策が施されているものの高圧側および特別高圧側
③ 高圧または特別高圧の架空電線路から供給を受ける需要場所の引込口

電技解釈第37条では，避雷器の具体的な施設方法が規定されている。これによると，発変電所などの架空電線の引込口（需要場所を除く）および引出口，特別高圧配電用変圧器の高圧側および特別高圧側，高圧架空電線路から電気の供給を受ける受電電力が 500kW 以上の需要場所の引込口および特別高圧架空電線路から電気の供給を受ける需要場所の引込口またはこれらに近接する箇所には，避雷器を施設することになっている。また，避雷器の施設が義務付けられている箇所に直接接続する電線が短い場合等はその

施設を省略できることになっている。これらの避雷器には，A種接地工事（高圧架空電線路を対象とするJESC規格による場合は，10Ω以下の接地抵抗値でなくてもよい）を施すことになっている。

6.3.6 電力保安通信設備

電技省令第50条で，**電力保安通信設備**の施設について規定されている。ここでは，電力設備の保安上および運用上欠かせない電力保安通信用電話設備の施設箇所について，発電所，蓄電所，変電所，開閉所，給電所（電力系統の運用に関する指令を行う所），技術員駐在所その他の箇所であって，一般送配電事業または配電事業にかかわる電気の供給に対する著しい支障を防ぎ，かつ，保安を確保するために必要なものの相互間には，電力保安通信用電話設備を施設しなければならないことになっている。また，その施設方法について，電力保安通信線は，機械的衝撃，火災などにより通信の機能を損なうおそれがないように施設しなければならないことになっている。

電技省令第51条で，電力保安通信設備に使用する無線通信用アンテナまたは反射板を施設する支持物の材料および構造は，電線路の周囲の状態を監視する目的で無線通信用アンテナなどを架空電線路の支持物に施設するときを除き，10分間平均で風速40m/秒の風圧荷重を考慮し，倒壊により通信の機能を損なうおそれがないように施設しなければならないことになっている。

6.3.7 電気鉄道に電気を供給するための電気設備の施設

電気鉄道に関係する電気設備については，電気事業法施行令第1条で鉄道営業法などが適用される車両などに設置されるものは適用除外（車両など以外の場所に設置される電気的設備に電気を供給するためのものを除く）となっている。また，電技省令第3条で，**鉄道営業法**（明治33年法律第65号）などが適用されるものであって，鉄道などの専用敷地内に施設するものについては，架空電線等の高さ等多くの電技省令の規定が適用除外となっているが，電車線路の使用電圧などを定めた電車線路の施設制限，電食作用による障害の防止および電圧不平衡による障害の防止について電気鉄道に電気を供給するための電気設備の施設として規定されている。このうち，主なものを紹介する。

1. 電車線路の施設制限

電技省令第52条で**電車線路**の施設制限として，次のように規定されている。
① 直流の電車線路の使用電圧は，低圧または高圧としなければならない。
② 交流の電車線路の使用電圧は，25 000V以下としなければならない。

③ 電車線路は，電気鉄道の専用敷地内に施設しなければならない。ただし，感電のおそれがない場合は，この限りでない。

④ ③の専用敷地は，電車線路が，サードレール式である場合など人がその敷地内に立ち入った場合に感電のおそれがあるものである場合には，高架鉄道など人が容易に立ち入らないものでなければならない。

2．電食作用による障害の防止

電技省令第54条で，直流帰線は漏れ電流によって生じる**電食作用**による障害のおそれがないように施設しなければならないとなっている。本規定は，直流式電気鉄道でレールを**帰線**（「帰線」とは，架空単線式またはサードレール式電気鉄道のレールおよびそのレールに接続する電線（電技解釈第201条第六号））として使用する場合，帰線と大地との間を完全に絶縁することが困難であるため帰線から漏えい電流が生じ，この電流が付近に埋設された金属製地中管路に流入して電食を起こすことがあるため，これを防止するためのものである。具体的には，電技解釈209条で電食の防止のための措置が規定されている。次にその一部を示す。

① **直流帰線**は，レール近接部分を除き，大地から絶縁する。

② 直流帰線のレール近接部分が金属製地中管路と接近または交差する場合は，帰線のレール近接部分と金属製地中管路との離隔距離を1m以上とすることなどの措置をとる。

③ 直流帰線のレール近接部分が金属製地中管路と1km以内に接近する場合は，帰線を負極性とすること，帰線用レールの継目の抵抗の和を一定の値以下にする，帰線用レールを長さ30m以上にわたるよう連続して溶接するなどの対策を施す。

さらに，電技解釈第210条で，直流帰線と地中管路とを電気的に接続しないことを原則とし，電技解釈第209条の対策を講じてもなお電食による障害を及ぼすおそれがある場合，金属製地中管路に対する電食を防止するため，これらを接続する場合の施設方法（排流接続）が規定されている。

排流法には，図**6.12**に示すように選択排流法，強制排流法および直接排流法があるが，直接排流法については，レール対地電圧が正の場合には，レールから金属製地中管路に電流が流れ，その電食を促進するおそれがあるので，日本国内では使用されていない。

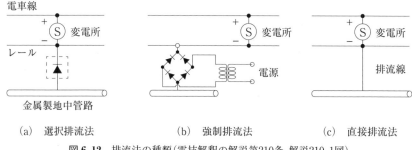

(a) 選択排流法　　　(b) 強制排流法　　　(c) 直接排流法

図 6.12　排流法の種類（電技解釈の解説第210条　解説210.1図）

6.4　電気使用場所の施設

電気使用場所とは，文字どおり電気の需要家が電気の使用のために設置している電気工作物を施設している場所のことをいう。大きく分けて，一般家庭や商店・小規模事業所などの低圧で受電する一般用電気工作物と工場，ビル，大規模施設などの高圧または特別高圧で受電する自家用電気工作物がある。

自家用電気工作物である電気設備のほとんどは低圧のものであり，その電気使用場所の電気設備は，高圧または特別高圧を受電する設備と多くの低圧の電気設備から構成されている。

一方，一般家庭等の**一般用電気工作物**である電気使用場所については，低圧で受電し，そのまま低圧の電気設備に供給される。自家用であっても，一般用であっても，低圧部分は，同様の施設方法となるので，電気設備技術基準では，これらを区別せず，電圧や施設状況などに応じ基準を定めている。

また，これらの電気設備は，一般公衆や工場の従業員などに近接して設置され，使用されるので，これを前提とした安全上の配慮が必要である。このため，電気設備技術基準では，電技解釈において，電線路と同様に詳細な基準を定めている。

6.4.1　配線の感電または火災の防止など

電技省令において，配線の感電または火災の防止などのために規定されている主な基準は次のとおりである。

① 配線は，施設場所の状況および電圧に応じ，感電または火災のおそれがないように施設しなければならない(電技省令第56条第1項)。

② 配線の使用電線(裸電線および特別高圧で使用する接触電線を除く)には，感電または火災のおそれがないよう，施設場所の状況および電圧に応じ，使用上十分な強度および絶縁性能を有するものでなければならない(電技省令第57条第1項)。

③ 配線には，裸電線を使用してはならない。ただし，施設場所の状況および電圧に応じ，使用上十分な強度を有し，かつ，絶縁性がないことを考慮して，配線が感電または火災のおそれがないように施設する場合は，この限りでない(電技省令第57条第2項)。

④ 配線は，他の配線，弱電流電線などと接近し，または交さする場合は，混触による感電または火災のおそれがないように施設しなければならない(電技省令第62条第1項)。

⑤ 配線は，水道管，ガス管またはこれらに類するものと接近し，または交さする場合は，放電によりこれらの工作物を損傷するおそれがなく，かつ，漏電または放電によりこれらの工作物を介して感電または火災のおそれがないように施設しなければならない(電技省令第62条第2項)。

また，電技省令第63条では，過電流からの**低圧幹線**などの保護措置として，低圧の幹線，低圧の幹線から分岐して電気機械器具に至る低圧の電路および引込口から低圧の幹線を経ないで電気機械器具に至る低圧の電路(幹線などという)には，短絡事故により過電流が生じるおそれがない場合を除き，適切な箇所に開閉器を施設するとともに，過電流が生じた場合に当該幹線などを保護できるよう，過電流遮断器を施設しなければならないことが規定されている。

さらに，電技省令第65条では，電動機の過負荷保護として，屋内に施設する電動機(出力が0.2kW以下のものを除く)には，電動機を焼損するおそれがある過電流が生じるおそれがない場合を除き，過電流による当該電動機の焼損により火災が発生するおそれがないよう，過電流遮断器の施設その他の適切な措置を講じなければならないことが規定されている。

これらの電技省令に関し，電技解釈における主な規定について述べる。

1. 電路の対地電圧の制限

a. 住宅の屋内電路 電技解釈第143条第1項で，**住宅の屋内電路**(電気機械器具内の電路を除く)の**対地電圧**は，150V以下であることが規定されている。これは，100V用電気設備における感電事故と200V用電気設備における感電事故とを比較した場合，後者がはるかに死傷事故の確率が高いのは周知の事実であるとされていることによる。ここでは，対地電圧を150V以下に制限しているのであって，単相3線式により

対地電圧 100V とし，使用電圧 200V の電気設備を使用することは可能である。

ただし，次の屋内配線等は，一定の施設条件の下に例外が認められている。

① 住宅に施設する定格消費電力が 2 kw 以上の電気機械器具および当該電気機械器具のみに電気を供給する**屋内配線**(対地電圧は，300V 以下)

② 当該住宅以外の場所に電気を供給する屋内配線(対地電圧は，300V 以下)

③ 住宅の屋根などに施設した太陽電池モジュール，または住宅に施設した燃料電池発電設備，もしくは常用電源として用いる蓄電池の負荷側の**屋内電路**(対地電圧は，直流 450V 以下)

④ 屋内を通過する電線路(対地電圧は，300V 以下)

　b．住宅以外の場所の屋内電路　　電技解釈第143条第 2 項で，住宅以外の場所の屋内に施設する家庭用電気機械器具に電気を供給する屋内電路の対地電圧は，150V 以下であることと規定されている。ここでいう「住宅以外の場所」とは，旅館，ホテル，喫茶店，事務所，工場などのことである。このような場所でも，住宅の屋内電路と同様に屋内に施設する家庭用電気機械器具に電気を供給する屋内電路の対地電圧は原則として 150V 以下に制限されている。

　しかし，このような場所では機器の台数が多く，全体の容量が大きくなるため，三相 200V によることが必要な場合もあること，また，利用者が特定の者に限られることなどを考慮し，取扱者以外の者が容易に触れるおそれがない場所に施設する場合または安全性を高めた工事方法による場合は，例外として対地電圧を 300V 以下とすることが認められている。

2．低圧配線に使用する電線

電技解釈第146条で，低圧配線に使用する電線について，次のよう規定されている。

　a．電線の種類　　使用できる主な電線は，次のとおり。

① 直径 1.6mm の軟銅線もしくはこれと同等以上の強さおよび太さのもの

② 断面積が 1 mm^2 以上の MI ケーブル

③ 電光サイン装置，制御回路などに用いる配線を合成樹脂管工事などにより施設する場合は，直径 1.2mm 以上の軟銅線(配線の使用電圧が 300V 以下の場合に限る)

④ 電光サイン装置，制御回路などに用いる配線で過電流遮断器を設ける場合は，断面積 0.75mm^2 以上の多心ケーブルまたは多心キャブタイヤケーブル(配線の使用電圧が 300V 以下の場合に限る)

⑤ 乾燥した場所に施設するショウウインドーまたはショウケース内の使用電圧 300V 以下の屋内配線を，1 m 以下の間隔で取り付けるなどにより施設する場合は，

断面積 0.75mm² 以上のコードまたはキャブタイヤケーブル

b. 許容電流　600V ビニル絶縁電線などの絶縁電線について，導体の種類と直径に応じ**許容電流**(短時間の許容電流を除く)が規定されている．この許容電流は，単線にあっては**表 6.43** に，成形単線又はより線にあっては**表 6.44** にそれぞれ規定する許容電流に，電線の絶縁材料および周囲温度から**表 6.45** の計算式により算出される許容電流補正係数と，同一管内の電線数に応じた**表 6.46** に規定される電流減少係数を乗じることになっている．

例えば，導体の直径 1.6mm の軟銅線(単線)で，絶縁体が耐熱性を有しないビニル混合物の絶縁電線を周囲温度 40〔℃〕で同一管内に 3 本収めた合成樹脂管工事を行う場合，表 6.43 から基本となる許容電流は 27A，許容電流補正係数は表 6.46 から $\theta = 40$℃ として

$$\sqrt{\frac{60-40}{30}} = 0.816,$$

表 6.47 から同一管内の電線数の電流減少係数は 0.7 となる．したがって，この場合の許容電流は $27 \times 0.816 \times 0.7 = 15.4$A となる．

3. 低圧屋内電路の引込口における開閉器の施設

電技解釈第 147 条で，**低圧屋内電路**(火薬庫に施設するものを除く)には，次の場合を除き，引込口に近い箇所であって，容易に開閉することができる箇所に開閉器を施設しなければならないと規定されている．

① 低圧屋内電路の使用電圧が 300V 以下であって，他の屋内電路(定格電流が 15A 以下の過電流遮断器または定格電流が 15A を超え 20A 以下の配線用遮断器で保護

表 6.43　単線における導体直径の区分に応じた許容電流
(電技解釈第146条第2項第1号 146-1表)

導体の直径(mm)	許容電流(A)		
	軟銅線又は硬銅線	硬アルミ線，半硬アルミ線又は軟アルミ線	イ号アルミ合金線又は高力アルミ合金線
1.0以上1.2未満	16	12	12
1.2以上1.6未満	19	15	14
1.6以上2.0未満	27	21	19
2.0以上2.6未満	35	27	25
2.6以上3.2未満	48	37	35
3.2以上4.0未満	62	48	45
4.0以上5.0未満	81	63	58
5.0	107	83	77

表6.44 成形単線またはより線における導体の公称断面積の区分に応じた許容電流
（電技解釈第146条第2項第1号）

導体の公称断面積 (mm²)	許容電流（A）		
	軟銅線又は硬銅線	硬アルミ線，半硬アルミ線又は軟アルミ線	イ号アルミ合金線又は高力アルミ合金線
0.9以上 1.25未満	17	13	12
1.25以上 2未満	19	15	14
2以上 3.5未満	27	21	19
3.5以上 5.5未満	37	29	27
5.5以上 8未満	49	38	35
8以上 14未満	61	48	44
14以上 22未満	88	69	63
22以上 30未満	115	90	83
30以上 38未満	139	108	100
38以上 50未満	162	126	117
50以上 60未満	190	148	137
60以上 80未満	217	169	156
80以上 100未満	257	200	185
100以上 125未満	298	232	215
125以上 150未満	344	268	248
150以上 200未満	395	308	284
200以上 250未満	469	366	338
250以上 325未満	556	434	400
325以上 400未満	650	507	468
400以上 500未満	745	581	536
500以上 600未満	842	657	606
600以上 800未満	930	745	690
800以上 1 000未満	1 080	875	820
1 000	1 260	1 040	980

されているものに限る)に接続する長さ15m以下の電路から電気の供給を受ける場合
② 低圧屋内電路に接続する電源側の電路(当該電路に架空部分または屋上部分がある場合は，その架空部分または屋上部分より負荷側にある部分に限る)に，当該低圧屋内電路に専用の開閉器を，これと同一の構内であって容易に開閉することができる箇所に施設する場合

表 6.45 絶縁体の材料などの区分に応じた許容電流補正係数の計算式
（電技解釈第146条第2項第2号 146-3表）

絶縁体の材料及び施設場所の区分		許容電流補正係数の計算式
ビニル混合物（耐熱性を有するものを除く。）及び天然ゴム混合物		$\sqrt{\dfrac{60-\theta}{30}}$
ビニル混合物（耐熱性を有するものに限る。），ポリエチレン混合物（架橋したものを除く。）及びスチレンブタジエンゴム混合物		$\sqrt{\dfrac{75-\theta}{30}}$
エチレンプロピレンゴム混合物		$\sqrt{\dfrac{80-\theta}{30}}$
ポリエチレン混合物（架橋したものに限る。）		$\sqrt{\dfrac{90-\theta}{30}}$
ふっ素樹脂混合物	電線又はこれを収める線ぴ，電線管，ダクト等を通電による温度の上昇により他の造営材に障害を及ぼすおそれがない場所に施設し，かつ，電線に接触防護措置を施す場合	$0.9\sqrt{\dfrac{200-\theta}{30}}$
	その他の場合	$0.9\sqrt{\dfrac{90-\theta}{30}}$
けい素ゴム混合物	電線又はこれを収める線ぴ，電線管，ダクト等を通電による温度の上昇により他の造営材に障害を及ぼすおそれがない場所に施設し，かつ，電線に接触防護措置を施す場合	$\sqrt{\dfrac{180-\theta}{30}}$
	その他の場合	$\sqrt{\dfrac{90-\theta}{30}}$

（備考）θは，周囲温度（単位：℃）。ただし，30℃以下の場合は30とする。

表 6.46 同一管内の電線数の区分に応じた電流減少係数（電技解釈第146条第2項第3号 146-4表）

同一管内の電線数	電流減少係数
3以下	0.70
4	0.63
5又は6	0.56
7以上15以下	0.49
16以上40以下	0.43
41以上60以下	0.39
61以上	0.34

4. 低圧幹線および低圧分岐回路の施設

電技解釈第142条第一号で，**低圧幹線**とは，低圧屋内電路の引込口に近い箇所に施設する開閉器などを起点とする電気使用場所に施設する低圧の電路であって，当該電路に，電気機械器具（配線器具を除く）に至る低圧電路であって過電流遮断器を施設するものを接続するものと定義されている。

また，同条第二号で，**低圧分岐回路**とは，低圧幹線から分岐して電気機械器具に至る低圧電路と定義されている。

この二つは，電気使用場所における電気使用機械器具への電気の供給電路として主要な役割を果たすとともに，電気安全確保のためにも重要である。電技解釈第148条および第149条で，これらに関係する電線の許容電流，過電流遮断器および開閉器の施設などについて規定されている。その概略は次のとおりである。

a. 低圧幹線に用いる電線の許容電流　　低圧幹線に用いる電線の**許容電流**は，低圧幹線の各部分ごとに，その部分を通じて供給される電気使用機械器具の定格電流の合計値以上であることとなっている。ただし，これに接続する負荷のうち，電動機などの起動電流が大きい電気機械器具の定格電流の合計が，他の電気使用機械器具の定格電流の合計より大きい場合は，原則として他の電気使用機械器具の定格電流の合計に次の値を加えた値以上とされている。

① 　電動機などの定格電流の合計が50A以下：その定格電流の合計の1.25倍
② 　電動機などの定格電流の合計が50A超：その定格電流の合計の1.1倍

b. 低圧幹線に施設する過電流遮断器　　低圧配線の構成例を図**6.13**に示す。
低圧幹線における過電流遮断器は，次のように規定されている。

① 　低圧幹線の電源側電路には，当該低圧幹線を保護する過電流遮断器を施設する。ただし，次のいずれかに該当する場合は，この限りでない。
　i)　低圧幹線の許容電流が，当該低圧幹線の電源側に接続する他の低圧幹線を保護する過電流遮断器の定格電流の55％以上である場合
　ii)　電流遮断器に直接接続する低圧幹線またはi)に掲げる低圧幹線に接続する長さ8m以下の低圧幹線であって，当該低圧幹線の許容電流が，当該低圧幹線の電源側に接続する他の低圧幹線を保護する過電流遮断器の定格電流の35％以上である場合
　iii)　過電流遮断器に直接接続する低圧幹線またはi)もしくはii)に掲げる低圧幹線に接続する長さ3m以下の低圧幹線であって，当該低圧幹線の負荷側に他の低圧幹線を接続しない場合

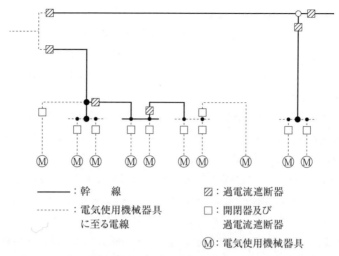

図 6.13　低圧配線の構成例(電技解釈の解説第148条 解説148.1図)

iv) 低圧幹線に電気を供給する電源が太陽電池のみであって，当該低圧幹線の許容電流が，当該低圧幹線を通過する最大短絡電流以上である場合

上記 i)から iii)までの場合を図 6.14 に示す。

② ①の「当該低圧幹線を保護する過電流遮断器」は，その定格電流が，当該低圧幹線の許容電流以下としている。ただし，低圧幹線に電動機などが接続される場合の定格電流は，次のいずれかによることができるとしている。

i) 電動機などの定格電流の合計の3倍に，他の電気使用機械器具の定格電流の合計を加えた値以下とする。

ii) i)の規定による値が当該低圧幹線の許容電流を2.5倍した値を超える場合は，その許容電流を2.5倍した値以下とする。

iii) 当該低圧幹線の許容電流が100Aを超える場合であって，i)または ii)の規定による値が過電流遮断器の標準定格に該当しないときは，i)または ii)の規定による値の直近上位の標準定格とする。

③ ①の過電流遮断器は，各極(多線式電路の中性極を除く。)に施設する。ただし，対地電圧が150V以下の低圧屋内電路の接地側電線以外の電線に施設した過電流遮断器が動作した場合において，各極が同時に遮断されるときは，当該電路の接地側電線に過電流遮断器を施設しないことができる。

c. **低圧幹線に施設する開閉器**　電技解釈第148条第2項で，中性線または接地

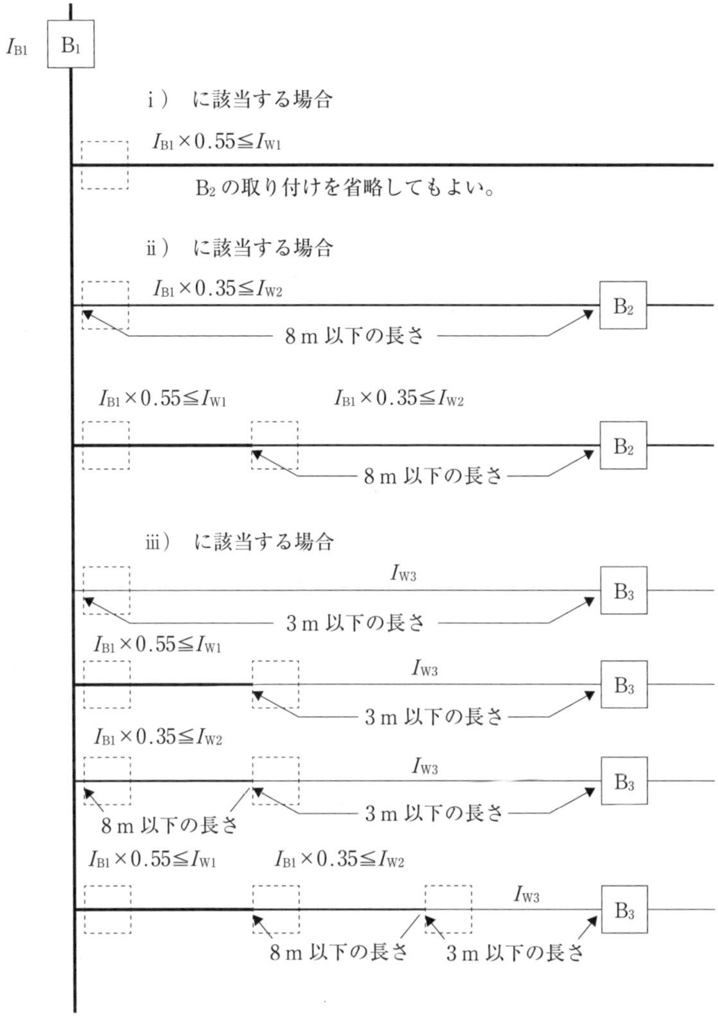

6.4 電気使用場所の施設

I_{B1} B_1

ⅰ）に該当する場合

$I_{B1} \times 0.55 \leqq I_{W1}$

B_2 の取り付けを省略してもよい。

ⅱ）に該当する場合

$I_{B1} \times 0.35 \leqq I_{W2}$　　　　　　　　　　　　　　　B_2

── 8 m 以下の長さ ──

$I_{B1} \times 0.55 \leqq I_{W1}$　　$I_{B1} \times 0.35 \leqq I_{W2}$　　　　　　　B_2

── 8 m 以下の長さ ──

ⅲ）に該当する場合

　　　　　　　　　　　　　　I_{W3}　　　　　B_3

── 3 m 以下の長さ ──

$I_{B1} \times 0.55 \leqq I_{W1}$　　　　　　　I_{W3}　　　　　B_3

── 3 m 以下の長さ ──

$I_{B1} \times 0.35 \leqq I_{W2}$　　　　　　I_{W3}　　　　　B_3

── 3 m 以下の長さ ──

── 8 m 以下の長さ ──

$I_{B1} \times 0.55 \leqq I_{W1}$　　$I_{B1} \times 0.35 \leqq I_{W2}$

　　　　　　　　　　　　　　　　　　I_{W3}　　　B_3

── 8 m 以下の長さ ── 3 m 以下の長さ ──

I_{W1} は，ⅰ）に規定する低圧屋内幹線の許容電流　　B_2 は，分岐幹線の過電流遮断器又は
I_{W2} は，ⅱ）に規定する低圧屋内幹線の許容電流　　　　　　　分岐回路の過電流遮断器
I_{W3} は，ⅲ）に規定する低圧屋内幹線の許容電流　　B_3 は，分岐回路の過電流遮断器
B_1 は，幹線を保護する過電流遮断器　　　　　　　I_{B1} は，B_1 の定格電流
┊┈┊ は，省略できる過電流遮断器

図 6.14 省略できる過電流遮断器（電技解釈の解説第 1 項第 4 号 解説図148.2図）

側電線の極に当該開閉器を施設しなくてもよい例が示されている。

具体的には,「3. 低圧屋内電路の引込口における開閉器の施設」で述べた開閉器以外を対象に,次のように規定されている。

① 低圧幹線は,次に適合する低圧電路に接続するものである
  i) 電技解釈第19条に規定する「保安上又は機能上必要な場合における電路の接地」またはB種接地工事を施した低圧電路である
  ii) 低圧電路は,電路に地絡を生じたときに自動的に電路を遮断する装置を施設する,またはi)の接地工事の接地抵抗値が3Ω以下である
② 中性線または接地側電線の極の電線は,開閉器の施設箇所において,電気的に完全に接続され,かつ,容易に取り外すことができる

d. 低圧分岐回路に施設する過電流遮断器など 電技解釈第149条第1項および第2項第一号で,低圧分岐回路に施設する過電流遮断器および開閉器が次のように規定されている。

① 低圧幹線との分岐点から電線の長さが3m以下の箇所に,過電流遮断器を施設する。ただし,分岐点から過電流遮断器までの電線が,次のいずれかに該当する場合は,分岐点から3mを超える箇所に施設することができる。
  i) 電線の許容電流が,その電線に接続する低圧幹線を保護する過電流遮断器の定格電流の55%以上である場合
  ii) 電線の長さが8m以下であり,かつ,電線の許容電流がその電線に接続する低圧幹線を保護する過電流遮断器の定格電流の35%以上である場合
② ①の過電流遮断器は,各極(多線式電路の中性極を除く)に施設する。ただし,次のいずれかに該当する電線の極については,この限りでない。
  i) 対地電圧が150V以下の低圧電路の接地側電線以外の電線に施設した過電流遮断器が動作した場合において,各極が同時に遮断されるときは,当該電路の接地側電線
  ii) ③のi)およびii)に規定する電路の接地側電線
③ ①の場所に,開閉器を各極に施設する。ただし,次のいずれかに該当する低圧分岐回路の中性線又は接地側電線の極については,この限りでない。
  i) B種接地工事または保安上もしくは機能上必要な場合における電路の接地工事(電技解釈第19条第1項から第4項)を施した低圧電路に接続する分岐回路であって,当該分岐回路が分岐する低圧幹線の各極に開閉器を施設するもの
  ii) c. ①i)およびii)に適合する低圧電路に接続する分岐回路であって,開閉器の

施設箇所において，中性線または接地側電線を，電気的に完全に接続し，かつ，容易に取り外すことができるもの
④ ①により施設する過電流遮断器が，③に適合する開閉器の機能を有するものである場合は，当該過電流遮断器と別に開閉器を施設することを要しない。
⑤ ①により施設する過電流遮断器の定格電流は50A以下であるとともに，過電流遮断器の定格電流の区分に応じた電線の太さとする。

e．電動機などのみに至る低圧分岐回路　電技解釈第149条第2項第二号で，電動機またはこれに類する起動電流が大きい電気機械器具（電動機など）のみに至る低圧分岐回路はd．⑤とは別に次によるとされている。

① d．①により施設する過電流遮断器の定格電流は，その過電流遮断器に直接接続する負荷側の電線の許容電流を2.5倍（電技解釈第33条第4項に規定する「過負荷保護装置と短絡保護専用遮断器又は短絡保護専用ヒューズを組み合わせた装置」を過電流遮断器とするにあっては，1倍）した値（当該電線の許容電流が100Aを超える場合であって，その値が過電流遮断器の標準定格に該当しないときは，その値の直近上位の標準定格）以下とする。
② 電線の許容電流は，間欠使用その他の特殊な使用方法による場合を除き，その部分を通じて供給される電動機などの定格電流の合計を1.25倍（当該電動機などの定格電流の合計が50Aを超える場合は，1.1倍）した値以上とする。

f．定格電流が50Aを超える1の電気使用機械器具（電動機等を除く）**に至る低圧分岐回路**　電技解釈第149条第2項第三号でこの低圧分岐回路は，d．⑤とは別に次によるとされている。

① 低圧分岐回路には，当該電気使用機械器具以外の負荷を接続しない。
② d．①より施設する過電流遮断器の定格電流は，当該電気使用機械器具の定格電流を1.3倍した値（その値が過電流遮断器の標準定格に該当しないときは，その値の直近上位の標準定格）以下とする。
③ 電線の許容電流は，当該電気使用機械器具およびd．①より施設する過電流遮断器の定格電流以上とする。

5．低圧屋内配線の工事

電技解釈第156条で，低圧屋内配線の施設場所および使用電圧に応じた工事の種類が規定され，ショウウインドーまたはショウケース内の屋内配線，粉じんの多い場所などを除き，表**6.47**のいずれかにより施設するとしている。それぞれの工事の概要を紹介する。

表 6.47 低圧屋内配線における施設場所の区分に応じた工事の種類
（電技解釈第156条156-1表）

施設場所の区分		使用電圧の区分	工事の種類											
			がいし引き工事	合成樹脂管工事	金属管工事	金属可とう電線管工事	金属線ぴ工事	金属ダクト工事	バスダクト工事	ケーブル工事	フロアダクト工事	セルラダクト工事	ライティングダクト工事	平形保護層工事
展開した場所	乾燥した場所	300V 以下	○	○	○	○	○	○	○	○			○	
		300V 超過	○	○	○	○		○	○	○				
	湿気の多い場所又は水気のある場所	300V 以下	○	○	○	○			○	○				
		300V 超過	○	○	○	○				○				
点検できる隠ぺい場所	乾燥した場所	300V 以下	○	○	○	○	○	○	○	○		○	○	○
		300V 超過	○	○	○	○		○	○	○				
	湿気の多い場所又は水気のある場所	—		○	○	○				○				
点検できない隠ぺい場所	乾燥した場所	300V 以下		○	○	○				○	○	○		
		300V 超過		○	○	○				○				
	湿気の多い場所又は水気のある場所	—		○	○	○				○				

（備考）○は，使用できることを示す．

a. がいし引き工事 がいし引き工事は，絶縁電線（屋外用ビニル絶縁電線等を除く）または裸電線（取扱者以外の者が出入りできないように措置した場所に施設するものなどに限る）を一定間隔の「がいし」により支えて施設する工事方法である．この工事は，配線に人が触れて感電することまたはこれを損傷することのないように，原則として人が容易に触れるおそれがないように施設するとしている．

施設方法としては，電線相互の間隔を 6 cm 以上とする，電線を造営材の上面または側面に沿って取り付ける場合は電線の支持点間の距離を 2 m 以下とするなどが規定されている（電技解釈第157条）．

b. 合成樹脂管工事 合成樹脂管工事は，電気用品安全法の適用を受ける合成樹脂管（CD 管，PF 管などの種類がある）の内部に，短小な合成樹脂管を除き，導体がより線または直径 3.2 mm（アルミ線は，4 mm）以下の単線である絶縁電線（屋外用ビニ

ル絶縁電線を除く)を収める工事方法である。

施設方法として，合成樹脂管内では電線に接続点を設けない，重量物の圧力または著しい機械的衝撃を受けるおそれがないように施設する，管の支持点間の距離を1.5m以下とするなどが規定されている(電技解釈第158条)。

c. 金属管工事 金属管工事は，電気用品安全法の適用を受ける金属管の内部に，合成樹脂管工事と同様の絶縁電線を収める工事方法である。

施設方法として，
・金属管内では電線に接続点を設けない，
・コンクリートに埋め込むものの管の厚さは1.2mm以上とする，
・屋内配線の使用電圧が300V以下の場合，管の長さが4m以下のものを乾燥した場所に施設する場合などを除き，管にはD種接地工事を施す，
・低圧屋内配線の使用電圧が300Vを超える場合は，管にはC種接地工事を施す。ただし，一定の接触防護措置を施す場合は，D種接地工事でもよい，
などが規定されている(電技解釈159条)。

d. 金属可とう電線管工事 金属可とう電線管工事は，工場等において電動機への配線または建物のエキスパンション部分などの配線に採用される工事方法で，電気用品安全法の適用を受ける金属製可とう電線管の内部に，合成樹脂管工事と同様の絶縁電線を収める工事方法である。

可とう電線管には1種金属製可とう電線管と2種金属製可とう電線管がある。1種金属製可とう電線管は外的衝撃や荷重に対してはあまり丈夫でないので，電線管としては2種金属製可とう電線管を使用することを原則とし，1種金属製可とう電線管については，管の厚さ0.8mm以上のものを
・展開した場所または点検できる隠ぺい場所であって，乾燥した場所
・屋内配線の使用電圧が300Vを超える場合は，電動機に接続する部分で可とう性を必要とする部分
に使用できることになっている。

接地工事については，金属管工事とほぼ同様に規定されている。また，1種金属製可とう電線管には，管の長さ4m以下のものを施設する場合を除き，直径1.6mm以上の裸軟銅線を全長にわたって挿入または添加して，その裸軟銅線と管とを両端において電気的に完全に接続することが規定されている(電技解釈第160条)。

e. ケーブル工事 ケーブル工事は，屋内では金属管工事と同様，あらゆる場所に利用できる工事方法である。電線にはケーブルを使用する場合とキャブタイヤケー

ブルを使用する場合とがあり，それらのケーブルについては，その施設場所に応じて適当なケーブルを選ぶ必要がある。

ケーブル工事による低圧屋内配線電線(コンクリート埋め込みのものなどを除く)で使用できる電線を表6.48に示す。

また，重量物の圧力または著しい機械的衝撃を受けるおそれがある箇所に施設する電線には適当な防護装置を設ける，電線を造営材の下面または側面に沿って取り付ける場合は電線の支持点間の距離をケーブルにあっては原則2m以下，キャブタイヤケーブルにあっては1m以下とする等が規定されている(電技解釈第164条)。

f. その他の工事方法　　a.からe.の工事より施設場所が限定されている工事の概略を次に述べる。

（1）**金属線ぴ工事**　　金属線ぴ工事は，点滅器への引下げ線その他乾燥した場所であって，展開した場所の部分的な配線で模様替えをするような箇所で行われる工事方法である。屋外用ビニル絶縁電線以外の絶縁電線を使用する金属製線ぴは電気用品安全法の対象であり，1種金属製線ぴと2種金属製線ぴがある。このうち，電線を分岐す

表6.48　ケーブル工事における電線の種類と施設場所(電技解釈第164条　164-1表)

電線の種類		区　分	
		使用電圧が300V以下のものを展開した場所又は点検できる隠ぺい場所に施設する場合	その他の場合
ケーブル		○	○
2種	キャブタイヤケーブル	○	
3種		○	○
4種		○	○
2種	クロロプレンキャブタイヤケーブル	○	
3種		○	○
4種		○	○
2種	クロロスルホン化ポリエチレンキャブタイヤケーブル	○	
3種		○	○
4種		○	○
2種	耐燃性エチレンゴムキャブタイヤケーブル	○	
3種		○	○
ビニルキャブタイヤケーブル		○	
耐燃性ポリオレフィンキャブタイヤケーブル		○	

（備考）　○は，使用できることを示す。

る場合に電線を接続できるのは，2種金属製線ぴであると規定されている(電技解釈第161条)。

（2）**金属ダクト工事**　金属ダクト工事は，主に工場内，事務所ビルなどの変電室からの引出口などにおける多数の配線を収める部分の工事やOA機器への配線，電子計算機と端末機器との配線などにも採用されている工事方法である。屋外用ビニル絶縁電線以外の絶縁電線を使用する。ダクトには，幅が5cmを超え，かつ，厚さが1.2mm以上の鉄板またはこれと同等以上の強さを有する金属製のものが使用される(電技解釈第162条)。

（3）**バスダクト工事**　バスダクト工事は，工場，ビルディングなどにおいて比較的大電流を通ずる屋内幹線を施設する場合に採用される工事方法である。その構造は，金属製のダクトの中に導体を絶縁して収めたもので，導体の絶縁方法により，裸導体のバスダクトと絶縁導体バスダクトがある。バスダクトは，日本産業規格JISに適合するものとなっている(電技解釈第163条)。

（4）**フロアダクト工事**　フロアダクト工事は，事務室などで，電気スタンドやOA機器用電源の強電流電線と電話線などの弱電流電線とを併設する場合に利用される工事方法で，シンダーコンクリート床などの内に埋め込まれて施設される。屋外用ビニル絶縁電線以外の絶縁電線で，より線または直径3.2mm(アルミ線は4mm)以下の単線を使用する。金属製のフロアダクトおよびボックスなどは電気用品安全法の適用を受けるものまたは厚さが2mm以上の鋼板で堅ろうに製作したものなどを使用しなければならない(電技解釈第165条第1項)。

（5）**セルラダクト工事**　セルラダクト工事は，大形の鉄骨造建造物の床コンクリートの仮枠または床構造材として使用される波形デッキプレートの溝を閉鎖し，その空間を利用して配線工事を行うものである。使用電線は，フロアダクトと同様である。セルラダクトおよび付属品は，鋼板に限られている(電技解釈第165条第2項)。

（6）**ライティングダクト工事**　ライティングダクト工事は，商店などで，照明の位置を容易に変更できるようにするため，内部に接触導体があるダクトを天井などに原則として開口部を下にして施設し，これに照明器具を直接取り付けられるようにするものである。ダクトおよび附属品は，電気用品安全法の適用を受けるものを使用しなければならない(電技解釈第165条第3項)。

（7）**平形保護層工事**　平形保護層工事は，平形保護層内に平形導体合成樹脂絶縁電線を入れ，床面に粘着テープにより固定し，タイルカーペットなどの下に施設する低圧屋内配線工事である。事務所内において机，端末機器などのレイアウトが変わっ

ても，簡単に変更工事ができる特長を持っている。ホテル等の宿泊室，学校の教室，病院の病室等には施設できない。平形保護層の構造などは日本産業規格 JIS に適合したもの，また，ジョイントボックスおよび差込み接続器は電気用品安全法の適用を受けるものでなければならない（電技解釈第165条第4項）。

6．低圧の屋側配線または屋外配線の施設

電技解釈第166条で，低圧の**屋側配線**または**屋外配線**は，交通信号灯などを除き，表 6.49 に規定するいずれかの工事により施設するとしている。

表 6.49 低圧の屋側配線または屋外配線における設場所の区分に応じた工事の種類
（電技解釈第166条 166-1表）

施設場所の区分	使用電圧の区分	工事の種類					
		がいし引き工事	合成樹脂管工事	金属管工事	金属可とう電線管工事	バスダクト工事	ケーブル工事
展開した場所	300V 以下	○	○	○	○	○	○
	300V 超過	○	○	○	○	○	○
点検できる隠ぺい場所	300V 以下	○	○	○	○	○	○
	300V 超過	○	○	○	○	○	○
点検できない隠ぺい場所	—		○	○	○		○

（備考）○は，使用できることを示す。

それぞれの工事の方法については，がいし引き工事で雨露にさらされることを考慮する，ケーブル工事でキャブタイヤケーブルを使用する場合に耐候性のあるものを使用するなどの変更を行った上で，屋内配線の工事方法を適用している。

また，開閉器および過電流遮断器は，屋側配線または屋外配線の長さが屋内電路の分岐点から 8 m 以下で，屋内電路用の過電流遮断器の定格電流が15A（配線用遮断器にあっては，20A）以下のときを除き，屋内電路用のものと兼用してはならないとしている。

7．低圧配線と弱電流電線などまたは管との接近または交差

電技解釈第167条で，低圧配線と弱電流電線などまたは水管，ガス管などとが接近または交差する場合は，工事の種類によって，次のように規定されている。

① がいし引き工事については，低圧配線と弱電流電線などまたは水管，ガス管などとの離隔距離を 10cm（裸電線の場合は，30cm）以上とする，絶縁性の隔壁を堅牢に取り付けるなどの措置を講じる。

② がいし引き工事以外の表 6.48 に示す工事については，低圧配線をバスダクト工事以外の工事でダクト等の中で低圧配線と弱電流電線との間に堅ろうな隔壁を設け

るなどの場合を除き，低圧配線が弱電流電線などまたは水管，ガス管などと接触しないようにする。
③ 合成樹脂管工事，金属管工事，金属可とう電線管工事，金属線ぴ工事，金属ダクト工事，バスダクト工事，フロアダクト工事またはセルラダクト工事により施設する低圧配線の電線と弱電流電線とは，低圧配線をバスダクト工事以外の工事でダクトなどの中で低圧配線と弱電流電線との間に堅ろうな隔壁を設けるなどの場合を除き，同一の管等の中に施設しない。

6.4.2 特殊場所における施設制限

粉じんにより絶縁性能などが劣化することによる危険，可燃性のガスなどにより爆発する危険などを回避するため，電技省令でこれらの危険のある場所に施設する電気設備の施設方法について規定している。

例えば，電技省令第69条では，次の場所に施設する電気設備は，通常の使用状態において，当該電気設備が点火源となる爆発または火災のおそれがないように施設しなければならないことになっている。
① 可燃性のガスまたは引火性物質の蒸気が存在し，点火源の存在により爆発するおそれがある場所
② 粉じんが存在し，点火源の存在により爆発するおそれがある場所
③ 火薬類が存在する場所
④ セルロイド，マッチ，石油類その他の燃えやすい危険な物質を製造し，または貯蔵する場所

具体的な施設方法は，電技解釈第175条【粉じんの多い場所の施設】などに規定があり，同条第一号では低圧または高圧の電気設備について，次のような規定例がある。
① 爆発性粉じんまたは火薬類が存在し，電気設備が点火源となり，爆発するおそれがある場所に施設する場合，屋内配線などは，金属管工事またはケーブル工事により施設する。金属管工事では，粉じんが内部に侵入しないようボックスなどにはパッキンを用いる，管とボックスなどの接続は5山以上ねじ合わせて接続する，電動機に接続する可とう性を必要とする配線には粉じん防爆型フレキシブルフィッチングを使用することなどが，ケーブル工事では，電線にキャブタイヤケーブル以外のケーブルを使用する，MIケーブルなどを除き電線を防護装置に収めることなどがそれぞれ規定されている。
② 電気機械器具は，電気機械器具防爆構造規格（昭和44年労働省告示第16号）に規定

する粉じん防爆特殊防塵構造とする。
③ 電動機は，過電流が生じたときに爆発性粉じんに着火するおそれがないように施設する。

6.4.3 特殊機器の施設

電気使用場所の施設のうち，特殊なものについては，個別にその構造や使用状態に即した安全のための施設方法が規定されている。

具体的には，電技省令第74条から第78条において，電気さく，電撃殺虫器およびエックス線発生装置，パイプラインなど，電気浴器および銀イオン殺菌装置ならびに電気防食施設について規定がある。ここでは，その代表例として，電気さく(電技省令第74条)と電気防食施設(電技省令第78条)について紹介する。

1. 電気さくの施設の禁止

電気さくは，充電した裸電線を屋外に固定して施設するもので，絶縁性がないことから施設の禁止が原則であるが，田畑，牧場その他これに類する場所において野獣の侵入または家畜の脱走を防止するため，感電または火災のおそれがないように施設するときに限り，適用が除外されている。

電技解釈第192条では，次のような施設方法が規定されているが，同条に適合するものを除き，施設してはならないとしている。

① 電気さくを施設した場所には，人が見やすいように適当な間隔で危険である旨の表示をする。
② 電気さくは，次のいずれかに適合する電気さく用電源装置から電気の供給を受ける。
　i) 電気用品安全法の適用を受ける電気さく用電源装置。
　ii) 感電により人に危険を及ぼすおそれのないように出力電流が制限される電気さく用電源装置であって，電気用品安全法の適用を受ける直流電源装置または蓄電池，太陽電池その他これらに類する直流の電源
③ 電気さく用電源装置(直流電源装置を含む)が使用電圧 30V 以上の電源から電気の供給を受けるものである場合において，人が容易に立ち入る場所に電気さくを施設するときは，当該電気さくに電気を供給する電路には電流動作型で定格感度電流が 15mA 以下，動作時間が0.1秒以下の漏電遮断器を施設する。
④ 電気さくに電気を供給する電路には，容易に開閉できる箇所に専用の開閉器を施設する。

⑤ 電気さく用電源装置のうち，衝撃電流を繰り返して発生するものは，その装置およびこれに接続する電路において発生する電波または高周波電流が無線設備の機能に継続的かつ重大な障害を与えるおそれがある場所には，施設しない。

2．電気防食施設の施設

地中または水中に施設される金属体の腐食現象には，主としてその表面に形成される局部電池による電気化学的腐食と外部からの迷走電流が金属面から流出するために生じる電食作用によるものがある。これを防止する方法の一つとして，金属面から流出する腐食電流と反対方向にこれを打ち消すだけの電流を人為的に継続して流し，腐食電流を消滅させる電気防食法があり，ガス管，水道管，ケーブルなどの金属製の埋設管路または港湾における鋼矢板壁，桟橋などに用いられている。

電技省令第78条で，**電気防食施設**は，他の工作物に電食作用による障害を及ぼすおそれがないように施設しなければならないことになっている。

具体的な**電気防食**の方法として，被防食体よりも低電位の亜鉛，マグネシウムなどの金属を陽極とし，これを地中または水中において被防食体に直接または導線による接続で取り付ける流電陽極方式と，地中または水中に電極を設置し，外部の直流電源を使用して電極と被防食体との間に防食電流を通ずる外部電源方式とがあるが（図**6.15**参照），電技解釈第199条では，外部電源方式のものについてのみ規定している。

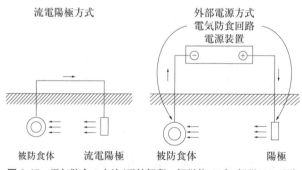

図**6.15** 電気防食の方法（電技解釈の解説第199条 解説199.1図）

① 使用電圧は，直流60V以下とする。
② 地中の陽極（陽極の周囲に導電物質を詰める場合は，これを含む）の埋設の深さは，0.75m以上とする。水中の陽極は，水中の人が容易に触れるおそれがない場所に陽極とその周囲1m以内の距離にある任意点との間の電位差は10Vを超えないようにするか，または陽極の周囲に人が触れるのを防止するために適当なさくを設け

るとともに，危険である旨の表示をする。
③　電気防食用電源装置の一次側は低圧であり，開閉器および過電流遮断器を各極（過電流遮断器にあっては，多線式電路の中性極を除く）に設ける。

6.5　国際規格の取入れ

6.1節で述べたように **TBT 協定**では，加盟国は関連する国際規格が存在するときは，強制規格の基礎としてこれを用いることが原則とされている。これを受け，政府は，電気設備分野の国際規格である IEC（国際電気標準会議）規格の電気設備技術基準への取り入れについて検討を行い，1999年に電技解釈の新設条文として **IEC 規格**を追加した。

IEC 規格は電技解釈「第7章　国際規格の取り入れ」において，第218条に低圧の電気設備について IEC60364 規格又はその翻訳 JIS 規格が引用され，また，第219条に高圧または特別高圧における電気設備については IEC61936-1 規格が引用されている。これらの条文は，電技省令第4条（電気設備における感電，火災等の防止）の解釈として定められている。

1.　低圧で使用する電気設備

電技解釈第218条（**IEC60 364 規格**の適用）第1項では，低圧で使用する電気設備は電技解釈第3条から第217条によらず上記 IEC 規格などを使用することができるとしているが，一般送配電事業者および特定送配電事業者の電気設備と直接に接続する場合は，これらの事業者の低圧の電気の供給にかかわる設備の接地工事の施設と整合がとれていることとしている。これは，IEC60364 では大きく3種類の接地方式（TN，TT，IT）を規定しているが，低圧配電設備と需要設備の接地工事の整合がとれていないと接地機能が働かず危険で，国内における現状の低圧配電設備はこのうち TT 接地方式（電源の接地と負荷機器の接地を個別に取る方式）に相当するので，電気事業者の配電線から 600V 以下の電圧で直接供給される需要設備の接地方式は当面，TT 接地方式に限定されることを示している。同条第2項では，同一の電気使用場所においては，変圧器が非接地式高圧電路に接続されている場合において，当該変圧器の低圧回路に施す接地抵抗値が 2Ω 以下であるときなどを除き，第1項に定めた IEC 規格などと電技解釈第3条から第217条までの規定を混用して低圧の電気設備を施設してはならないとされている。また，同条第3項では，第1項の IEC 規格などの規定とは別に配線用遮断器または漏電遮断器として使用できるものを定めている。

2. 高圧または特別高圧で使用する電気設備

電技解釈第219条(IEC61 936-1規格の適用)第1項では，高圧または特別高圧で使用する電気設備(電線路を除く)は，第3条から第217条の規定によらず上記IEC規格の箇条の規定により施設することができるとしているが，ただし書きで第1項に示すIEC規格に規定のない事項などについては，IEC61 936-1規格の個々の規格に対応する電技解釈の箇条を示し，この場合は，対応する第3条から第217条までの規定により施設することとされている。同条第2項では，同一の閉鎖電気運転区域(高圧または特別高圧の機械器具を施設する，取扱者以外の者が立ち入らないように措置した部屋またはさくなどにより囲まれた場所)においては，前項ただし書きの規定による場合を除き，IEC61 936-1規格の規定と第3条から第217条までの規定とを混用して施設しないこととされている。また，同条第3項で，第1項の規定により施設する高圧または特別高圧の電気設備に低圧の電気設備を接続する場合は，事故時に発生する過電圧により，低圧の電気設備において危険のおそれがないよう施設することになっている。

6.6 分散型電源の系統連系設備

電技解釈「第8章 分散型電源の系統連系設備」において，**分散型電源の電力系統への連系**に関し規定されている。同章のそれぞれの条文は，電技省令第4条(電気設備における感電，火災などの防止)，第14条(過電流からの電線および電気機械器具の保護対策)，第15条(地絡に対する保護対策)，第18条(電気設備による供給支障の防止)，第20条(電線路等の感電または火災の防止)，第44条(発変電設備などの損傷による供給支障の防止)などの解釈として規定されたものである。

もともと分散型電源の電力系統への連系に関しては，電気事業法に基づく技術基準を遵守したうえで，コージェネレーション(熱電併給)を商用電力系統に連系する場合に必要となる技術的要件を示すことを目的に，1986年8月に資源エネルギー庁公益事業部長通達「系統連系技術要件ガイドライン」が定められた。

その後，2004年10月に，分散型電源の電力系統への連系にかかわる事項のうち，保安の確保の観点から扱うべき事項の明確化および具体化を図るため，電技解釈に分散型電源の系統連系設備に関する条項が追加され，分散型電源を電力系統へ連系するにあたって電技省令を満足する設備の一例が具体的に示された。また，それまでの「系統連系技術要件ガイドライン」は廃止され，新たに分散型電源の系統への連系にかかわる事項のうち，品質の確保の観点から扱うべき事項を示した「電力品質確保に係る系統連系技術

要件ガイドライン」が同様の通達として制定され，現在に至っている。

分散型電源の系統連系は，当初，コージェネレーションによる発電の系統連系を念頭に置いていたが，現在では太陽光，風力を始め再生可能エネルギーによる発電設備による系統連系が数多く行われ，電技解釈の対象となっている。

1. 用語の定義

電技解釈第220条に，分散型電源の系統連系設備にかかわる用語の定義が示されている。その主なものは，次のとおりである。

① **発電設備等**　発電設備または電力貯蔵装置であって，常用電源の停電時または電圧低下発生時にのみ使用する非常用予備電源以外のもの。

② **分散型電源**　電気事業法第38条第4項一号（一般送配電事業），第3号（配電事業）または第五号（発電事業であつて，その事業の用に供する発電等用電気工作物が主務省令で定める要件に該当するもの）に掲げる事業を営む者以外の者が設置する発電設備などであって，一般送配電事業者者もしくは配電事業者が運用する電力系統または，地域独立系等に連系するもの。接続地点における最大電力の合計が200万kW（沖縄電力供給区域では10万kW）以下の発電事業用に供される電気工作物を含む自家用電気工作物である発電設備などおよび一般用電気工作物を含む小規模発電設備であって，電力系統に連系するものが該当する。

③ **解列**　電力系統から切り離すこと。

④ **逆潮流**　分散型電源設置者の構内から，一般送配電事業者が運用する電力系統側へ向かう有効電力の流れ。

⑤ **単独運転**　分散型電源を連系している電力系統が事故などによって系統電源と切り離された状態において，当該分散型電源が発電を継続し，線路負荷に有効電力を供給している状態。

⑥ **自立運転**　分散型電源が，連系している電力系統から解列された状態において，当該分散型電源設置者の構内負荷にのみ電力を供給している状態。

⑦ **スポットネットワーク受電方式**　2以上の特別高圧配電線（スポットネットワーク配電線）で受電し，各回線に設置した受電変圧器を介して2次側電路をネットワーク母線で並列接続した受電方式。

2. 主な規定

a. 直流流出防止変圧器の施設（電技解釈第221条）　逆変換装置を用いて分散型電源を電力系統に連系する場合は，逆変換装置から直流が電力系統へ流出することを防止するために，逆変換装置の交流出力側で直流を検出し，かつ，直流検出時に交流出力

を停止する機能を有する場合などを除き,受電点と逆変換装置との間に変圧器(単巻変圧器を除く。)を施設する。

b. 再閉路時の事故防止(電技解釈第224条)　高圧または特別高圧の電力系統に分散型電源を連系する場合(スポットネットワーク受電方式で連系する場合を除く)は,分散型電源を連系している高圧の配電用変電所の遮断器が発する遮断信号により分散型電源を解列することのできる転送遮断装置などを施設する場合などを除き,再閉路時の事故防止のために,分散型電源を連系する変電所の引出口に線路無電圧確認装置を施設する。

c. 低圧連系時の施設要件(電技解釈第226条)　単相3線式の低圧の電力系統に分散型電源を連系する場合において,負荷の不平衡により中性線に最大電流が生じるおそれがあるときは,分散型電源を施設した構内の電路であって,負荷および分散型電源の並列点よりも系統側に,3極に過電流引き外し素子を有する遮断器を施設する。また,低圧の電力系統に逆変換装置を用いずに分散型電源を連系する場合は,逆変換装置を用いて分散型電源を連系する場合と同等の単独運転検出および解列ができる場合を除き逆潮流を生じさせない。

d. 高圧連系時の施設要件(電技解釈第228条)　高圧の電力系統に分散型電源を連系する場合は,分散型電源と電力系統との協調をとることができる場合を除き,分散型電源を連系する配電用変電所の配電用変圧器において,逆向きの潮流を生じさせない。

e. 特別高圧連系時の施設要件(電技解釈第230条)　特別高圧の電力系統に分散型電源を連系する場合(スポットネットワーク受電方式で連系する場合を除く)は,次による。

① 一般送配電事業者または配電事業者が運用する電線路などの事故時などに,他の電線路などが過負荷になるおそれがあるときは,系統の変電所の電線路引出口などに過負荷検出装置を施設し,電線路など過負荷の時に分散型電源の設置者は分散型電源の出力を適切に抑制する。

② 系統安定化または潮流制御などの理由により運転制御が必要な場合は,必要な運転制御装置を分散型電源に施設する。

③ 単独運転時において電線路の地絡事故により異常電圧が発生するおそれなどがあるときは,分散型電源の設置者において,変圧器の中性点に電技解釈第19条第2項各号の規定(保安上または機能上必要な場合における電路の接地)に準じて接地工事を施す。また,中性点接地工事を施すことにより,一般送配電事業者または配電事業者が運用する電力系統内において電磁誘導障害防止対策や地中ケーブルの防護対

策の強化などが必要となった場合は，適切な対策を施す。

f. 系統連系用保護装置(電技解釈第227条，第229条，第231条)　電力系統に分散型電源を連系する場合，異常時に分散型電源を自動的に解列するための装置を施設しなければならないとしている。低圧連系時の例を次に挙げる。

① 分散型電源の異常または故障
② 連系している電力系統の短絡事故，地絡事故または高低圧混触事故
③ 分散型電源の単独運転または逆充電
④ 一般送配電事業者または配電事業者が運用する電力系統において再閉路が行われる場合は，当該再閉路時に，分散型電源が当該電力系統から解列されていること
⑤ 一般用電気工作物または小規模事業用電気工作物において自立運転を行う場合は，2箇所の機械的開閉箇所を開放することにより，分散型電源を解列した状態で行うとともに，連系復帰時の非同期投入を防止する装置を施設する。ただし，逆変換装置を用いて連系する場合において，系統停止時の誤投入および機械的開閉箇所故障時の自立運転移行を防止する装置を施設する場合は，機械的開閉箇所を1箇所とすることができる。

電気主任技術者試験問題の例

　本問題は，電気主任技術者試験の法規科目関連の問題の例である。「一般財団法人電気技術者試験センター」が作成し，公表されている第1種及び第2種の電気主任技術者試験の過去の問題のうち，**法規科目関連**の最近の出題の一部を掲載させていただいた。

問1　次の文章は，「電気事業法」及び「電気事業法施行規則」に基づく，電気工作物の保安の確保に関する記述である。文中の ☐ に当てはまる最も適切なものを解答群の中から選べ。

　a）　一般用電気工作物以外の電気工作物を (1) という。 (1) を (2) する者は， (1) の工事，維持及び運用に関する保安を確保するため，保安を一体的に確保することが必要な (1) の組織ごとに保安規程を定めなければならない。

　b）　 (1) を (2) する者及びその (3) は，保安規程を守らなければならない。

　c）　一般送配電事業，送電事業，配電事業又は一定の要件に該当する発電事業の用に供する (1) を (2) する者は，保安規程において主任技術者の職務の範囲及びその内容並びに主任技術者が保安の (4) を行う上で必要となる権限及び (5) に関することを定めるものとする。

〔問1の解答群〕

(イ) 維持	(ロ) 使用	(ハ) 事業用電気工作物
(ニ) 地位	(ホ) 組織上の位置付け	(ヘ) 管理
(ト) 従業者	(チ) 特定電気工作物	(リ) 使用者
(ヌ) 監督	(ル) 所有	(ヲ) 技術員
(ワ) 待遇	(カ) 設置	(ヨ) 自家用電気工作物

(令和4年度　一次　第1種)

※現行法令(令和6年4月1日施行)を踏まえ，問1のc)を一部改変

〔解　答〕　(1)-(ハ)　(2)-(カ)　(3)-(ト)　(4)-(ヌ)　(5)-(ホ)

問2　次の文章は，我が国の電力系統における周波数調整に関する記述である。文中の ☐ に当てはまる最も適切なものを解答群の中から選べ。

　電力系統の周波数は，電気の品質を表す代表的な要素の一つである。周波数を一定に

保つことは，需要家側に悪影響を及ぼさないだけでなく，電力の供給側にとっても必要である。周波数の変動は，同期発電機の回転数の変化を意味するが，発電機の連続運転が可能な許容範囲があるため，系統周波数の大幅な低下により，一部の発電機が停止した場合，それによってさらに周波数が低下して他のたくさんの発電機が停止する (1) を起こし，大停電を起こすこともありうる。

同期発電機で機械的入力エネルギーが電気出力エネルギーを上回ると回転数は上昇し，周波数が上がる。その逆では周波数が下がる。機械的入力エネルギーを一定に保っていても，現実の系統の負荷は時々刻々変化するため，周波数が変動する。長周期変動分の負荷変動は，日負荷曲線からある程度予測できるため， (2) として発電機出力値をあらかじめ指令しておく。それよりも短周期の変動分については (3) で対応する。 (3) は，時々刻々変化する需要と供給の差を周波数の変化としてとらえ，発電機出力を自動制御するものである。これらよりもさらに短周期の変動分については， (4) と負荷の自己制御性によって吸収する。 (4) とは，発電機の調速機によって回転速度を一定に保つよう自動で応動させる運転をいう。また，負荷のうちかなりの部分を占める回転機負荷の場合，周波数が下がると (5) が下がるが，この特性を負荷の自己制御性と呼んでいる。

〔問 2 の解答群〕

(イ) 設備過負荷現象　　(ロ) 力率　　(ハ) デマンドレスポンス
(ニ) 長期需要想定　　(ホ) 消費電力　　(ヘ) ロードリミッタ運転
(ト) 負荷周波数制御　　(チ) ベース供給力　　(リ) ガバナフリー運転
(ヌ) 周波数異常現象　　(ル) 高速バルブ制御　　(ヲ) 経済負荷配分
(ワ) 回転数　　(カ) 脱調現象　　(ヨ) 定周波数制御

(令和4年度　一次　第1種)

〔解　答〕　(1)-(ヌ)　(2)-(ヲ)　(3)-(ト)　(4)-(リ)　(5)-(ホ)

問 3　次の文章は，「電気設備技術基準の解釈」に基づく，特別高圧架空電線と他の工作物との接近又は交差に関する記述である。文中の　　　　に当てはまる最も適切なものを解答群の中から選べ。

a)　使用電圧が35 000Vを超える特別高圧架空電線（以下，本問において「特別高圧架空電線」という。）が，建造物，道路（車両及び人の往来がまれであるものを除く。），横断歩道橋，鉄道，軌道，索道，架空弱電流電線路等，低圧又は高圧の架空電線路，低圧又は高圧の電車線路及び他の特別高圧架空電線路以外の工作物（以下，本問において「他の

工作物」という。）と接近又は交差して施設される場合における，特別高圧架空電線と他の工作物との離隔距離は，次の表に規定する値以上であること。ただし，使用電圧が170 000Vを超える場合は，別に定めるところによること。

特別高圧架空電線の使用電圧の区分	(1) の上方以外で，(2) である場合	その他の場合
35 000Vを超え60 000V以下	1 m	2 m
60 000Vを超え170 000V以下	$(1+c)$ m	$(2+c)$ m

（備考）c は，特別高圧架空電線の使用電圧と60 000Vの差を10 000Vで除した値(小数点以下を切り上げる。)に0.12を乗じたもの

b) 特別高圧架空電線が，他の工作物と第1次接近状態に施設される場合において，特別高圧架空電線路の電線の切断，支持物の倒壊等の際に，特別高圧架空電線が他の工作物に接触することにより (3) を及ぼすおそれがあるときは，特別高圧架空電線路を (4) 特別高圧保安工事により施設すること。

c) 特別高圧架空電線路が，他の工作物と第2次接近状態に施設される場合又は他の工作物の (5) して施設される場合において，特別高圧架空電線路の電線の切断，支持物の倒壊等の際に，特別高圧架空電線が他の工作物に接触することにより (3) を及ぼすおそれがあるときは，特別高圧架空電線路を (6) 特別高圧保安工事により施設すること。

d) 特別高圧架空電線が他の工作物の (7) して施設される場合は，特別高圧架空電線と他の工作物との (8) は，3m以上であること。ただし，使用電圧が100 000V未満の特別高圧架空電線路の (2) の場合は，この限りでない。

〔問3の解答群〕

(イ) 下方に接近　　　　　　　　　(ロ) 人に危険
(ハ) 第1種　　　　　　　　　　　(ニ) 支持物が耐張型
(ホ) 上に交差　　　　　　　　　　(ヘ) 石油タンク等
(ト) 第3種　　　　　　　　　　　(チ) 市街地等
(リ) 離隔距離　　　　　　　　　　(ヌ) 上に接近
(ル) 一般送配電事業の電気の供給に著しい支障　(ヲ) 第4種
(ワ) 水平離隔距離　　　　　　　　(カ) 下方に交差
(ヨ) 上部造営材　　　　　　　　　(タ) 第2種
(レ) 電線がケーブル　　　　　　　(ソ) 火災の危険

(ツ) 支持物が鉄塔　　　　　　　　　　（ネ) 垂直離隔距離

(令和4年度　一次　第1種)

〔解　答〕　(1)-(ヨ)　(2)-(レ)　(3)-(ロ)　(4)-(ト)　(5)-(ホ)
　　　　　　(6)-(タ)　(7)-(イ)　(8)-(ワ)

問 4　次の文章は，再生可能エネルギー発電設備の電気に係る保安の確保に関する記述である。文中の□□□に当てはまる最も適切なものを解答群の中から選べ。

a)　我が国において，固定価格買取り制度の導入後，太陽電池発電設備，風力発電設備等の再生可能エネルギー発電設備の導入件数が増加し，その多くは太陽電池発電設備である。また，資源エネルギー庁の調べによれば，太陽電池発電設備及び風力発電設備の出力別の導入件数では，それらの多くが一定の出力未満(太陽電池 50kW 未満，風力 20kW 未満)の (1) である。

b)　電気保安統計によれば，太陽電池発電設備については，事故件数や (2) とともに増加している。また，(1) を含む再生可能エネルギー発電設備の事故が社会的影響を及ぼした事案も発生している。

c)　再生可能エネルギー発電設備の電気に係る保安の確保が不可欠であり，事故情報を収集し事故原因の究明や (3) を講じることが必要である。

d)　このため，新たに，太陽電池発電設備(10kW 以上 50kW 未満)及び風力発電設備(20kW 未満)の (1) についても，それらの所有者や占有者には，令和3年4月1日から (4) に基づく事故報告を行うことが義務付けられた。本報告の対象となる事故は，感電などによる死傷事故，電気火災事故，(5)，主要電気工作物の破損事故，の四項目である。

〔問4の解答群〕

(イ) 内燃力　　　　　　　　　　　　(ロ) 死傷者数
(ハ) 崩落事故　　　　　　　　　　　(ニ) 電気事業法
(ホ) 事故率　　　　　　　　　　　　(ヘ) 垂直展開
(ト) 稼働率　　　　　　　　　　　　(チ) 技術基準
(リ) 小規模発電設備　　　　　　　　(ヌ) 発電支障事故
(ル) 他の物件への損傷事故　　　　　(ヲ) 再発防止策
(ワ) 事業用電気工作物　　　　　　　(カ) 供給対策
(ヨ) 電気工事士法

(令和4年度　一次　第2種)

※現行法令(令和6年4月1日施行)を踏まえ，解答群の(リ)を改変
〔解　答〕　(1)-(リ)　(2)-(ホ)　(3)-(ヲ)　(4)-(ニ)　(5)-(ル)

問5　次の文章は，「電気設備技術基準の解釈」に基づく特別高圧屋内配線の施設に関する記述である。文中の□□□に当てはまる最も適切なものを解答群の中から選べ。

a)　特別高圧屋内配線は，電気集じん装置等を施設する場合を除き，次によること。
・使用電圧は，(1) V 以下であること。
・電線は，ケーブルであること。
・ケーブルは，鉄製又は鉄筋コンクリート製の管，ダクトその他の堅ろうな防護装置に収めて施設すること。
・管その他のケーブルを収める防護装置の金属製部分，金属製の電線接続箱及びケーブルの被覆に使用する金属体には，(2) 接地工事を施すこと。ただし，(3) 防護措置（金属製のものであって，防護措置を施す設備と電気的に接続するおそれがあるもので防護する方法を除く。）を施す場合は，D種接地工事によることができる。
・危険のおそれがないように施設すること。

b)　特別高圧屋内配線が，低圧屋内電線，管灯回路の配線，高圧屋内電線，弱電流電線等又は水管，ガス管若しくはこれらに類するものと接近又は交差する場合は，次によること。
・特別高圧屋内配線と低圧屋内電線，管灯回路の配線又は高圧屋内電線との離隔距離は，(4) cm 以上であること。ただし，相互の間に堅ろうな(5)の隔壁を設ける場合は，この限りでない。
・特別高圧屋内配線と弱電流電線等又は水管，ガス管若しくはこれらに類するものとは，接触しないように施設すること。

〔問5の解答群〕

(イ) 50 000　　(ロ) 耐火性　　(ハ) 100 000　　(ニ) C種　　(ホ) 500 000
(ヘ) 地絡　　(ト) 120　　(チ) 脱落　　(リ) B種　　(ヌ) 60
(ル) 絶縁物　　(ヲ) 金属製　　(ワ) 30　　(カ) A種　　(ヨ) 接触

(令和4年度　一次　第2種)

〔解　答〕　(1)-(ハ)　(2)-(カ)　(3)-(ヨ)　(4)-(ヌ)　(5)-(ロ)

問6　次の文章は，電力需給と供給予備力に関する記述である。文中の□□□に当

てはまる最も適切なものを解答群の中から選べ。

電力需給は，一般に (1) バランスと (2) バランスとで表現される。(1) バランスとは，需要の最大と供給能力を比較するもので，供給能力が需要を上回る分を供給予備力といい，これは供給信頼度に関わるものである。

また，(2) バランスは，月別・年度別に電力供給量の電源別の分担を決めるもので，発電所の運用計画などに役立てられる。

保有すべき供給予備力は，需給変動，(3) などを考慮して算出される。このうち，需給変動は，景気変動によって生じる需要変動(持続的需要変動)と，日々の需要変動及び電源の (4) や出水変動による供給力の低下を含む需給変動(偶発的需給変動)に分類される。(3) が増強されると，供給量不足時に電力融通が可能となり，増強前に比べて必要な供給予備力は (5) 。

〔問6の解答群〕

(イ) 変わらない (ロ) 計画外停止 (ハ) 電力市場規模
(ニ) 燃料 (ホ) 最大電力 (ヘ) 小さくなる
(ト) 地域間連系線の容量 (チ) 設備 (リ) 質的
(ヌ) 電力量 (ル) 大きくなる (ヲ) 開発遅延
(ワ) 最大電力量 (カ) 人員体制 (ヨ) 定期検査

(令和4年度 一次 第2種)

〔解 答〕 (1)-(ホ) (2)-(ヌ) (3)-(ト) (4)-(ロ) (5)-(ヘ)

問7 次の文章は，「電気事業法」及び「電気事業法施行規則」に基づく事業用電気工作物の自主的な保安に関する記述である。文中の ◯ に当てはまる最も適切なものを解答群の中から選べ。ただし，本問において，事業用電気工作物から小規模事業用電気工作物を除く。

a) 事業用電気工作物を設置する者は，事業用電気工作物の工事，維持及び運用に関する保安の (1) をさせるため，主務省令で定めるところにより，(2) を受けている者のうちから，主任技術者を選任しなければならない。

b) 事業用電気工作物を設置する者は，主任技術者に二以上の (3) の主任技術者を兼ねさせてはならない。ただし，事業用電気工作物の工事，維持及び運用の保安上支障がないと認められる場合であって，経済産業大臣((1) に係る事業用電気工作物が一の産業保安監督部の管轄区域内のみにある場合は，その設置の場所を管轄する産業保安監督部長。)の (4) を受けた場合は，この限りでない。

c) 事業用電気工作物を設置する者は，事業用電気工作物の工事，維持及び運用に関する保安を確保するため，主務省令で定めるところにより，保安を　(5)　に確保することが必要な事業用電気工作物の組織ごとに保安規程を定め，当該組織における事業用電気工作物の使用（使用前自主検査又は溶接自主検査を伴うものにあっては，その工事）の開始前に，主務大臣に届け出なければならない。

〔問7の解答群〕

(イ) 監督　　　　　　　　(ロ) 事業場又は設備
(ハ) 専門的　　　　　　　(ニ) 承認
(ホ) 効率的　　　　　　　(ヘ) 主任技術者免状の交付
(ト) 電気工作物　　　　　(チ) 業務
(リ) 企業又は団体　　　　(ヌ) 認可
(ル) 許可　　　　　　　　(ヲ) 事務
(ワ) 主務大臣の認証　　　(カ) 一体的
(ヨ) 主任技術者試験の合格証明

(令和5年度　一次　第1種)

〔解　答〕　(1)-(イ)　(2)-(ヘ)　(3)-(ロ)　(4)-(ニ)　(5)-(カ)

問8　次の文章は，「電気設備技術基準」及び「電気設備技術基準の解釈」に基づく，地中電線路の施設に関する記述である。文中の　　　　に当てはまる最も適切なものを解答群の中から選べ。

地中電線路を施設する場合は，地中電線（地中電線路の電線をいう。）には，(1)　のおそれがないよう，使用電圧に応じた絶縁性能を有するケーブルを使用しなければならないとともに，以下によること。

a)　地中電線路は，管路式，暗きょ式又は　(2)　式により施設すること。なお，管路式には電線共同溝（C.C.BOX）方式を，暗きょ式にはキャブ（電力，通信等のケーブルを収納するために道路下に設けるふた掛け式のU字構造物）によるものを，それぞれ含むものとする。

b)　地中電線路を管路式により施設する場合にあっては，高圧又は特別高圧の地中電線路には，次により表示を施すこと。ただし，需要場所に施設する高圧地中電線路であって，その長さが15m以下のものにあってはこの限りでない。

① 物件の名称，管理者名及び　(3)　（需要場所に施設する場合にあっては，物件の名称及び管理者名を除く。）を表示すること。

② おおむね2mの間隔で表示すること。ただし，他人が立ち入らない場所又は当該電線路の位置が十分に認知できる場合は，この限りでない。

　c）地中電線路を暗きょ式により施設する場合にあっては，防火措置として地中電線に耐燃措置を施す，又は暗きょ内に (4) を施設すること。

　d）地中電線路を (2) 式により施設する場合は，所定の技術的規定により施設する場合を除き，地中電線の埋設深さは，車両その他の重量物の圧力を受けるおそれがある場所においては1.2m以上，その他の場所においては (5) m以上であること。ただし，使用するケーブルの種類，施設条件等を考慮し，これに加わる圧力に耐えるよう施設する場合はこの限りでない。

〔問8の解答群〕

(イ) 周波数	(ロ) 間接埋設	(ハ) 過熱
(ニ) 0.3	(ホ) 断線	(ヘ) 自動火災報知器
(ト) 自動消火設備	(チ) 容量	(リ) 直接埋設
(ヌ) 感電	(ル) 自動警報装置	(ヲ) 0.6
(ワ) 地中埋設	(カ) 0.9	(ヨ) 電圧

(令和5年度　一次　第1種)

〔解　答〕　(1)-(ヌ)　(2)-(リ)　(3)-(ヨ)　(4)-(ト)　(5)-(ヲ)

問9　次の文章は，電力需給に関する記述である。文中の □ に当てはまる最も適切なものを解答群の中から選べ。

電気の需要と供給との関係を電力需給という。電力需給は電気の特性に起因して他の商品の需給とは次の点で大きく異なる。

　a）供給力（発電設備）による電気の発生と，需要（負荷設備）による電気の消費とが同時に行われるため，需要と供給の間に不均衡が生じると (1) が変動する。供給力が不足すると需給の均衡が破れて供給を継続することができなくなり，最悪の場合，大規模な停電に至る。

　b）供給力は，水力を含む再生可能エネルギー・火力・原子力等の電源により構成されている。一方，需要は電気の使用形態を異にする多数の負荷で構成され，常に (2) 。

したがって，全国規模での安定供給体制と需給調整機能を強化するためには，需給状況の監視，供給能力の確保，需給状況が悪化又はそのおそれがある場合の電気の供給の指示等を，全国的な視点を持った一つの法人が行う必要があるとされ，電力システム改

革以降，(3) がその役割を担っている。(3) は全ての電気事業者(発電事業者，(4) 電気事業者，(5) 送配電事業者，(6) 事業者，配電事業者，特定送配電事業者，特定卸供給事業者)が会員となることが義務付けられており，次に掲げる業務を行っている。

① 会員が営む電気事業に係る電気の需給の状況の監視
② 需給の状態が悪化又はそのおそれがある場合で需給の状況を改善する必要があると認められるときの，電源の出力増や (7) により電気を供給する指示
③ 送配電等業務の実施に関する基本的な指針の策定
④ 電気事業者による供給計画及び当該供給計画に関する意見の経済産業大臣への送付
⑤ 供給能力の確保の促進
⑥ FC，(8) 等の送電インフラの整備に関する広域系統整備計画の策定
⑦ (5) 送配電事業者による災害時連携計画及び当該災害時連携計画に関する意見の経済産業大臣への送付
⑧ その他 (3) の目的を達成するために必要な業務

〔問 9 の解答群〕

(イ) 電源入札　　　　　　　　(ロ) 電力広域的運営推進機関(OCCTO)
(ハ) 一般　　　　　　　　　　(ニ) 送電
(ホ) 卸　　　　　　　　　　　(ヘ) 日本卸電力取引所(JEPX)
(ト) PV　　　　　　　　　　　(チ) 電力・ガス取引監視等委員会(EGC)
(リ) 周波数　　　　　　　　　(ヌ) 一種
(ル) 地域間連系線　　　　　　(ヲ) 電圧
(ワ) 一次　　　　　　　　　　(カ) 需要想定
(ヨ) 一定である　　　　　　　(タ) 電力融通
(レ) 小売　　　　　　　　　　(ソ) 変動している
(ツ) 特別高圧　　　　　　　　(ネ) FIT

(令和 5 年度　一次　第 1 種)

〔解　答〕　(1)-(リ)　(2)-(ソ)　(3)-(ロ)　(4)-(レ)　(5)-(ハ)
　　　　　(6)-(ニ)　(7)-(タ)　(8)-(ル)

問10　次の文章は，「電気事業法」に基づく，事業用電気工作物に関する記述である。文中の □ に当てはまる最も適切なものを解答群の中から選べ。

a) 事業用電気工作物を設置する者は，事業用電気工作物を主務省令で定める技術基準に適合するように (1) しなければならない。この技術基準を制定するに当たっての第一の基準としては，事業用電気工作物は， (2) に危害を及ぼし，又は物件に損傷を与えないようにすることが定められている。

b) 事業用電気工作物の設置又は変更の工事であって， (3) の確保上特に重要なものとして主務省令で定めるものをしようとする者は，その工事の (4) について主務大臣の認可を受けなければならない。ただし，事業用電気工作物が滅失し，若しくは損壊した場合又は災害その他非常の場合において，やむを得ない (5) な工事としてするときは，この限りでない。

〔問10の解答群〕

(イ) 計画	(ロ) 公共の安全	(ハ) 維持
(ニ) 一時的	(ホ) 電源品質	(ヘ) 人体
(ト) 自然	(チ) 通信線	(リ) 管理
(ヌ) 電力供給力	(ル) 小規模	(ヲ) 着工
(ワ) 運用	(カ) 継続的	(ヨ) 予算

(令和5年度 一次 第2種)

〔解 答〕 (1)-(ハ) (2)-(ヘ) (3)-(ロ) (4)-(イ) (5)-(ニ)

問11 次の文章は，高圧の需要家において停電作業をする場合の保安の監督に関する記述である。文中の □ に当てはまる最も適切なものを解答群の中から選べ。

施設管理において，電気設備の設置，点検，修理等には停電作業が不可欠であり保安の確保に万全を期す必要がある。

a) 停電作業を行う際は，当該電路の開閉器を開放し，作業着手前に (1) を使用して，当該電路が停電したことを確認する。

b) 高圧受電設備や配電線路の電路を開放して作業を行う際は，他線路からの (2) や，近接線の接触による思いがけない事故により作業区域の電路に電圧が印加されることがある。感電事故防止の観点から，簡単な作業でも必ず保安上適切な箇所に (3) 接地器具を使用して作業者の安全を確保する。

c) コンデンサ，ケーブル及びこう長が長い電路においては，充電電流が大きく， (4) による電撃等の危険性が大きいことから，安全な方法により確実に (5) する。

〔問11の解答群〕

(イ) 干渉	(ロ) リアクトル	(ハ) 放電
(ニ) 誘導	(ホ) 施錠	(ヘ) 検電器具
(ト) 放電棒	(チ) 遮断	(リ) 絶縁破壊
(ヌ) 絶縁	(ル) 残留電荷	(ヲ) 電磁波
(ワ) 短絡	(カ) 電流計	(ヨ) 電位差

──────────────────────────────────── (令和5年度 一次 第2種)

〔解　答〕（1）-（ヘ）　（2）-（ニ）　（3）-（ワ）　（4）-（ル）　（5）-（ハ）

問12　次の文章は，「発電用太陽電池設備に関する技術基準を定める省令」及び「発電用太陽電池設備に関する技術基準の解釈」（以下，「太陽電池設備技術基準の解釈」という。）に基づく，支持物の構造等に関する記述である。文中の　　　に当てはまる最も適切なものを解答群の中から選べ。

太陽電池モジュールを支持する工作物（以下，「支持物」という。）は，次により施設しなければならない。

a）　自重，　(1)　，風圧荷重，積雪荷重その他の当該支持物の設置環境下において想定される各種荷重に対し安定であること。ここで，支持物の安定とは，規定の荷重に対して，支持物が倒壊，飛散及び　(2)　しないことをいう。

b）　土地に自立して施設される支持物の基礎部分は，杭基礎若しくは　(3)　造の直接基礎又はこれらと同等以上の支持力を有するものであること。

c）　土地に自立して施設されるもののうち設置面からの太陽電池アレイ（太陽電池モジュール及び支持物の総体をいう。）の最高の高さが9mを超える場合には，構造強度等に係る　(4)　及びこれに基づく命令の規定に適合するものであること。

「太陽電池設備技術基準の解釈」では，支持物の標準仕様として，一般仕様，強風仕様及び　(5)　仕様の三つが示されている。これらは，基準風速などの諸条件を満たす場合に，強度計算を実施せずとも必要な強度等を確保できるよう，地上設置型の設備に適用できる標準仕様となっている。

〔問12の解答群〕

(イ) 鉄骨	(ロ) 急傾斜地	(ハ) 日本産業規格
(ニ) 電気設備技術基準	(ホ) 盛土崩壊荷重	(ヘ) 振動
(ト) 移動	(チ) 被氷荷重	(リ) 建築基準法
(ヌ) 鉄筋コンクリート	(ル) 木	(ヲ) 豪雨
(ワ) 変形	(カ) 地震荷重	(ヨ) 多雪

(令和5年度 一次 第2種)

〔解 答〕 （1）-(カ) （2）-(ト) （3）-(ヌ) （4）-(リ) （5）-(ヨ)

索 引

あ

アクティブフィルタ	110
アグリゲーター	6, 8, 38
圧力容器	73
暗きょ式	256
安全確保	9, 16, 26, 31, 64, 97
安全管理審査制度	32
安全性向上評価制度	114, 115
安全対策	5
安定供給の確保	3, 14, 15, 25, 26, 64
安定度	87
アンモニア接触還元法	81

い

硫黄酸化物	80
硫黄酸化物（SO_x）	81
一次エネルギー消費量	84
一次調整力	130
１日最大電力	44
一級河川	70
溢　水	50
一般送配電事業	8, 137, 140, 203
一般送配電事業者	3, 8, 26, 29, 30, 39, 203
一般送配電事業にかかわる規制	143
一般電気工作物	31
一般用電気工作物	25, 31, 152, 192, 261
一般用電気工作物等	171
一般用電気工作物の調査義務	170
インバランス料金	133

う

ウラン	75
ウラン鉱石	74
ウラン濃縮	75
運転期間延長認可制度	114
運転許容範囲電圧	105
運転（ホット）予備力	58

え

エネルギー基本計画	15, 16, 17, 27, 182
エネルギー供給強靭化法	138, 142, 187
エネルギー供給構造高度化法	132
エネルギー政策基本法	181
エネルギーセキュリティ	75, 82
エネルギーの使用の合理化及び非化石エネルギーへの転換等に関する法律	186
エネルギーの使用の合理化及び非化石エネルギーへの転換等に関する法律（省エネ法）	186
エネルギーミックス	5, 16, 17, 26
エネルギー密度	85
エリア需要	54
遠心分離法	75

お

応動性	66
オーバーホール	111
屋外配線	199, 276
屋側配線	276
屋内電路	263
屋内配線	199, 263
オゾン層の破壊	80
乙種風圧荷重	240
オフピーク負荷	44
オフピーク負荷時	7
卸電力取引所	71, 127, 140, 143

298　索引

温室効果ガス	15, 17, 20, 27, 83

か

加圧水型炉(PWR)	72, 73
カーボンニュートラル	80
がいし引き工事	272
外部選任	158
開閉所	200
外輪線	88
解列	282
化学物質の審査及び製造等の規制に関する法律	226
架空弱電流電線路	232
架空電線	232
架空電線の高さ	243
架空電線路	230
架空電線路の径間	242
架空光ファイバケーブル線路	232
各供給区域(エリア)	54
核原料物質	184
核燃料サイクル	74
核燃料物質及び原子炉の規制に関する法律（原子炉等規制法）	184
学歴または資格および実務経験による電気主任技術者免状の取得	159
火主水従	66
ガス遮断器	214
ガスタービン	71
ガスタービン発電機	52
ガスタービン発電所	70
河川維持流量	50
河川維持流量発電	69
河川法	70
河川流況曲線	49
河川流量	49
渇水	49, 77
渇水期	48
家庭用その他	46
過電流	214
過電流遮断器	214
過渡安定度	94
過負荷保護装置	214
火力発電所	52
簡易接触防護措置	201, 215
簡易な環境影響評価	167
かんがい用水	50
環境アセスメント	79
環境影響評価	78, 79, 151, 167
環境影響評価準備書	168
環境影響評価書	169
環境影響評価の対象範囲	167
環境影響評価方法書	168
環境基準	79
環境基本法	79
環境適合性	3, 5, 15, 64
環境保全対策	5
観光放流	50
監視制御方式	230
監視方式	229, 230
管路式	256

き

機械器具	221, 222
危険性	3, 4
気候変動枠組条約	15
気候変動枠組条約締約国会議	15, 17, 18, 26, 80, 83
技術員	227
技術基準適合命令	155, 170, 194
技術基準への適合義務	155
気象条件	46
規制の合理化	33
規制の合理化・適正化	8, 33
規制の適正化	10
帰線	260
起動時間	76

機能性基準化	9, 33, 190, 194
基本的視点(S+3E)	64
逆調整池	69
逆潮流	282
キャブタイヤケーブル	218
急傾斜地の崩壊による災害の防止に関する法律	225
給電概況盤	101
給電業務	99
給電業務の自動化	101
旧電源開発促進対策特別会計法	79
給電所	100
給電指令業務	99
給電指令室	100
給電指令所	100
給電設備	100
給電用通信設備	101
9電力体制	64
キュービクル式高圧受電設備	201
供給計画	7, 66, 149
供給計画の届出義務	150
供給信頼度	77, 97
供給電力	50
供給命令	150
供給予備力	54, 57
供給力	46, 54
行政手続法	194
京都議定書	83
業務用	40, 46
許可主任技術者の選任	158
許容電流	264, 267
汽力発電	70
汽力発電所	70
金属可とう電線管工事	273
金属管工事	273
金属線ぴ工事	274
金属ダクト工事	275

く

クリーンコール技術	72
グリーン成長戦略	17, 27, 32

け

計画外停止	49
計画段階環境配慮書	167
計画停電	62
計画補修	49
経済運用	111
経済効率性	3, 15, 64
経済産業省令	62
経済産業大臣	46
経済動向	46
経済負荷配分制御(EDC)	103
軽水炉	72
系統安定化対策	72
系統運用	102
系統周波数特性定数	103
系統制御所	100
系統設備容量不足	98
系統盤	100
系統分離	95
系統連系	89
系統連系用保護装置	284
計量法	179
ケーブル	219
ケーブル工事	273
減圧気化器	86
原価主義の原則	121
原子力	17, 18, 25, 26, 27, 34
原子力安全のためのマネジメントシステム規程(JEAC4111)	113
原子力規制委員会	32, 65
原子力規制検査制度	114
原子力規制庁	32, 74
原子力基本法	183

原子力発電環境整備機構(NUMO)	76	控除収益	123
原子力発電工作物	191	合成最大負荷	41
原子力発電所	52	合成樹脂管工事	272
原子力発電所の保守管理規程(JEAC4 209)	113	公正報酬の原則	121
		高速増殖炉(FBR)	76
原子炉格納容器	73	高速度再閉路方式	96
原子炉等規制法	74, 113	高調波電流	109
減速材	72	高調波電流抑制のための技術要件	109
現有設備の運用計画	45	高度化法義務達成市場	132
		後備保護	95

こ

		小売事業の全面自由化	36
高　圧	40, 201	小売全面自由化	64
高圧架空電線	242	合理的運用	59
高圧ケーブル	219	小売電気事業	8, 29, 140
高圧電路	215	小売電気事業者	8, 29, 30, 39, 137
高圧非自家用	31	小売電気事業にかかわる規制	143
高圧保安工事	246	小売部門の全面自由化	2, 3, 29
広域運営	65	抗力型	85
広域系統運用機関	2	コージェネレーションシステム	71
広域系統運用体制	64	コード	218
広域系統整備計画	149	国際原子力機関	114
広域系統整備交付金	149	国内総生産	46
広域系統長期方針	90	国連気候変動枠組条約	80
広域的運営推進機関	137, 139, 140, 142	固定価格買取制度	47
広域的運営推進機関の役割	149	固定費と可変費	77
広域連系系のマスタープラン	90	混合揚水	68
公益性	3, 7, 8	混合揚水式	49
高温岩体発電	86	混触防止板	211
公害防止協定	80	コンバインドサイクル発電所	70
工業用テレビジョン(ITV)	112	コンバインドサイクル発電方式	67, 71
合計最大負荷	41		
鉱工業生産指数	46	## さ	
交　さ	233		
工事計画及び検査	160	再エネ価値取引市場	132
工事計画の届出	161	災害時連携計画	149
工事計画の認可	160	災害時連携計画の作成義務	150
高周波利用設備	224	災害などに対応するための規制	150
甲種風圧荷重	240	最終保障供給義務	144
		最終保障サービス	120

| 索引 |

再循環ポンプ　73
再処理工程　74
再生可能エネルギー　2,6,8,9,10,15,16,17,
　　19,21,25,26,27,30,34,35,38,46,82,98
再生可能エネルギー電気の利用の促進に
　関する特別措置法　138,187
再生可能エネルギーの固定価格買取制度
　　16,125,127
再生可能エネルギー発電促進賦課金
　　125,126
最大需要電力　41
最大使用電圧　202
最大ピーク負荷　44
最大負荷　41,43
サイバー攻撃　4,10
サイバーセキュリティ　223
サイバーセキュリティ基本法　198,223
サイバーセキュリティの確保　4,10
サイバーセキュリティの確保の強化　7
サイバーセキュリティの担保　33
先渡市場　127
定態安定度　94
3E+Sの原則　16
産業標準化法　180
産業用　40,46
サンシャイン計画　83
三相3線式　96
三相4線式　96

し

市街地その他人家の密集する地域　234,235
自家発受電電力量　53
自家用電気工作物　10,25,31,154,261
自家用電気工作物における主任技術者の
　選任の特例　158
自家用電気工作物の使用開始届　165
時間基準保全　112
時間帯別料金　117

時間前市場　127
事業規制　3,7,8,28,30
事業報酬　123
事業報酬率　123
事業用電気工作物　6,10,31,32,154,191
事業用電気工作物の自己確認　164
事業用電気工作物の保安規制　154
資源エネルギー庁　97
事故の波及防止　87
事後保全　111
支持物　230,232,233,237
支持物の基礎の強度　240
支持物の強度　240
自主保安体制　25,32
支　線　242
指定区域供給　144
指定区域供給制度　139,144
指定講習機関　174
指定試験機関　173
自動再閉路方式　96
弱電流電線　198,232
弱電流電線路　198
週，旬，月，年負荷曲線　41
住宅の屋内電路　262
集電盤　84
周波数制御発電所　103
周波数調整　40
周波数変換所　90
周波数偏差　102
週負荷率　42
需給調整　57,59
需給調整機能　66
需給調整市場　129
需給の監視と必要な指示　149
需給バランス　40,53
需給バランス評価　54
出水率　49
受動フィルタ　110

主任技術者	155	使用前安全管理審査	33, 163
主任技術者制度の解釈及び運用	159	使用前検査	162
主任技術者の職務および権限	157	使用前事業者検査	114
主任技術者の選任	156	使用前自主検査	162
主任技術者免状の取得	159	状態基準保全	111
主任技術者免状の種類と監督の範囲	156	使用電圧	202
主任電気工事士	175	所内消費電力	50
主保護	95	所内電力	93
主務大臣	155, 160	所内率	53
需要削減(節電)	61	シリコン系太陽光発電	84
需要場所	200	自立運転	282
需要抑制量調整供給	133	自流式	48
需要率	43	新エネルギー	15, 16, 25, 26
循環水ポンプ	73	新エネルギー総合開発機構	83
純国産エネルギー	68	新型転換炉(ATR)	76
瞬時電圧低下	110	新規制基準	75
巡視点検	112	真空遮断器	214
瞬　低	110	シングルフラッシュ方式	86
瞬動予備力	58	深層取水方式	82
旬負荷率	42	振動規制法	225
純揚水式	49		
蒸気タービン	52	**す**	
蒸気タービン複合発電方式	71	水質汚濁防止法	79, 225
蒸気発生器(熱交換器)	72	水主火従	66
小規模事業用電気工作物	5, 11, 19, 31, 154	水素冷却	197
小規模事業用電気工作物を設置する者の		水中放水方式	82
届出	163	水平距離	234, 245
小規模発電設備	31	水平離隔距離	234, 247
常時監視と同等な常時監視を確実に行える		水利権	70
発電所	227	水力可能発電力	49
常時監視をしない蓄電所	230	水路式	67
常時監視をしない発電所	229	スポット市場	127
常時監視をしない変電所	230	スポットネットワーク受電方式	282
常時出力	51	スポットネットワーク方式	96
常時ピーク出力	51	スマート化	1, 7, 9, 10
常時予備切換え方式	96	スマート保安	33
使用済燃料	74	スマートメーターシステム	223
使用前安全管理検査	162		

せ

制御所	100
制御特性直線	104
制御棒	73
成型加工	74
制限水位	50
生産井	86
静止型無効電力補償装置	94
静電誘導	230
静電誘導作用	197
制動抵抗器	94
精錬	74
石炭ガス化複合発電	72
石炭火力	52
石油火力	52
石油代替エネルギー	14
絶縁	203
絶縁油	197
絶縁性能	204
絶縁性能の低下	220
絶縁抵抗	232
絶縁抵抗値	205
絶縁電線	217
絶縁破壊	205
接近	233, 235
接近状態	245
接触防護措置	201
接続供給	132
接続送電サービス料金	133
接続箱	84
接地	207
接地工事	204, 207
接地抵抗値	210
設備容量	43
設備利用率	44
セルラダクト工事	275
選択約款	61

そ

騒音規制法	225
総括原価	121
総括原価方式	116, 122
総合規制評価サービス	114
総合負荷	43
送電事業	8, 137, 141
送電事業者	4, 8, 26, 29, 30, 39
送電事業にかかわる規制	145
送電線路	200
送電損失	92
送電容量	92
送配電事業者	9, 30
送配電等業務	149
送配電等業務指針	149
送配電部門の法的分離	2, 29, 64
送配電網協議会	129
送配電網の建設・維持,最終保障サービス	98

た

第1次接近状態	245
第1種電気工事士定期講習	174
第2次接近状態	245
第二種電気工事士免状	173
第6次エネルギー基本計画	84
第一次オイルショック	83
第一種事業	167
第一種電気工事士免状	172
大気汚染防止法	79, 225
待機(コールド)予備力	57
対地電圧	262
第二種事業	167
第2種電気工事士養成施設	173
太陽光発電(PV)	84
太陽光モジュール	84
太陽電池	84

太陽電池モジュール	84
耐用年数	77
託送供給	140
託送供給等約款	124,144
託送料金	122,132
多結晶	84
多相再閉路	96
立入検査	166,170
脱化石燃料化	15,16,26
脱硝装置	81
脱石油化	14,25
脱石油化・多様化	25
脱炭素化	26,27
脱炭素社会の実現に向けた電気供給体制の確立を図るための電気事業法等の一部を改正する法律	140
脱炭素社会の実現に向けた電力供給体制の確立	140
脱炭素成長型経済構造への円滑な移行の推進に関する法律(GX推進法)	188
ダブルフラッシュ方式	86
ダム式	67
ダム水路式	67
ダム水路主任技術者免状	156
多目的ダム	69
多様化	5,14,16,25,26
短期	54
短期需要想定	45
単機容量	71
単結晶	84
断線	220
単相3線式	96
単相再閉路	96
単独運転	282
短絡保護専用遮断器	214
短絡保護専用ヒューズ	214
短絡容量	92

ち

地域間連系線	64
地域独占性	7
地球温暖化	80
地球温暖化問題	5,15,16,25,26,67
地球磁気観測所	234
地球電気観測所	234
蓄電所	6,10,32,199
地産地消	68
地中電線路	230,255
地中箱	232
窒素酸化物	80
窒素酸化物(NO_X)	81
地熱エネルギー	86
地熱資源量	86
地熱発電	86
地方給電所	100
中央給電指令所	100
中小水力	69
中性点	211,212
中性点接地方式	93
中性点直接接地式電路	225
中速度再閉路方式	96
長期	54
長期エネルギー需給見通し	15,16,84
長期需要想定	45
長期脱炭素電源オークション	131
超高圧送電線	201
調整係数	48
調整池	48
調整池式	48,68
調整電力	50
潮流改善	93
直接埋設式	257
直流帰線	260
直流電路	212
直流流出防止変圧器	282

索　引　305

直流連系	90
貯水池	49
貯水池式	49, 68
地絡	215
地絡遮断装置	216

つ

月負荷率	42

て

低圧	40, 201
低圧屋内電路	264
低圧幹線	214, 262, 267
低圧ケーブル	219
低圧電路	214, 215
低圧配線	263
低圧分岐回路	267
低圧保安工事	245
低硫黄化	81
ディーゼル発電所	70
定格電圧	105
定額電灯	40
定期安全管理検査	165
定期安全管理審査	165
定期安全レビュー	114
定期検査	164
定期事業者検査	114
定期自主検査	165
定期補修	77
停止電力	50
停止率	50
低速度再閉路方式	96
低炭素化	15, 16, 26
低炭素化(脱化石燃料化)	5
適用除外	202
デジタル化	4, 6, 7, 10, 12
デジタル技術	1, 4, 6, 7, 9, 10, 30
鉄筋コンクリート柱	237
鉄柱	238
鉄塔	238
鉄道営業法	259
デマンドレスポンス	60
デマンドレスポンスアグリゲーター	61
電圧・周波数の維持	98
電圧安定性	94
電圧格上げ	93
電圧不安定	94
電圧フリッカ	109
転換	74
電技解釈	190
電気関係報告規則(経済産業省令)	40
電気管理技術者	158
電気機械器具	221
電気工作物	152
電気工作物の定義	152
電気工事業の業務の適正化に関する法律	174
電気工事業の業務の適正化に関する法律(電気工事業法)	151
電気工事業法	9
電気工事士試験	173
電気工事士法	9, 151, 170
電気工事の種類と必要な資格	171
電気最終保障供給約款	120
電気さく	278
電気事業規制	143
電気事業者等の相互協調の義務	148
電気事業の広域的運営	148
電気事業の類型	140
電気事業法	2, 7, 8, 9, 10, 24, 27, 29, 30, 31, 32, 33, 46, 136, 151
電気事業法施行令	62
電気事業用工作物	25
電気事業用電気工作物	10, 25
電気施設管理	1, 7
電気集じん器	81

電気主任技術者国家試験	159	電食	197
電気主任技術者国家試験合格による		電食作用	260
免状取得	160	電線	198, 217
電気主任技術者試験	160	電線路	198
電気主任技術者制度	9, 23, 25	電線路維持運用者	153, 169
電気主任技術者免状	156	電灯	40
電気使用制限等規則	62	電灯負荷用	96
電気使用場所	199, 261	電力	40
電技省令	190	電力・ガス取引監視等委員会	
電気設備技術基準	9, 10, 25		28, 97, 138, 143
電気設備に関する技術基準を定める省令		電力インフラ・システム強靭化	138
	190	電力・ガス取引監視等委員会	140
電気設備の技術基準の解釈	190	電力化率	13
電気的, 磁気的障害の防止	234	電力系統	86
電気鉄道	259	電力系統の安定度	94
電気の使用者に対する公平の原則	121	電力系統の周波数特性	103
電気の使用制限など	151	電力系統利用協議会	29, 89
電気の消費	39	電力広域的運営推進機関	
電気の発生	39		21, 28, 29, 39, 48, 90, 129, 131
電気の発電・小売部門の全面自由化	2	電力システム改革	
電気保安法人	158		2, 3, 7, 8, 26, 28, 29, 30, 64, 136
電気防食	279	電力需給	39, 46
電気防食施設	279	電力需給予想	102
電気用品	176	電力需要の抑制	60
電気用品安全法	9, 151, 176	電力使用制限令	63
電気用品に付される表示	178	電力制御システム	223
電気料金の三原則	121	電力貯蔵	5, 6, 10, 32
電気料金の事後評価	124	電力取引監視等委員会	28, 97
電源開発	64	電力品質	97
電源開発計画	64	電力品質確保に係る系統連系技術要件	
電源開発促進税法	79	ガイドライン	97
電源三法	25, 79	電力変換装置の多パルス化	110
電源設置の促進	149	電力保安通信設備	259
電源調達計画	45	電力融通	40
電車線	198	電力量調整供給	140
電車線路	198, 259	電路	198
電磁誘導	230	電路に地絡を生じたときに自動的に電路を	
電磁誘導作用	197, 233, 257	遮断する装置	215

と

同時同量性	5, 6
等電位ボンディング	213
動力負荷用	96
登録安全管理審査機関	33
登録安全管理審査機関の審査	163
登録調査機関	170
登録適合性確認機関	33
登録適合性確認機関の確認	162
登録特定送配電事業者	46
特殊機器の施設	278
特殊出力	51
特殊電気工作物	162
特種電気工事資格者	172
特殊場所における施設制限	277
特種電気工事資格者の認定証	173
特定卸供給事業	30, 139, 142
特定卸供給事業者	6, 8, 39
特定卸供給事業にかかわる規制	147
特定卸供給事業の届出制度	3
特定供給	142
特定供給にかかわる規制	148
特定計量器	179
特定小売供給約款	117, 118, 119, 121, 122
特定小売供給約款料金	121
特定自家用電気工作物設置者の届出義務	148
特定水道利水障害の防止のための水道水源水域の水質の保全に関する特別措置法	225
特定送配電事業	8, 137
特定送配電事業者	29, 39
特定送配電事業にかかわる規制	146
特定電気用品	176
特定放射性廃棄物の最終処分に関する法律	75
特別高圧	40, 201
特別高圧架空電線	242
特別高圧架空電線路	234
特別高圧架空配電線	202
特別高圧ケーブル	220
特別高圧電路	215
特別高圧保安工事	246
ドライスチーム方式	86

な

流込式	48, 68

に

二級河川	70
二次調整力	130
二次媒体	86
2重絶縁構造	215
2012年の原子炉等規制法改正	114
日，週，旬，月，年負荷持続曲線	41
日負荷曲線	41, 47
日負荷率	42
二部料金制	120
日本卸電力取引所	29
日本原子力研究開発機構	75
日本版コネクト＆マネージ	16
認定高度保安実施設置者	166
認定高度保安実施設置者に対する特例措置	166
認定電気工事従事者認定講習	173
認定電気工事従事者の認定証	171, 173

ね

熱効率	45
熱水利用発電	86
年間 EUE	54
年負荷率	7, 42
燃料計画	45
燃料転換	64
燃料電池	212

燃料費調整額	125		パワーコンディショナ	84

の

濃縮	74

は

バイアス整定値	104
排煙脱硝装置	81
排煙脱硫	81
廃棄物発電	71
煤じん	80, 81
配線	199, 261
配線用遮断器	214
配電事業	30, 139, 141
配電事業及び特定卸供給事業	8
配電事業者	4, 8, 26, 30, 39
配電事業にかかわる規制	146
配電事業の許可制度	2
配電線の電圧が上昇	98
配電線路	200
配電塔方式	96
バイナリー方式	86
薄膜	84
バスダクト工事	275
裸電線	217
バックフィット制度	74
発電原価	66, 76
発電事業	8, 10, 29, 31, 32, 137, 142
発電事業者	8, 29, 30, 31, 39
発電事業にかかわる規制	147
発電所	199
発電所運転計画	45
発電単独ダム	69
発電用原子炉の運転期間の延長	147
発電用施設周辺地域整備法	79, 185
発電余力	55
発電量調整供給	133
パフォーマンスベース	114

ひ

ピーク火力	52
ピーク供給	66
ピーク供給力	48
ピーク負荷	6, 44
非化石エネルギーの開発及び導入の促進に関する法律	185
光ファイバケーブル	232
引込線	199
非常用予備電源	227
非破壊検査	113
日負荷曲線	77
ヒューズ	214
標準周波数	102
表層放水方式	82
避雷器	258
平形保護層工事	275

ふ

風圧荷重	233, 239
風力エネルギー	85
風力発電	85
負荷曲線	41
賦課金	83
負荷持続曲線	41
負荷時タップ切換器	108
負荷周波数制御	103
負荷周波数制御(LFC)	103
負荷変動	102
負荷変動追従性	76
負荷率	42
福島第一原子力発電所	64
復水器	73
沸騰水型炉(BWR)	72, 73
不等率	43
浮遊物質	82

フラッシャ	86
フリーアクセス制度	114
振替供給	132
プルサーマル	75
プルトニウム	75
ブレード	85
フロアダクト工事	275
分散型電源	97, 281, 282

へ

平均最大電力	44
平均負荷	41
丙種風圧荷重	240
平　水	49
平水年	49
ベース火力	52
ベース供給	66
ベース供給力	48, 53
ベース負荷	73
ベースロード市場	129
ベストミックス	15, 70, 72
ペロブスカイト太陽電池	84
変電所	200
変電所に準ずる場所	200

ほ

保安管理業務	158
保安管理業務外部委託承認	158
保安規制	1, 6, 8, 9, 10, 11, 19, 23, 31, 32, 151
保安規制の合理化・適正化	30, 31
保安規程	112, 155
保安工事	245
保安等に関する報告徴収	165
ボイラ	52
ボイラー・タービン主任技術者免状	156
放射状系統	88
放射性廃棄物	74, 75
豊　水	49, 77

豊水期	48
包蔵水力	67
法的分離	2, 3, 4, 26, 28, 29, 37
補給出力	51
補給ピーク出力	51
保護方式	95
保　全	97
ポリ塩化ビフェニル廃棄物の適正な処理の推進に関する特別措置法	226

ま

マイクログリッド	98

み

3日最大電力	44
ミドル火力	52
ミドル供給力	48
みなし小売電気事業者	118
三次調整力	129, 130
民間規格評価機関	191

む

無効電力	106
無停電電源装置（UPS）	110

も

木　柱	237

ゆ

融通地点の設備容量	57
融通電力	57
融通電力量	53
誘導障害	93

よ

洋上風力	85
揚水式	49
揚水動力量	53

揚水発電所	5, 112
溶接自主検査	164
容量市場	131
揚力型	85
余寿命評価手法	113
余剰電力	98
余剰電力買取制度	83
余剰率	50
予想負荷曲線	103
予備出力	52
予防保全	111
40年運転制限	74

ら

ライティングダクト工事	275

り

離隔距離	235, 246
力率改善	93
リスクインフォームドの検査	114
リスクベースメンテナンス	111
離島供給義務	144
離島供給約款	120
離島のユニバーサルサービス	98
リプレース	72
料金率	124
利用率	50
臨時電灯	40
臨時電力	40

る

ループ系統	88

れ

冷却材	72
レートベース	123
レジリエンス	2, 6, 9, 10, 19
劣化診断技術	113
劣化評価	115
レベニューキャップ制度	134
連系容量	89
連接引込線	199

ろ

漏えい電流	205
漏電遮断器	215
ロータ	85

アルファベット

A

AI	6, 9
A種接地工事	204, 210, 213

B

BOD値	82
B種接地工事	204, 210, 211, 213

C

CO_2	15, 16, 19, 20, 32
COD値	82
COP3	15
COP21	17
COP24	17
COP26	17, 26
COP27	18, 26
C種接地工事	210, 216

D

DR	6, 60
DX化	10, 12
D種接地工事	204, 210

E

ESCJ	89
EUE	54

F

FERC	36
FIP	16
FIP制度	188
FIP制度(基準価格制度, Feed-inPremium)	

索引

	188	N	
FIT	16	NEDO	83
FIT 制度	47, 83, 125	O	
FIT 制度（固定価格買取制度，Feed-inTariff）		OAPEC	14
	188	OCCTO	28, 29
G		OPEC	14
GDP	46	**P**	
GX	18, 27, 32	PCB（ポリ塩化ビフェニル）	226
GX 脱炭素電源法	140, 183, 185	PCS	84, 98
I		PPS	28, 29
IEA	14	PSS	94
IEC60 364 規格	280	**R**	
IEC61 936-1 規格	281	RPS	15
IEC 規格	195, 280	RPS 法	83
IIP	46	**S**	
IoT	6	SDR	94
IPP	28, 36	SVC	94
ITV	112	**T**	
IT 化	10, 12	TBT 協定	190, 280
J		**U**	
JESC 規格	195	UPS	110
JIS	194	**V**	
L		VPP	6
LNG	14, 25, 26	**W**	
LNG 火力	52	WTO 協定	190
M			
MOX 燃料	75		

電気施設管理と電気法規解説　14版改訂

1966年 9 月 1 日	初版発行	
1967年 9 月30日	改訂版発行	
1970年 8 月 5 日	二次改訂版 2 刷発行	
1976年 6 月30日	三次改訂版 6 刷発行	
1980年12月20日	四次改訂版 6 刷発行	
1984年 3 月30日	五次改訂版 3 刷発行	
1986年 3 月20日	六次改訂版 2 刷発行	
1987年12月21日	七次改訂版 2 刷発行	
1995年 3 月 1 日	八次改訂版 7 刷発行	
2002年 5 月20日	9 版改訂	2 刷発行
2003年 6 月30日	10版改訂	1 刷発行
2006年 2 月20日	11版改訂	1 刷発行
2013年 8 月 5 日	12版改訂	1 刷発行
2017年12月20日	13版改訂	1 刷発行
2024年12月15日	14版改訂	1 刷発行

発行者　本 吉 高 行

発行所　一般社団法人 電 気 学 会
〒102-0076　東京都千代田区五番町 6-2
電話 (03) 3221-7275
https://www.iee.jp

発売所　株式会社 オ ー ム 社
〒101-8460　東京都千代田区神田錦町 3-1
電話 (03) 3233-0641

印刷所
製本所　株式会社 太 平 印 刷 社

落丁・乱丁の際はお取替いたします
ISBN978-4-88686-322-5　C3054

Ⓒ2024 Japan by Denki-gakkai
Printed in Japan

電気学会の出版事業について

　電気学会は，1888年に「電気に関する研究と進歩とその成果の普及を図り，もって学術の発展と文化の向上に寄与する」ことを目的に創立され，教育関係者，研究者，技術者および関係諸機関・法人などにより組織され運営される公益法人です．電気学会の出版事業は，1950年に大学講座シリーズとして発行した電気工学の教科書をはじめとし半世紀以上を経た今日まで電子工学を包含した数多くの図書の企画，出版を行っています．

　電気学会の扱う分野は電気工学に留まらず，エネルギー，システム，コンピュータ，通信，制御，機械，医療，材料，輸送，計測など多くの工学分野に密接に関係し，工学全般にとって必要不可欠の領域となっています．しかも年々学術，技術の進歩が加速的に速くなっているため，大学，高専などの教育現場においては，教育科目，内容，授業形態などが急激に様変わりしており，カリキュラムも多様化しています．

　電気学会では，そのような実情，社会ニーズなどを調査，分析して時代に即応した教科書の出版を行っていますが，さらに，学問や技術の進歩に一早く応えた研究者，エンジニア向けの専門工学書，また，難解な専門工学を分かりやすく解説した一般の読者向けの技術啓発書などの出版にも鋭意，力を注いでいます．こうしたことは，本学会が各界の一線で活躍する教育関係者，研究者，技術者などで組織する学術団体だからこそ出来ることです．電気学会では，これらの特徴を活かして，これからも知識向上，自己啓発，生涯教育などに貢献できる図書を出版していきたいと考えています．

会員入会のご案内

　電気学会では，世代を超えて多くの方々の入会をお待ちしておりますが，特に，次の世代を担う若い学生，研究者，エンジニアの方々の入会を歓迎いたします．電気電子工学を幅広く捉え将来の活躍の場を見出すため入会され，最新の学術や技術を身につけ一層磨きをかけてキャリアアップを目指してはいかがでしょうか．すべての会員には，毎月発行する電気学会誌の配布など，いろいろな特典がございますので，是非一度下記までお問合せ下さい．

　〒102-0076　東京都千代田区五番町6-2　一般社団法人　電気学会
　　https://www.iee.jp　Fax：03(3221)3704
　　▽入会案内：総務課　Tel：03(3221)7312
　　▽出版案内：編修出版課　Tel：03(3221)7275